暨南大学企业发展研究所
企业发展研究书丛

广东省财政科技专项资金绩效评价体系研究

石水平◎著

中国经济出版社
CHINA ECONOMIC PUBLISHING HOUSE
北京

图书在版编目（CIP）数据

广东省财政科技专项资金绩效评价体系研究／石水平著.
—北京：中国经济出版社，2019.12
（企业发展研究书丛）
ISBN 978-7-5136-5875-1

Ⅰ.①广… Ⅱ.①石… Ⅲ.①科学研究事业—财政支出—研究—广东
Ⅳ.①F812.765.45②G322.765

中国版本图书馆 CIP 数据核字（2019）第 188531 号

责任编辑 姜 静 郑 潇
责任印制 马小宾
封面设计 华子图文

出版发行 中国经济出版社
印 刷 者 北京艾普海德印刷有限公司
经 销 者 各地新华书店
开 本 710mm×1000mm 1/16
印 张 19
字 数 285 千字
版 次 2019 年 12 月第 1 版
印 次 2019 年 12 月第 1 次
定 价 68.00 元
广告经营许可证 京西工商广字第 8179 号

中国经济出版社 **网址** www.economyph.com **社址** 北京市东城区安定门外大街 58 号 **邮编** 100011

总　序

暨南大学企业发展研究所（以下简称“企发所”）成立于2003年，为广东省首批普通高校人文社会科学重点研究基地。经过多年发展，已形成社会责任观下的企业价值创造、行为公司财务和管理会计、生产运营管理与决策、品牌营销与服务管理、组织行为与人力资源管理五个成熟的研究团队。自2014年以来，企发所旗帜鲜明地确立了“企业转型发展”研究主题，立足广东省、服务大湾区经济，在科学研究、人才培养、学术交流、咨询服务等方面开展了一系列工作，涌现出一批具有影响力的标志性成果。2019年8月，企发所被广东省教育厅评估为“优秀文科平台”。

当前，全球经贸环境正发生深刻变化，经济形势面临严峻的挑战，企业唯有实现以技术创新和产业升级为核心的转型发展，不断提高其自身的竞争力，才能有效应对挑战。同时，我们也看到，我国企业转型发展理论研究迫切需要新的突破，这正是企发所集结学界、业界在相关领域共同展开理论与案例研究并汇集成书的初衷。

2015年，企发所已经开始着眼于当下的经济形势和社会需求，结合自身的研究特色，资助出版了第一批“暨南大学企业发展研究书丛”，获得了业内广泛认可和高度评价。今年，企发所再次资助出版第二批书丛共12本著作。本书丛主要围绕以下四个方面展开研究：

（1）通过建立财政科技资金绩效评价方法、指标及权重体系模型，科学评价广东省财政科技资金投入的绩效，为政府科学决策提供依据，进而提升广东省科技管理的能力。

（2）以传统行业的转型升级为背景，研究上市公司的并购，特别是规模较大的重大资产重组中的核心中介机构——独立财务顾问行为动机和经济后果的现实意义，为梳理、总结、改进声誉机制与独立财务顾问制度的有效性提供有益思路。

(3) 从企业持续发展的战略高度入手，开展管理模式创新研究。探索投资、知识创新、技术革新等要素对企业转型的推动作用，根据客户需求指引生产系统的动态定制，推动企业向规范化、服务化、创新化方向转变。

(4) 依托中国本土文化特色，从心理契约视角研究对品牌关系和顾客品牌决策的影响，寻找企业化解品牌危机以及通过品牌管理获得竞争优势的路径。

本次结集出版得到了中国经济出版社的大力支持，在书丛的编辑过程中，不仅注重每本书的学术水平，而且关注其使用价值。各位作者也都尽可能地将自己的最新研究成果阐述得通俗易懂，以启发更多的读者。由于这些研究成果仍有待完善，理论和方法还有不少值得改进之处，探索企业发展的研究还有待进一步深入。

希望通过此次的出版工作，一方面与国内外有关专家和同行分享相关领域的研究成果；另一方面接受各位专家的批评和建议，不断提高科研工作质量和科研成果水平，为粤港澳大湾区乃至全国的企业发展贡献绵薄之力。

特此为序。

卫海英
暨南大学企业发展研究所
2019 年 11 月

前 言

党的十八大以来，我国科技事业实现了历史性、整体性、格局性变化，重要技术领域从全面落后进入跟跑、并跑、领跑“三跑”并存阶段，并跑、领跑的比例不断扩大；从人才强、科技强到经济强、国家强的创新发展路径正在加快形成。陆相成油理论、人工合成牛胰岛素、铁基超导等基础研究重大成果产生重要国际影响力；量子信息、移动通信、生物技术等战略前沿领域实现若干重大突破；“两弹一星”、载人航天和探月工程、北斗导航、高速铁路等重大工程彰显了中国力量；超级杂交水稻、新药创制、污染防治技术等惠及百姓民生。与此同时，我国全社会研发投入快速增长，2018 年为 19678 亿元，占 GDP 的比重达到 2.19%，位居世界第二。发明专利申请量已连续八年居世界首位，按折合全时工作量计算的全国研发人员总量为 419 万人·年，稳居世界第一位。

相比之下，新中国成立伊始，全国科技人员不超过 5 万人、专门从事科研工作的人员仅 600 余人，专门的科学研究机构 30 多个，几乎没有大型科研仪器设备。如今，我国科技人才队伍不断壮大，形成了全球最完整的学科体系和最大规模的人才体系，科技创新能力大幅增强，主要创新指标稳步提升。可以说，新中国成立 70 年来，从“向科学进军”到“科学技术是第一生产力”，从实施科教兴国战略到建设创新型国家，从实施创新驱动发展战略到开启建设世界科技强国的新征程，我国科技事业走过了辉煌的历程，中国科技实力伴随经济发展同步壮大。

如上所述，中国的科技事业取得了长足的进步，多个领域从无到有，从有到优，从优到强，中国已成为具有重要国际影响力的科技创新大国，正向着世界科技强国的目标前进。未来，中国不断提升的创新活力和科研实力，将成为持续推动经济增长的重要引擎。因此，从我国中长期科技发展的客观态势和紧迫需求看，应更强调改革先行，以更务实、更有效的现代科研院所制度、现代企业制度、现代知识产权制度来推动科技事业的发展；应更强调开放创新，越是在国际形势复杂多变、科技革命和产业加速演进的特殊时期，越要加大科技领域的对外合作和开放，更好地利用国内外创新资源；应更强调全面发展，不局限于重点领域和关键环节的攻关，而是顺应当前的经济体量和国际影响力，强调以科技创新为引领的全面创新，提高科技对经济社会高质量发展、可持续发展的引领、带动和支撑作用。

然而，尽管科技作为促进经济建设社会发展的重要力量已引起了国家财政部门的高度重视，体现为政府不断加大对科技战略研究的支持和科技资金的投入。但总体而言，我国科学技术发展仍旧处于较为落后的水平。虽然广东省具有较强的科技潜力，政府每年对科技的拨款也位居前列，但从全国来看，广东省的科技实力却长期在中等水平徘徊。对此，习近平总书记对广东提出的“四个坚持、三个支撑、两个走在前列”要求，是指导思想的核心要义，是广东省工作的总纲。为此，广东省在财政科技投入配置方面，紧密结合实际，适当降低财政专项资金扶持门槛，加快培育高新技术企业，鼓励企业开展核心和关键技术攻关；支持产学研合作和协同创新，推进高水平大学和一流学科建设，支持重点实验室、大科学工程建设及建立专业镇协同创新中心；加快运作设立省科技创新基金，发挥财政资金的杠杆作用。近年来，广东财政“五个支持”全力推进粤港澳大湾区建设，为解决创新要素自由流动的制度障碍，广东省建立了科研资金跨境使用机制，并完善符合港澳实际的财政科研资金管理机制，省级科研资金实现跨境拨付，助力港澳融入国家创新体系。

此外，随着公共财政管理体制的日趋完善，财政科技专项资金绩效评价也越来越受关注。财政科技专项资金是否切实发挥了引导作用、在多大程度上发挥了引导作用、财政科技专项资金的配置是否合理，以及相应的科技项目的效益情况等绩效问题必须得到如实反映。所以，客观、科学地开展财政科技专项资金绩效评价工作就变得至关重要，而在财政科技专项资金绩效评价过程中，合理的绩效评价方法、科学的绩效评价指标体系及权重又是重中之重。财政科技专项资金绩效评价是大势所趋，是科技进步、经济发展和政府公共管理体制改革的必然要求。因此，对财政科技专项资金绩效评价问题的研究具有较强的现实意义。为此，本书拟建立财政科技资金绩效评价体系模型，从而科学评价广东省财政科技资金投入的绩效，为政府科学决策提供依据，进而提升广东省科技管理的能力。

本书是广东省软科学研究计划项目“广东省财政科技专项资金绩效评价指标体系研究”（2015A070703005）和广东省哲学社会科学“十三五”规划学科共建项目“粤港澳大湾区财政绩效管理协同创新与评价体系研究”（GD18XGL50）的阶段性研究成果，感谢课题组全体成员多年来的艰辛付出，没有他们的努力和坚持，就没有我们今天的收获，希望本书的研究成果能为政府和科研院所相关部门提供一定的参考和借鉴。

在本书写作和课题调研过程中，得到了很多单位和朋友的关心和支持，具体包括广东省科技厅、财政厅，广州市财政局、科技局，其他地市科技局，以及企事业单位的朋友。正是他们热心的帮助，才给予了我深入研究的动力和信心。同时，我的硕士研究生唐秋玲、赵帅琼、聂瑶、周创在数据收集和处理方面付出了辛勤的汗水，在此表示感谢。

当然，由于时间和精力有限，书中难免有不足之处，还请各位读者多多包涵并批评指正，以便我们在后续的研究中不断完善，为社会提供更好的绩效评价标准。最后，特别感谢暨南大学企业发展研究所“企业发展研究书丛”的出版资助。

石水平

2019 年 9 月 9 日于广州暨南园

目 录

第1章　绪　论

1.1　研究背景与意义

1.1.1　研究背景

随着经济全球化的深入发展，科技的不断进步，科技创新已成为各国核心竞争的焦点。科学技术对于促进经济社会全面、协调和可持续发展的作用日益凸显，已经成为影响一个国家综合国力和国际竞争力的决定性因素。财政科技投入作为公共财政的重要支出部分和全社会科技投入的重要力量，在弥补市场失灵、优化资源配置、带动和引导社会科技投入方面具有不可替代的作用。发达国家和新兴工业国家，普遍把增加财政科技投入、加快科技发展提升到国家战略层面。近年来，我国政府不断增加对科技项目的财政投入，财政科技拨款稳步增长。2019 年 3 月 5 日，《2018 年中央和地方预算执行情况与 2019 年中央和地方预算草案的报告》显示，2019 年中央本级支出 35395 亿元，比 2018 年增长了 6.5%。其中，科学技术支出 3543.12 亿元，同比增长 13.4%。2019 年 5 月 31 日，国务院办公厅印发《科技领域中央与地方财政事权和支出责任划分改革方案》（以下简称《方案》），《方案》要求，各地区、各有关部门持续加大财政科技投入力度，确保财政科技投入只增不减，中央财政继续通过转移支付加大对各地科技事业支持力度。加大基础研究等公共科技活动支持力度，完善稳定支持和竞争性支持相协调的投入机制，推动科学研究、人才培养与基地建设全面发展。

与此同时，财政科技投入的加大对科技项目绩效管理的合理性和科学性提出了更高的要求。随着政府对科技项目投入的不断增加，国家审计部门、财政部门和社会公众对科技支出的绩效也越来越关注。2016 年，中共中央办公厅、国务院办公厅印发了《关于进一步完善中央财政科研项目资金管理等政策的若干意见》（以下简称《意见》），《意见》旨在通过进一步简政放权，改革和创新科研经费使用和管理方式，在完善政策、释放活力的同时，强调要规范管理，完善内部风险防控机制，强化资金使用绩效评价对科技项目进行绩效评价，财政部门和科技管理部门可优化项目内部资源分配，最大限度地发挥政府在资源配置中的综合作用，提高项目资源使用效率，为制定财政项目资金使用决策提供可靠的参考依据。2018 年 12 月 14 日，为贯彻落实《国务院关于优化科研管理提升科研绩效若干措施的通知》（国发〔2018〕25 号）、《关于深化项目评审、人才评价、机构评估改革的意见》、《关于进一步加强科研诚信建设的若干意见》等文件精神，组织做好国家重点研发计划项目综合绩效评价工作，我国科技部制定了《国家重点研发计划项目综合绩效评价工作规范（试行）》。

此外，中央财政高度重视并坚持把科技作为财政支出的重点领域予以支持，大力支持公共科技活动、国家战略科技力量建设、引导企业技术创新和科技成果转移转化。2018 年，我国基础研究、重大科技工程、民生科技等领域结出累累硕果，这与中央财政持续加大投入，支持科技创新能力提升密不可分。比如，克隆猴诞生、北斗导航服务全球、港珠澳大桥建成通车等。因此，着力保障基础研究、前沿技术研究、社会公益研究、重大共性关键技术研究等公共科技活动，特别是持续加大对基础研究的支持力度，为科技创新提供源头动力。与此同时，聚焦国家战略目标，大力支持组织实施国家科技重大专项、国家重点研发计划等，加强关键核心技术攻关。加大对中央级科研院所和国家科技创新基地等国家战略科技力量的稳定支持力度，提高运行保障水平，支持自主选题研究和科研条件建设，推动进一步提升科研能力；支持中国科学院、中国农科院等实施创新工程，围绕关键核心技术等开展科研攻关；支持提升高校科技创新能力，完善中央高校预算拨款制度，增加高校资金使用自主权，大力推进世界一流大学和一流学科建设，引导支持企业技术创新和科技成果转移转化。

然而，尽管科技作为促进经济建设和社会发展的重要力量已引起了国家财政部门的高度重视，体现为政府不断加大对科技战略研究的支持和科技资金的投入。但总体上看，我国科学技术发展仍旧处于较为落后的水平，虽然广东省具有较强的科技潜力，政府每年对科技的拨款也位居前列，但从全国来看，广东省的科技实力却长期在中等水平徘徊。对此，习近平总书记对广东提出的“四个坚持、三个支撑、两个走在前列”要求，是习近平总书记对广东工作重要批示的核心要义，是广东省工作的总纲。为此，广东省在财政科技投入配置方面，紧密结合实际适当降低财政专项资金扶持门槛，加快培育高新技术企业，鼓励企业开展核心和关键技术攻关；支持产学研合作和协同创新，推进高水平大学和一流学科建设，支持重点实验室、大科学工程建设及建立专业镇协同创新中心；加快运作设立省科技创新基金，发挥财政资金的杠杆作用。近年来，广东省财政“五个支持”全力推进粤港澳大湾区建设，为解决创新要素自由流动的制度障碍，广东省建立了科研资金跨境使用机制，并完善符合港澳实际的财政科研资金管理机制，省级科研资金实现跨境拨付，助力港澳融入国家创新体系（见表1-1）。广东省财政建立科研绿色拨付通道，对符合条件的科研经费，通过国库集中支付的方式予以拨付。2019年7月30日，顺利拨付香港科技大学省级科研资金316.96万元，成为首例港澳高校参与省级科研资金科技计划的成功案例。

表1-1 2018年广东科技工作大事件

时间	事件
2018年1月	广东省牵头项目首次获得国家科技进步奖特等奖：由中国工程院院士、中国南方电网公司专家委员会主任委员李立浧主持完成的“特高压±800kV直流输电工程”项目获得2017年度国家科技进步奖特等奖，实现了广东省牵头完成特等奖项目“零”的突破
2018年2月	湛江、茂名高新技术产业园区升级：国务院批复同意湛江、茂名高新技术产业园区升级为国家高新技术产业开发区，实现了广东省国家高新区在粤西的布局
2018年3月	广东省11家国家高新区排名全部实现提升：科技部（火炬中心）发布的2017年度国家高新区评价（试行）结果中，广东省11家国家高新区排名全部实现提升。评价结果显示了广东省国家高新区集聚创新资源能力、整体创新效能全面提升

续表

时间	事件
2018 年 4 月	世界首例亨廷顿舞蹈病基因敲入猪：广东科学家领衔的国际研究团队经过四年努力，首次利用基因编辑技术（CRISPR/Cas9）和体细胞核移植技术，成功培育出世界首例亨廷顿舞蹈病基因敲入猪，精准地模拟出人类神经退行性疾病
2018 年 5 月	第二届中国高校科技成果交易会：以“促进产学深度融合　携手创新共赢发展”为主题的第二届中国高校科技成果交易会举行。本届科交会是改革开放以来中国高校科技成果最大规模的一次集中展示和交易
2018 年 6 月	全面启动建设珠三角国家科技成果转移转化示范区：科技部正式批复支持广东建设创建珠三角国家科技成果转移转化示范区，珠三角国家科技成果转移转化示范区建设正式全面启动。
2018 年 7 月	第七届中国创新创业大赛港澳台赛：第七届中国创新创业大赛港澳台赛在内容与形式上全面升级，办赛规格更高、组织机构构成更丰富完整，围绕粤港澳大湾区发展战略，积极推进区域创新资源整合
2018 年 8 月	首次面向全国（含港澳）征集广东省重点领域研发计划项目：为全面贯彻落实党的十九大和习近平总书记 2018 年 3 月 7 日参加广东全国人大代表团审议时要求广东“主动承接国家重大科技项目”的重要讲话精神，根据广东省委十二届四次全会和全省科技创新大会相关部署，省科技厅专门制定了“关于主动承接国家重大科技项目遴选一批符合广东需求的项目入库支持”的项目指南
2018 年 8 月	中国散裂中子源通过国家验收：建在东莞的国家重大科技基础设施中国散裂中子源通过国家验收，投入正式运行，并将对国内外各领域的用户开放。中国散裂中子源 90%以上的装置设备为自主研发并实现国产化，填补了我国脉冲中子应用领域的空白，为材料、生命和能源等科学领域的突破提供了重要手段
2018 年 8 月	《广东省新一代人工智能发展规划》发布：广东省政府正式印发《广东省新一代人工智能发展规划》，提出广东人工智能发展目标分三步走，将重点推进人工智能开放创新平台建设，在关键核心技术攻关、智能创新融合应用等方面形成协同发展新动能，加快推进人工智能与经济、社会、产业的深度融合发展，构建广东创新驱动发展新引擎
2018 年 9 月	首次出台全面系统部署基础与应用基础研究工作的政策文件：广东省首次出台全面系统部署基础与应用基础研究工作的政策文件《关于加强基础与应用基础研究的若干意见》，坚持系统部署和问题导向，重点聚焦基础研究布局、基地平台、人才队伍、经费投入、科研环境、专业化管理等方面
2018 年 9 月	首次面向社会征集适合揭榜制的重大科技项目需求：省科技厅进一步改革完善省级科技计划管理体系，积极探索实行揭榜制项目组织管理方式。在商报省科技厅发榜后，组织省内有技术需求和应用场景的企业进行揭榜转化

续表

时间	事件
2018年9月	新一轮省部会商合作：科学技术部与广东省人民政府在广州举行2018年工作会商会议暨新一轮会商合作议定书签署仪式。根据协议和会商议题，部省双方将在七个方向展开合作，共同加快广东省建设创新型省份和科技创新强省，为全国实施创新驱动发展战略提供有力支撑
2018年10月	四家省级新一代人工智能开放创新平台授牌：广东省建设多个人工智能开放创新平台，智慧医疗广东省新一代人工智能开放创新平台、智能无人系统广东省新一代人工智能开放创新平台、智能制造广东省新一代人工智能开放创新平台和智能家居广东省新一代人工智能开放创新平台启动建设
2018年11月	第二批广东省实验室启动建设：广东省启动建设第二批广东省实验室，分别是化学与精细化工广东省实验室、南方海洋科学与工程广东省实验室和生命信息与生物医药广东省实验室。连同2017年12月启动的第一批4家广东省实验室，共有7家省实验室。首批4家广东省实验室建设进展顺利，新增国内外院士40位，人才聚集效应显著
2018年11月	广东省科学技术奖励制度改革：广东省人民政府办公厅印发了《广东省关于深化科技奖励制度改革的方案》，启动深化科技奖励制度一系列重大改革。改革后，省科技奖授奖总数将不超过185项，比之前减少三成；奖金总额上限为7300万元，比之前增加了2800万元，增幅为62%，奖励力度为目前国内省市最高
2018年11月	第七届中国创新创业大赛（广东赛区）暨第六届“珠江天使杯”科技创新创业大赛颁奖仪式圆满落幕：本届大赛共吸引来自省内的5465家企业报名参赛，占全国参赛企业数量的1/6，参赛规模稳居全国第一。本届参赛企业获得广东各级财政资金支持超过2亿元，参赛企业获得银行授信31亿元，获得投资超过20亿元
2018年11月	广东省政府与中国科学院签署共同推进粤港澳大湾区国际科技创新中心建设合作协议：广东省政府与中国科学院在广州签署共同推进粤港澳大湾区国际科技创新中心建设合作协议。根据合作协议内容，省院双方将共同争取建设珠三角综合性国家科学中心，共建世界一流重大科技基础设施集群、高水平科研机构、成果转移转化服务平台、广深科教融合园区，推动重大科研任务与成果落地转化，共同推进粤港澳大湾区国际科技创新中心建设
2018年12月	三大运营商中国联通、中国电信及中国移动陆续发布公告称，公司已获工信部批准，可开展第五代移动通信（5G）系统试验。作为信息大省和经济强省，广东省高度重视5G网络建设

资料来源：作者根据相关资料整理。

绩效评价指标体系的构建是科技专项资金绩效评价工作的核心环节，也是绩效评价行为在实际运行中的实质内容，设计并构建一套针对财政科技专项资金的绩效评价指标体系，对于顺利开展项目实施过程及实施后续的效果评价工作、提高资源利用的效率和效益、增强科技财政管理与决策水平、促进与激励优秀科技人才，以及提升社会和经济的可持续发展等都具有重要意义。因此，本书拟建立财政科技资金绩效评价体系模型，从而科学评价广东省财政科技资金投入的绩效，为政府科学决策提供依据，进而提升广东省科技管理的能力。

1.1.2 研究意义

改革开放四十年来，我国的经济增长方式逐步从要素驱动型向科技创新型转变，科学技术作为第一生产力的作用越来越明显。随着社会主义市场经济体制的逐步建立以及分税制财政管理体制的确立和不断完善，我国已经建立起比较稳定的财政收入增长机制，国家财政的实力得到迅速壮大。随着财政收入规模的逐步增大和公共财政框架的逐步确立，我国财政管理改革已逐步进入以支出管理改革为重点的新阶段。相对于财政收入机制的建立和完善，虽然财政资金管理改革才刚刚起步，但其重要性已显现出来。因为财政分配面临的主要问题是，在财政收入大幅度增长的同时，收支矛盾却越来越突出。财政收支矛盾的产生至少来自两个方面：一是财政资源总量不足；二是支出效率不高。财政可支配资源总量取决于整体经济规模，而经济规模的增长是一个逐步积累的过程，不能指望一夜之间达到财富充盈。在财政资源短缺的情况下，在注重增量创造的同时，存量资源的配置效率更显得至关重要。

事实上，我国的财政支出存在着种种效率不高的问题，各部门、各单位往往注重财政资金的取得，忽视财政资金的使用效果，由此造成的损失浪费使本已不足的宝贵财力愈显紧迫。进行财政支出改革，根本目的是要建立起“规范、安全、高效”的财政资金管理机制，而财政支出作为一种资源配置活动，其重要问题是解决支出的绩效问题。判断支出活动是否有效率、检验财政资金的使用是否达到高效，客观上要求必须建立起一套科学、合理并行之有效的评价方法、评价指标和评价标准，也就是要建立起具有中国特色的财政资金绩效评价体系。党的十六届三中全会《决定》明确提出“建立预算绩效评价体系”，就是为了进一步加强公共财政管理，提高财政资金的使用效益，其核心是通过制定预算绩效目标，建立财政资金绩效评价体系，逐步实现对财政资金从目前注重资金投入的管理转向注重对支出效果的管理。深入开展财政资金绩效评价问题的研究，尽快在我国建立起科学规范的财政资金绩效评价制度，意义十分重大。近年来，我国对科技产业、科技创新创业的支持和投入力度越来越大，最直接的表现就是政府财政科技专项资金投入逐年增加。因此，随着公共财政管理体制的日趋完善，财政科技专项资金绩效评价也越来越受关注。

另外，财政科技专项资金是否切实发挥了引导作用、在多大程度上发挥了引导作用、财政科技专项资金的配置是否合理，以及相应的科技项目的效益情况等绩效问题必须得到如实反映。所以，如何客观、科学地开展财政科技专项资金绩效评价工作就变得至关重要，而在财政科技专项资金绩效评价过程中，合理的绩效评价方法、科学的绩效评价指标体系及权重又是重中之重。财政科技专项资金绩效评价是大势所趋，是科技进步、经济发展和政府公共管理体制改革的必然要求。因此，对财政科技专项资金绩效评价问题的研究具有较强的现实意义。

最后，财政科技专项资金绩效评价是完善公共财政管理体制，加强财政支出绩效管理的内在要求。《广东省科技厅关于做好2018年省级财政科技专项资金绩效自评工作的通知》的出台更加体现了绩效目标、财政资金管理、事项管理和资金使用绩效结果等方面的信息，通过了解项目进展情况、资金使用情况、制度建设及执行情况，取得的成效，以便更好地发挥财政资金引导作用，进一步提高财政资金效益。鉴于现有财政科技专项资金绩效评价指标体系所存在的问题，必须依据基于合同的对标思想来构建科学、规范、实用的财政科技专项资金绩效评价指标体系，并对指标权重、指标内涵和评价标准给予详细界定和说明。只有这样，所构建的指标体系才具有评价全面、可操作性强、评价结果便于比较与问题挖掘等优点。另外，专项资金的绩效评价应评价经费管理情况，这是项目的起点并贯穿整个项目全过程，而资金在使用过程中产生的绩效体现在项目完成情况上。对于项目类别来说，通过项目实施，获得的管理资质、达到的技术标准、实现的研究成果、产生的经济效益四大方面是项目的直接绩效。对于平台项目来说，项目的实施主要体现平台能力建设和成果转化能力两大方面直接绩效。通过项目的成功实施，成果会为社会提供更多资源共享，带来社会与生态无形的效益，这是项目的间接绩效。

1.2 研究内容与方法

1.2.1 研究内容

为深入贯彻习近平新时代中国特色社会主义思想和党的十九大精神，深入贯彻习近平总书记视察广东重要讲话精神，深入实施创新驱动发展战略，大力推进以科技创新为核心的全面创新，不断提升广东省自主创新能力，充分发挥科技创新对经济社会发展的支撑引领作用，广东省人民政府 2019 年初印发《关于进一步促进科技创新若干政策措施》的通知，具体包括 12 条具体措施，有效地激发全社会创新创业活力，为奋力实现“四个走在全国前列”、当好“两个重要窗口”提供重要支撑。因此，财政科技资金是政府支持科技发展的重要手段。科技对社会经济发展的重要性越来越突出，为促进科技进步和社会经济的全面发展，近年来政府的财政科技资金的投入量逐年加大，投入领域也不断拓宽。在这种情况下，对其的绩效评价不仅成为政府科技管理的客观需要，也成为科技发展过程中的必然要求。本书研究的主要内容就是对广东省财政科技资金绩效水平进行客观评价，构建广东省财政科技资金绩效评价体系模型并加以实证检验。具体内容包括如下：

（1）夯实财政科技专项资金绩效评价的理论基础。本书对国内外学者关于财政科技专项资金绩效评价的相关研究文献进行总结，梳理财政科技专项资金绩效评价的相关概念，明确财政科技专项资金绩效评价的内涵、目标和原则，奠定了本书的理论研究基础。

（2）广东省财政科技专项资金绩效评价指标构建的原则。本书根据广东省“十三五”财政科技规划的内容，总结广东省财政科技专项资金投入的指导思想、原则、思路等，结合科技统计年鉴，进而对广东财政科技专项资金的投入总量、结构和特点进行分析。

(3) 广东省财政科技专项资金绩效评价指标体系的构建。本书从财政科技专项资金的有效性和投入产出水平两方面来考察广东省财政科技专项资金的绩效情况，选取适量的指标，构建熵技术法灰色分析和综合因子排序的复合评价模型，对广东省财政科技专项资金的有效性和科技产出水平进行定性和定量研究。

(4) 广东省财政科技专项资金绩效评价指标体系的应用与实践。本书结合前面的综合评价模型，对评价结果进行最终的考察和检验，并结合广东省的实际应用情况，提出完善广东省财政科技资金绩效水平的具体对策与建议，为广东省财政科技资金的3E审计提供指南与参考。

本书拟解决的关键问题：专项资金绩效是一个综合性概念，科技活动的阶段性、层次性和多样性决定了专项资金绩效评价指标体系的构建应从多角度、多层面考虑。本书拟在对广东省财政科技专项资金合同书进行广泛调研的基础上，对财政科技专项资金的绩效构建指标体系并进行评价，就是对专项资金所支持项目的目标实现程度、经费投入效益和经费使用管理的有效性等进行全面、客观的考核与评价，重点关注配置专项资金的合理性和对专项资金使用的有效性。广东省财政科技专项资金绩效评价指标体系呈递阶层次结构，处于最上面的层次一般是问题的预定目标，即财政科技专项资金绩效这一总目标，中间层的元素一般是准则层，包括经费管理情况、项目完成情况、社会服务情况三大方面指标，每方面指标下又包含若干个子指标项，构成最底层的指标层。

1.2.2 研究方法

财政科技资金绩效考评，是指财政部门和科技管理部门遵循一定的原则、程序和标准，运用科学、规范的方法，对财政资金支持的科技计划及其项目的目标实现程度、经费投入产生的效益和经费的使用管理等方面进行综合评价考核。在研究方法上，主要有如下几个方面：

(1) 比较研究法。由于评价指标体系会影响评价对象日后行为，指标设置应注意利用指标体系的导向性，体现评价主体的评价目的。在指标体系的内容上应能够充分反映经费管理情况、项目完成情况与社会服务情况的绩效。因此本书提出指标体系的设置应依据基于合同的对标思想，以合同承诺指标为评价目标，采用项目内对比法，以目标实现程度体现绩效，以合同指标完成率为测量手段，不仅可以为项目内容提出问题和分析原因找到重点，更能解决项目间指标差异性问题，便于项目间横向比较。

（2）案例描述法。这是一种定性研究方法，即通过对某一特定案例的详细分析，对所要解决的问题进行论述。这种方法的特点是，多采用语言描述和直观的数据对比，不涉及繁杂的数字计算和深奥的数学模型，比较直观和易于理解。

（3）统计分析方法。统计学方法的数学依据充分，又有计算机软件辅助计算，适用于多个评价对象的多指标定量综合评价，在财政科技资金绩效评价中得到了广泛的应用，归纳起来主要有两个方面：即多元降维排序和分类评价。

（4）运筹决策方法。运筹决策方法主要就是利用高等数学、线性代数等数学知识来解决问题，找出可以使成本最小化或者利润最大化的方案，它的排序思想在绩效评价中得到了广泛运用。

1.3 研究逻辑与创新

1.3.1 研究逻辑框架与技术路线

近年来，国家和地方政府在财力有限的情况下，为支持科技企业技术进步，从同级财政一般预算支出中安排一定比例，设立了多种类型的科技专项经费，通过无偿拨款、贴息、补助、奖励等形式，对企业的技术研发、成果转化、人才引进等给予资金支持。应该说，各级财政支持经济发展的专项资金逐步增多，资金规模不断扩大，对促进我国经济结构调整、增强自主创新能力、推动经济发展方式转变等都起到了积极作用。但是，部分地方的科技专项资金管理及使用也暴露了一些存在问题，以致不但浪费了国家资金，还破坏了市场竞争环境，甚至影响产业发展。主要表现在：

（1）科技资助项目的立项审批制度不够完善。大部分科技项目立项制度规定仅限于企业申报、专家评审、主管部门核定、政府审批。这种立项形式范围过小，且主要通过对申报资料的审核来决定，审批的依据过于单薄，易带来两种不良后果，一是主管部门对审批结果把握性不够，让一些无科研能力的企业借用其他企业科技成果申报科技项目，最终取得经费拨款。二是项目上下由部门主观意志决定，容易造成权力寻租空间，致使出现“关系项目、人情项目”。

（2）资金使用绩效评价机制不够健全。多数地方部门都未建立起统一规范的科技资金使用绩效评价体系，无法对资金的使用效果实施全面评估，导致资金使用效益偏低。主要表现在：一是不能按照项目进度拨付。有的项目开工已久但扶持资金还没到位，造成项目停顿，有的项目刚立项资金就已全部拨付，造成资金沉淀。二是重申报、轻验收。部分主管部门只注重项目评审，忽视项目验收，缺乏具体详细的验收指标，验收的主观性过大，以致项目验收和合同不一致。三是有的主管部门采取“撒胡椒面”式的资金分配，无法突出重点，造成该支持的项目得不到有力支持，不该支持的项目却屡受资助。

（3）对资金的使用缺乏有效的监督监管。企业科研项目允许失败，失败后政府只是追回没用完的科研经费而已。违规违法成本过低，助长了违法违纪者的“胆量”，有的部门虚设机构，如“创新中心”之类，利用这些机构套取政府科技经费，而有的企业则通过贿赂政府人员来骗取资金。

正确有效地解决科技专项资金在使用中存在的问题，管好用好科技经费，不仅是关系到财政支出的安全性、有效性，涉及政府服务经济发展的公信性、实效性，还影响着我国自主创新建设和科技发展进程，应当引起各方面的高度重视。为此，本书提出以下建议：

（1）建立科学的项目立项评审体系。一是加大项目申报、评审的透明度和公平性。主管部门应通过制定出台《科技计划项目申报指南》、建立科技管理服务信息平台等办法措施，实现科技项目的网上运作和管理，方便科技项目申请单位申报，确保项目申请者机会均等。对重大科技项目的立项，应组织申请单位与专家进行面对面汇报和答疑的公开评估，允许该项目的所有申请单位参加旁听，并邀请纪委、监察、审计等部门人员和行风监督员参与监督，从而增强项目评估的透明度和公众参与度，防止暗箱操作。二是建议在原有的立项程序基础上，加入项目实地考察程序。由主管部门人员组成考察组，采取抽签办法分配考察项目，考察科技项目的真实性、企业承担项目能力、项目进展情况等内容，并实行现场打分，确保项目考察审查达到科学、公开、公正。

（2）不断完善科研项目绩效评价机制。财政及科技部门应积极探索制定科技专项资金绩效考评办法和工作规范，加强对专项资金的使用结果和支出效益的统计分析与绩效评价，建立起一套具有普适意义的、较为可行的，定性与定量指标相结合的科技绩效评价指标体系。要注重相关科技数据的收集与整理，建立一个包括科技项目、科技成果、科研机构和科技人员等定量数据，也包括科技政策、科技规划、科技计划和科技发展领域等有关定性数据的科技绩效评估数据库。要把绩效评价的结果作为项目单位以后年度申报项目资格和资金安排的重要依据。要重视积极培育专业科技评价中介机构，充分发挥其作用，对科技专项进行绩效评价。

（3）积极创新专项资金支持方式。应按照突出扶持重点、加大统筹力度、创新支持方式、提高使用效率的原则，积极探索财政专项资金统筹管理使用办法。如大力推行科技专项扶持资金的“竞争性分配”，以此来确定专项资金扶持项目和承担单位，实现“多中选好，好中选优”的目标，让有限的经费最大限度地支持优质科技项目的发展；更多运用贷款贴息、以奖代补、风险投资引导等方式，规范完善项目补助方式。

（4）强化项目实施的监督制约。一是使用专项资金的项目单位应向财政和项目管理部门报送财务会计信息，定期报告项目进展和资金使用情况。二是针对科技经费使用的特点，确定具体的违纪违规形式，以此增加监督的可操作性和增强项目承担单位遵纪守法的自觉性。如虚报项目、虚报投资的定性。三是强化专项资金问责制。建立起贯穿专项资金立项、审批、使用的全过程的项目单位领导问责制度，从严追究政府决策者的责任，提高项目单位用好管好专项资金的责任感，切实加强科技经费和项目管理。

因此，本书在研究逻辑框架和技术路线上，主要如图 1-1 所示：

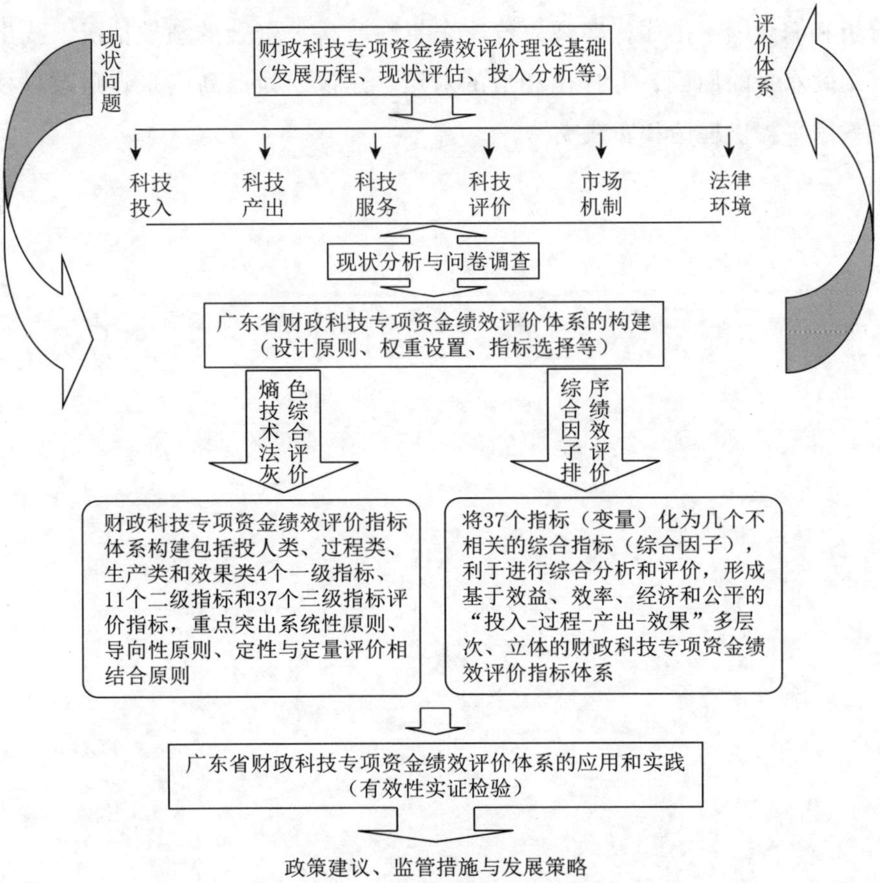

图 1-1　研究逻辑框架与技术路线

1.3.2　本书创新之处

针对财政科技专项资金绩效评价，尽管我国政府颁布了一系列管理办法，科技部发布了《国家科技计划项目评价评审行为准则与督查办法》，并引发了《科学技术评价办法（试行）》，财政部也出台了《中央部门预算支出绩效考评管理办法》，财政部教科文司也颁布了《中央级科教文部门项目绩效评价管理办法》，以引导和规范科技支出项目的绩效评价工作，但在落实具体财政科技专项资金绩效评价体系方面，仍缺乏有效的系统评价标准。因此，本书的特色和创新之处，就是创新财政科技资金绩效评价的方法，通过熵技术法灰色分析和综合因子排序，客观评价广东省财政科技资金的绩效情况，找出影响其绩效水平的原因，并提出相应的对策、建议，为提高广东省财政科技资金绩效水平提供理论和实践支持。

第 2 章　文献综述

2.1　财政科技专项资金与绩效评价概述

2.1.1　相关概念界定

2.1.1.1　财政资金与财政科技专项资金

财政资金（Financial Fund），指的是财政支出资金，包括纳入政府预算管理的资金和纳入部门预算管理的资金。按照预算级次，可将其分为本级部门预算管理的资金和上级政府对下级政府的转移支付资金。其中，本级部门预算管理的资金包括基本支出资金、项目支出资金和部门整体支出资金；上级政府对下级政府的转移支付资金包括一般性转移支付资金和专项转移支付资金。根据 2012 年 12 月 6 日财政部新制定的《行政单位财务规划》（财政部令第 71 号），删除了预算外资金收入管理的内容，将预算外资金全部纳入预算管理，明确行政单位的收入包括财政拨款收入和其他收入，增加了收入管理的有关要求，明确行政单位的各项收入应当全部纳入单位预算，统一核算管理。财政资金的特征表现在：（1）是政府及其所属机构直接掌握支配的资金，其资金的使用是直接为行使和实现国家职能的需要；（2）资金的征集和拨付主要是采取无偿分配，部分地采取国家信用的方式，即以国家为债务人或债权人形式征集或发放；（3）资金的运动都是以国家为主体，缴款者或接受拨款者都是直接与国家政权发生关系；（4）财政资金体现了国家在社会产品分配中占有的份额，以及在分配中与社会各集团及其成员之间的分配关系。

所谓专项资金，是国家或有关部门或上级部门下拨行政事业单位具有专门指定用途或特殊用途的资金。这种资金都会要求进行单独核算，专款专用，不能挪作他用。并需要单独报账结算的资金。在当前各种制度和规定中，专项资金有着不同的名称，如专项支出、项目支出、专款等，并且在包括的具体内容上也有一定的差别。但从总体看，其含义又是基本一致的。专项资金有三个特点：一是来源于财政或上级单位；二是用于特定事项；三是需要单独核算。专项资金按其形成来源主要可分为专用基金、专用拨款和专项借款三类。在我国财政支出分类体系中，专项资金因其特殊的属性与地位，备受各界关注（郑方辉和廖逸儿，2015）。财政专项资金，主要是指上一级人民政府通过财政手段拨付给本区域或者本级人民政府的，专门用于国家基础建设、公共事业保障、社会管理和经济建设的，具有某一特定用途的资金。需要注意的是其资金运营强调专款专用、独立核算（郑方辉等，2012）。简单而言，财政专项资金就是政府专门设立的资金，是为了贯彻落实国家特定时期、特定政策、特定事业的一种特殊财政手段（徐荣华，2014）。财政科技专项资金则是指财政预算安排对科技活动的投入以及用于科技方面的支出，是一种对研发者或研发项目的一种直接资助。财政科技资金本质上是一种专项资金，是专门用于科技活动的、为科技活动服务的资金。财政科技资金包括直接投入和间接投入两种形式，本文的财政科技专项资金主要是指政府财政中用于科技发展的直接投入。另外，已有研究中对于财政科技专项资金的内涵也有一个较为统一的看法：财政科技专项资金是政府为保障国家重大科技计划的实施和国家科学研究机构正常运行的主要手段（仵凤清等，2009）。

2018 年 12 月 24 日，广东省人民政府《关于印发广东省省级财政专项资金管理办法（试行）》的通知中明确指出，广东省省级财政专项资金，是指为支持广东省经济社会各项事业发展，省财政通过一般公共预算、政府性基金预算、国有资本经营预算安排的，具有专门用途和绩效目标的财政资金。专项资金目录清单分“战略领域”“财政事权”“政策任务”3 层结构编制。“战略领域”由财政部门根据省委、省政府战略部署统一设置；“财政事权”根据财政事权和支出责任划分改革要求，由省财政部门会同省业务主管部门按部门职责梳理设置，每项“财政事权”资金一般不跨部门管理；“政策任务”不做固化，由省业务主管部门根据每年度需完成的重点工作任务设置。

专项资金全面实施项目库管理。省业务主管部门、市、县按照“谁审批、谁组织申报”的原则做好项目储备，原则上提前一年组织项目研究谋划、评审论证、入库储备和排序择优，具体可委托第三方专业机构组织实施。未纳入项目库的项目，原则上不安排预算。省属企业及中央驻粤企业（单位）可按属地原则在市、县申报项目。建立政府投资项目库管理制度。基础建设投资项目应完成项目立项审批程序再安排专项资金。省业务主管部门在编制专项资金目录清单时同步编制各项专项资金“政策任务”的绩效目标。要在省级财政预算绩效指标库选取并设置合适的绩效指标，确保可量化、可评估。预算年度终了及预算执行完毕，由市、县主管部门和用款单位开展专项资金使用情况自评。省业务主管部门对部分项目或市县开展绩效评价，形成自评报告报省财政部门备案。省财政部门结合省业务主管部门绩效自评情况和当年工作重点，委托第三方机构对部分专项资金进行重点绩效评价或自评抽查，将绩效评价结果汇总报省政府。

2.1.1.2　绩效评价

绩效（Performance）一词最早来源于人力资源管理、公共部门管理、工商管理和社会经济管理方面。“绩”就是成绩，“效”就是效率、效益。在人力资源管理和公共部门管理中，“绩效是指一个组织、群体和个体在一定环境中表现出来的成绩和贡献”（张泰峰，2004）。在工商管理和社会经济管理中，“绩效是指单位将投入通过一个过程转化为产出，再转化为结果的工作”（霍姆斯，2002）。为了衡量财政支出结果，最准确的就是用“绩效”概念。绩效的内涵比效益、效率的内涵更加广泛，“绩效包含了效率、产品与服务质量及数量、机构所作的贡献与质量，包含了节约、效益和效率”（普雷母詹德，1995）。运用“绩效”概念衡量财政支出行为，所指的不单纯是一个政绩层面的概念，也不仅仅是工作态度、工作过程的范畴，主要包括财政支出成本、支出效率、政治稳定、社会进步、发展前景等内涵。

所谓评价（Evaluation 或 Assessment），是指为达到一定目的，运用特定的指标、设定的标准和规定的方法，对一个组织、群体和个体发展结果所处的状态或水平进行分析判断的计量或表达的过程。简单地说，评价就是一个比较分析做出全面判断的过程。为此，评价必须具有以下特征：一是评价的依据具有合理性；二是评价的标准具有客观公正性；三是评价的方法具有科学性；四是评价的结果具有可比性。

绩效评价（Performance Evaluation 或 Performance Assessment），指运用一定的评价方法、量化指标及评价标准，对职能部门为实现其职能所确定的绩效目标的实现程度，以及为实现这一目标所安排预算的执行结果所进行的综合性评价。从人力资源管理上来定义，绩效评价是“对员工一个既定时期内对组织的贡献作出评价的过程，从数量和质量两方面对其工作的优缺点进行系统的描述，绩效评价是一个复杂的过程”（张一驰，1999）。从企业管理上来定义，是“对企业占有、使用、管理与配置经济资源的效果进行的评判”（孟建民，2002）。从公共部门管理上来定义，是指“绩效评价指政府体系的产出产品在多大程度上满足社会公众需要”（胡宁生，1998）。

2.1.1.3 财政科技专项资金绩效评价

财政科技专项资金绩效评价本质上涉及“财政科技专项资金”与“绩效评价”两方面的内容。对财政科技专项资金进行明确的界定，有利于财政科技专项资金绩效评价工作的顺利进行。绩效是经济管理学的重要内容，绩效管理也是从经济管理的角度对经济活动进行一系列评价，以此判断经济活动产生的效果。绩效的过程侧重投入——产出的效率性和对应性，结果则侧重于产出的数量、质量，以及这些产出所发挥影响的效果性和有效性。绩效评价是建立在会计学和财务管理的基础之上的，主要借助于非财务手段，可以对未来进行预测（张涛和文新三，2002），重点评判经济资源的配置和使用效果（孟建民，2002）。绩效评价在绩效管理中占有重要地位，是绩效管理的重要手段。

对于政府来说，绩效评价是对达到预定目标过程的评价。根据 Stalk 和 Hout（1990）提出的选择绩效评价方法的准则和财政部统计评价司（1999）对于绩效评价的定义，财政科技专项资金绩效评价是指，评价主体遵循一定的原则、程序和标准，运用科学、规范的方法，对财政资金支持的科技计划及其项目的目标实现程度、经费投入产生的效益和经费的使用管理等方面进行综合评价。总的来说，财政科技专项资金的绩效，就是指专项资金所支持的各类型科技项目投入产出活动所取得的实效果，它涉及财政、绩效、评价三方面的内容，其重点在于社会实践和理论的结合，其目的在于提高政府公共财政的公信力与执行力。因此，财政科技专项资金绩效评价工作迫切需要理论指导和实践引导，对财政科技专项资金绩效评价案例进行实践研究，构建财政科技专项资金绩效评价理论体系，并制定资产评估行业参与财政科技专项资金绩效评价的指南显得十分重要。不仅有利于加强资产评估机构更好地参与财政科技专项资金绩效评价工作，开发新的市场，拓展新的业务范围，还有利于财政科技专项资金绩效评价工作顺利进行，为各级财政部门及预算部门改进预算管理和安排以后年度预算提供依据。

2.1.2　财政科技专项资金绩效评价体系

我国的财政科技资金绩效评价起步于 20 世纪 90 年代初，以国家科委在 1993 年把科技绩效评价引入科技宏观管理环节作为标志。近些年财政科技专项资金的绩效评价问题因其重要性逐渐凸显，在现有研究中也比较活跃。财政科技专项资金的绩效评价不仅与企业的生产活动有关，实际上也是对政府行为，或者更准确地说是对政府自身能力履行的评价。财政支出绩效评价按照评价对象分为项目绩效评价、机构绩效评价、部门绩效评价和综合绩效评价等四个层次，科技项目绩效评价属于财政支出项目绩效评价范畴。

关于指标体系方面的研究有很多，几乎所有财政科技绩效评价方面的研究都要涉及指标体系的构建，但研究的出发点不同，评价指标体系的建立也会不同。首先，有部分研究根据既有事实或者既定原则，构建了自己独特的绩效评价体系。余振乾和余小方（2005）认为必须遵循公平与效率两大原则确定地方财政科技支出绩效目标，把握地方财政科技支出绩效评价指标取向定位；并确定了构建指标体系的五大基本原则，提出了创新性研究项目、科技产业化项目和科技基础条件平台建设项目三类评价指标体系。张军果（2007）基于科技项目后评价视角采用模糊数学方法分别给出了基础研究、应用研究和试验发展三类项目的绩效评估体系。谷俊涛（2011）基于合同的对标思想构建了科学、规范、实用的财政科技专项资金绩效评价指标体系，并对评价指标的内涵、权重及其评价标准都进行了详细的界定与说明，他认为这样的指标体系才具有评价全面、可操作性强、评价结果便于比较等优点。万红波和康明玉（2013）提出了构建国家科技计划项目绩效评价指标体系的基本思路和原则，并以国家科技计划项目特点、评价对象和评价内容为基础，构建了一套能够展示国家科技计划项目经费“投入—过程—产出—效果”的多层次、立体的绩效评价指标体系。杨朝容（2017）研究了财政资金科技项目绩效评价指标体系的内容及意义，重点探索了基础研究、应用开发、条件建设及软科学项目等绩效评价指标体系中的个性指标的设计，构建了适应科技自身特点和科技管理要求的个性指标体系。

其次，另一部分研究则是依据财政科技资金绩效评价的现状分析，对现有的绩效评价指标进行分析或提出建议，他们希望为后续研究提供一定的帮助。肖鹏和国建业（2004）在比较工业化国家不同发展阶段科技投入水平的基础上，结合我国工业化进程发展所处的阶段，对我国的科技投入现状进行比较分析，认为当前应加大政府对科技投入的支持力度，提高基础研究的投入比例。茆英娥（2006）认为，不管财政采用哪种科技投入方式，最终支出都仍然体现在具体项目上，因此，对于财政科技资金的绩效评价应当从具体的项目着手。聂亚利（2017）以中国财政科技投入的现状与存在为前提，围绕财政科技投入与科技产出成效两个角度构建了中国财政科技投入绩效评价指标体系，并建议应该加大财政科技投入规模、优化财政科技投入结构、完善相应机制体制。

最后，也有部分研究认为可以借鉴国外的经验，但他们并没有构建出具体的指标体系。李丽亚和宋扬（2004）在借鉴国外科技项目绩效评价经营和调研咨询的基础上，提出了综合科技项目评价的方法。他们仅是比较原则地提出了通过项目和课题两个层次的评价来综合评价科技项目的绩效，没有给出具体的评价指标体系。戴国庆和李丽亚（2005）研究分析了部分发达国家的科技项目绩效评价情况，提出了建立和完善我国科技项目绩效评价体系的建议，但他们的研究侧重制度建设的角度，并没有涉及绩效评价指标体系的构建。此外，汪雪锋等（2018）采用文献计量学和科学知识图谱方法，系统分析了科技评价领域的研究主题分布及其演化，进而挖掘其研究特征。分析表明我国在科技评价领域的研究总体上与科技评价改革方向一致，有关评价方法的研究一直贯穿始终，但不同阶段的研究主题存在明显差异，探索阶段（1979—1993 年）的研究侧重于建设项目的经济性评估；规范阶段（1994—2006 年）的研究热点从项目评估到绩效评价逐渐过渡，侧重于科学评价指标与评价体系的构建；而完善阶段（2007 年至今）的研究侧重于绩效评价以及对各类评价方法的探索。

2.1.3　财政科技专项资金绩效评价方法

公共项目绩效评价方法的研究是与评价指标研究的发展紧密相关的，与指标体系的构建一样，关于评价方法的选择和使用也有很多不同的观点。一方面，随着公共项目绩效评价指标的多维度发展，绩效评价方法的理论研究日益丰富，包括大量的实地调查、询问和数据处理；另一方面，由于科技产出的具有多样性，部分科技产出难以描述，因此，选择恰当的方法对财政科技资金进行绩效评价就成为财政科技资金绩效评价的重点。

总的来看，常用的对财政科技资金进行绩效评价的方法有以下几种。首先，层次分析法①是财政科技进行绩效评价的通用方法。樊为刚和侯丽红（2005）认为人对复杂事物的判断具有模糊性，因此对层次分析法进行了一定的改进。谢福泉等（2006）采用层次分析法设计权重，选择应用模糊数学评价方法，通过计算项目的投入产出比指标对其绩效进行评估分析。肖鹏（2010）结合科研专项支出的活动规律，以科研专项支出的“目标定位—投入—过程—产出—成果—影响—管理和实施”等各个环节的绩效指标设计为着手点，构建了一套系统的科研专项支出的绩效指标体系，并采用层次分析法对上述指标体系进行权重赋值和实证检验。

① AHP（Analytic Hierarchy process）是层次分析法的简称。由美国运筹学家 Saaty，T. L. 于 20 世纪 70 年代提出，该方法的特点是将有关决策问题的因素分解成目标、准则、方案等层次。

其次，数据包络分析法（Data Envelopment Analysis，DEA）① 也是一种较常用的方法。本书在对财政科技投入绩效评价的有效性进行分析时，就大量引用了有关数据包络分析法的相关文献。如罗卫平和陈志坚（2007）认为以相对效率为基础，具有多输入多输出指标的决策单元的特点，不需要事先给定代表决策者偏好的权重，也不需要给出输入输出的函数关系，符合财政科技资金绩效评价的需求。袁金星（2013）、路征和吕鹏（2015）、郭兵（2012）等都是运用了数据包络分析法从地方层面对财政科技资金的绩效评价体系进行了实证检验。

当然，还有很多研究使用了其他方法进行绩效评价。如祝云（2008）使用的综合评价法，他将地方财政科技支出项目分为技术开发与应用研究两类，通过功效系数法和模糊语意词法标准化后，利用加权平均法对地方财政科技支出的绩效进行综合评价。赵涛和张爱国（2006）则认为因子分析方法比较适用于大量数据的抽象分析，并且它在评价过程中能够进行较为客观的评价，而不受到人为因素的影响，对研发活动进行评价应该能达到较好的效果。宋建勇和冀素兰（2007）则证实了主成分分析方法能使评价结果在很大程度上避免人为因素的影响，作为一种多元统计方法，它可以比较客观地反映实际情况，适合对研发活动进行评价，为科技管理部门提供相应的政策建议。

最后，也有一些研究通过不同方法的结合进行对财政科技资金进行绩效评价，如平衡计分卡在财政科技资金绩效评价中的运用就不容忽视。Stewart（2001）指出随着绩效评价指标的多元化发展，平衡计分卡（Balanced Score Card，BSC）成为项目绩效评价的主要方法。仵凤清等（2005）依据平衡计分卡的基本模型，提出了细化政府财政科技资金指标的方法，并以此为灵感建立了地方政府科技管理绩效评估模型，对财政科技资金的利用率和事后的评价提供了帮助。仵凤清等（2007）依旧选用了平衡计分卡作为地方科技事业绩效管理的工具，并据此指出了目前我国地方科技事业绩效评估存在的缺

① DEA 方法是数据包络分析方法的简称。由美国运筹学家 A. Charnes 和 W. W. Cooper 于 1978 年提出，它主要研究在生产和社会活动中如何评价相同类型的部门或单位优劣的问题。

陷和不足，进一步论证了平衡计分卡在此领域的可行性。马乃云和候倩（2016）试图将平衡计分卡方法引入到财政科技经费的绩效评价中，建立财政科技投入的绩效评价体系，并运用层次分析法设置各个绩效评价指标的权重。

2.2 财政科技专项资金绩效评价实务综述

相对于西方企业，政府公共资金的投入只占科技资金的很小一部分，国内科技资金的投入总量中，政府的财政科技专项资金起到了很大的作用（邓向荣等，2005），而不同国家的政府科技资金投入可能与企业科技创新动力、国家制度背景是相关的。无法否认的是，我国政府非常看重科技创新的发展，国内很多学者的研究也肯定了财政科技资金对于科技事业而乃至于社会经济发展进步都有重要作用。

近年来，不同区域间的科技竞争越来越激烈，对科技资金绩效评价的研究正从“国家”层面向“地方”层面转移，我国许多省市都加大了对财政科技资金绩效问题的关注。国内很多学者以不同省市、不同类型专项资金的实际情况为基础，积极进行财政科技资金绩效评价的研究，并取得了一定的成果。但还存在以下三个方面的问题：第一，由于财政支出对象的复杂性，以前很多研究均停留在宏观层面（Kim，2003），针对具体财政支出项目绩效评价指标体系的研究正处于起步阶段（郑方辉，2011）；第二，由于研究的理论前提与评价目标的差异，选取的财政科技资金绩效评价的具体指标的不同，以及应用上存在的差异，导致绩效评价结果的解释也存在差异；第三，绩效评价指标体系的研究存在较大的差异，无法为其他地区、其他类型财政科技投入的绩效评价提供借鉴意义，仍旧需要针对具体类别项目绩效的特殊性而设计新的绩效评价指标体系（谷俊涛，2011）。

2.2.1 财政科技资金与其他科技投入

财政科技资金属于政府科技投入的一部分，政府科技投入还包括科技人力资源与其他科技资源；而企业的研发经费除了财政科技资金，还有企业自身的研发资金与其他研发资金。因此，政府对科技的拨款可能与非政府部门科技活动的投入相互促进，有利于各项科技资金的投入与研发活动的进行；但也可能导致互相排斥，影响非政府部门科技资金的投入，使财政科技资金的效果无法充分发挥。许治和师萍（2005）检验了我国政府科技投入对企业研发支出的影响，结果表明政府科技投入对企业研发支出有明显的促进作用，企业委托高校研发支出和企业自身研发支出与政府财政科技投入呈正相关关系。但杨洵和师萍（2006）扩大样本范围后，却得出了不一样的结论。他们收集了我国近 13 年间财政科技的投入和产出数据，研究发现政府对企业研发进行直接资助和向高校提供研发资助会对企业研发支出产生挤出效应，即当政府向企业或者高校资助研发经费时，企业会减少自身的研发支出。

另外，石忆邵和汪伟（2006）对上海市科技经费和研发经费的相关数据进行研究，其相关性分析表明，财政科技资金的投入与选取的专利授权数量、科技论文数量、高新技术产值、高新技术产品出口额、成交技术合同金额和科技论文篇数六个科技产出指标都具有显著的正相关性，说明进一步加大财政科技的拨款力度能够对企业的研发活动带来积极影响。张玉斌和张华（2006）在研究了江苏省的科技投入数据后，发现江苏省地方财政科技拨款与社会科技投入之间具有高度相关性，当江苏省地方财政科技拨款每增加 1 个单位时，全省工业企业的科技活动经费支出会增加 10. 718 个单位，说明江苏省政府科技投入对社会科技投入具有很好的带动作用。彭华涛（2007）分析了湖北省政府、企业的科技经费投入和各种收入情况，认为武汉市政府财政科技投入的产出乘数为 0. 284，即政府财政投入 1 个单位，科技产出就可以增加 0. 284 倍，武汉市政府财政科技资金对企业科技投入能够起到良好的引导作用。

随着数据处理能力的提高，也有很多研究是利用省级面板数据进行的，得出的结论也更为复杂。王俊（2011）收集了我国 28 个制造业的面板数据，对政府研发资助与企业研发投入的产出弹性进行了研究。企业研发投入与政府研发资助产出弹性不仅在全样本中具有差异，而且还具有显著的行业差异，认为政府研发资助的重点应该放在规模较小发展前景较好的高科技企业上。

肖丁丁等（2013）对中国省级面板数据进行研究发现，从全国范围看，政府对高校、科研院所的研发资助会对企业研发支出产生杠杆效应，而对企业的研发资助则存在显著的挤出效应；从经济区域来看，政府对中西部高校、科研院所的研发资助均对企业研发支出产生杠杆效应，但仅对东部企业的研发资助表现为杠杆效应。于一洋（2017）根据中国省级面板数据，研究了政府研发资助对不同类型高技术企业研发效率的影响。发现政府研发资助对大型企业和中小型企业研发效率的影响均为负；对大型企业研发效率的负效应低于中小型企业，但二者差异不显著。

2.2.2　财政科技资金与其他经济因素

财政科技资金与各地区的经济增长、GDP 增长等状况都有很紧密的关系。一方面，经济的增长可能会使政府增加对财政科技资金的投入；另一方面，财政科技资金的投入也能够推动当地经济的发展，对财政科技资金进行绩效评价时，其中就需要对财政科技资金的经济、社会效益进行评估。

对不同区域的研究表明，财政科技投入与经济增长、GDP 增长有明显的相关关系。朱春奎（2004）采用协整分析模型，运用时间序列动态均衡关系分析方法，对我国财政科技投入与经济增长的有关数据变量进行协整分析与因果关系检验，建立了二者之间的误差修正模型，借此着重分析了财政科技投入与经济的关系。张玉斌和张华（2006）以江苏省科技投入数据为样本，选择"全省科技活动经费支出""全省研发活动内部支出"这2个关键性的指标来代表科技投入，以全省 GDP、高新技术产业产值代表经济增长，发现江苏省科技资金投入与其 GDP 存在着显著的正相关关系。张青和王桂强（2007）选取上海市财政科技资金投入的数据，通过建立灰色关联矩阵，综合评价财政科技资金对上海市的经济增长、科技进步和综合发展态势的影响，研究发现政府的科技投入对经济增长、科技进步的有极为重要的带动作用。赵立雨和师萍（2010）运用协整方法研究我国政府财政研发投入与经济增长的关系，实证结果发现，经济增长与政府财政科技拨款和科技活动活动经费内部支出总额存在长期均衡关系，政府对研发的投入对经济增长有促进作用。

但对同一个区域进行跟踪研究，发现政府财政科技支出与经济增长、GDP 规模的增长关系并不一致。陈冬生和魏建国（2003）等根据武汉市统计数据，对该市研发经费投入和科技人员投入情况进行了全面分析，结论表明财政科技资金效率与经济增长有正相关作用。倪一东（2010）以湖北省“科教兴鄂”战略为背景，发现湖北省政府财政科技支出持续增长，财政科技投入年均增长速度达到了 17.7%，甚至高于全国同期的年均增长率 17.27%，但对应的 GDP 年均增长率只有 15.8%。黄晓玲等（2015）在后续的研究中发现，虽然湖北省财政科技投入总量呈不断增长趋势，整体上财政科技支出规模与全省财政总支出和 GDP 规模都呈现较强的增长趋势，但财政科技支出规模增长与全省财政总支出规模和 GDP 规模的增长相关性不强。

2.2.3 财政科技投入绩效评价的有效性

有些研究根据针对某一具体区域建立的绩效评价体系，对所在区域的财政科技绩效情况进行了评价，发现财政科技资金的绩效情况较好。罗卫平和陈志坚（2007）以广东省的 21 地市为样本，建立财政科技投入绩效评价指标体系，利用数据包络分析方法对财政科技投入绩效进行评价，结果表明广州、珠海、佛山、中山等城市的财政科技投入绩效较佳。袁金星（2013）探索建立了适合河南省省情的财政科技投入绩效评价指标体系，并运用数据包络分析法，从时间层面选择相应的指标对河南省近十年财政科技投入绩效进行评价，认为河南省财政科技投入绩效相对有效，而且在大多数年份内表现为技术效率和规模效率均有效。朱翠林（2013）以广西财政专项资金绩效评价指标体系的构建为例，选取了项目资金投入、项目资金使用及监督、项目的组织实施、项目产出及效益四类指标，验证财政专项资金绩效评价指标体系的科学性和可操作性。路征和吕鹏（2015）以四川省 21 地市的财政支出效率为研究对象，利用数据包络分析法进行分析，发现四川省整体财政支出效率较低，且近年来呈现下降趋势；财政支出效率存在明显的地区性差异，经济较发达地区的财政支出效率较高，欠发达地区的财政支出效率相对较低。

但有些研究也发现当前财政科技的绩效还存在很多方面的问题。郭兵

（2012）运用数据包络分析方法对上海市14个年份的财政科技投入进行绩效评价，研究表明，近年来上海市财政科技投入系统的总体效率不高，财政科技产出的增长速度低于投入的增长速度，专利等创新性科技研究成果的产出还有待提高。王磊和李倩倩（2017）以山东省17地市2014年度科技数据，选取2个一级指标，4个二级指标，9个三级指标的科技绩效评价指标体系，运用DEA模型分析科技绩效情况。研究结果显示，山东省约一半城市科技投入偏低可能是由于效率低下造成的，山东省整体科技绩效水平有待进一步提升。安华轩等（2018）根据统计数据，全面系统地分析了云南省财政科技投入状况，并通过与贵州省、广西壮族自治区比较分析，剖析了制约云南省财政科技投入的三大主要因素。孙颖和王婷（2018）在创新驱动战略背景下，对福建省9地市政府科技投入绩效进行研究，研究发现外部环境与随机误差对绩效影响显著，其中规模效率不足是综合效率水平虚高的主要原因；同时还存在政府科技投入的地区差异明显、科技成果转换不佳等问题。

2.3 财政科技专项资金绩效评价研究评述

2.3.1 国外财政科技专项资金绩效评价研究述评

国外科技活动的资金投入主体是企业，政府的公共资金投入所占的比例比较小，因此，在研究科技与社会经济发展的关系时，国外学者倾向于从市场的角度出发，研究主体往往是企业，关注的焦点是政府公共R&D投入对企业的影响，这部分科技资金绩效的测度主要从微观和宏观两个层次展开。

在微观方面，Klette等（2000）认为，微观层次上的研究结论彼此之间存在着冲突，尚未有一致性的结论。例如，Hamberg（1966）利用企业横断面数据对此问题进行的研究，得出的结论是政府的研发资金能促使企业加大研发支出；而Lichtenberg（1987）对政府基金对私人产业研发的效应作了定量分析，但是其研究结论则陷入了互相矛盾的境地。有学者认为公共科技资金与企业研发投入之间是“互补的”。比如，Mansfleld和Switzer（1984）研究发现，增加政府R&D开支与减少政府R&D开支会有不同的作用值和作用时效。

Mowery（1985）和NRC（1999）对航空业及民用空间技术进行的研究中采用不同方法，依旧得出了互补的结论。Blank和Stigler（1957）认为，政府的研发资金投入在大企业中更容易出现互补效应。Scott（1984）研究表明，公共R&D投入与私人R&D投入是正相关的关系。Leyden等（1991）和Link（1982）研究发现，私人R&D与公共R&D之间的弹性系数约为0.34，两者有显著的正向关系。Klette和Moen（1984）发现企业并没有因为得到政府拨款而降低自身的研发投入，从动态角度看，政府R&D补贴有利于企业R&D的持续性增长，也就是说政府的研发投入与企业的研发投入是互补的。另外，持有相反意见的学者认为，政府对研发的投入会对企业产生“挤出效应”。例如，Hinng和Link（1981）研究发现，随着企业接受的公共R&D资助越来越多，用于研究用的私人R&D投入的比例降低，由此产生了“挤出效应”。Link（1982）研究发现，政府R&D投入降低了私人研发的投入。Wallsten（1999）研究发现，公共研发拨款以将近1∶1的比例替代了私人研发投入。Busom（1999）认为，30%的企业可能会出现完全的挤出效应。Irwin和Klenow（1996）研究发现，当企业由政府支持的R&D联盟时，私人R&D投资会减少。

在宏观方面，主要集中于产业和国家层面来探讨政府公共研发资金投入对产业或国家中企业总研发支出的影响。例如，Dominique和Bruno（2000）认为，财政对于研发活动的资助有力地促进了企业对R&D的投入；Robson（1993）研究发现，无论联邦基础研究的变化还是联邦应用研究的R&D的水平，对私人基础研究的支出都有正的显著的作用。Diamond（1999）认为，美国联邦基础研究支出的变化和产业基础研究的变化之间存在着正相关系数。Levy（1990）研究发现，有5个国家的公共研发投入对私人研发投入有显著的互补作用，有2个则表现出显著的替代作用。Tunzelmann和Martin（1998）认为，有7个国家中公共研发投入对私人研发投入存在显著影响，而这其中又只有5个是正的影响。Mansfield（1984）研究发现，政府研发资助对企业研发行为的影响具有非对称性，即政府研发资助增加时，产业内企业研发支出的增量大于政府资助减少时，企业研发支出的减少额。可以看出，西方学者对宏观层次研究结论相对比较接近，但争议仍旧存在。

2.3.2　我国财政科技专项资金绩效评价研究述评

与西方国家不同，我国的科技资金投入总量中，政府的财政科技资金占有重要的地位，国内学者的研究都肯定了财政科技资金对于科技事业乃至于社会经济的发展进步都有重要作用，取得了丰硕的研究成果。例如仵凤清等（2008）明确指出，在科技规划的执行与反馈过程中，要采用目标管理对政府财政科技资金的使用进行监管；邓向荣等（2005）认为，在我国政府的科技投入仍然占据主导地位；陈冬生和魏建国等（2003）认为，财政科技资金效率与经济增长有正相关作用。在评价方法的选择上，朱春奎（2004）认为，财政科技投入与经济增长存在着较强的相关关系，政府应当加大对科技的财政的支持力度。仵凤清等（2008）通过平衡计分卡模型提出了细化政府财政科技资金指标的方法，有利于提高财政科技资金的利用率和事后的评价的进行。余振乾和余小方（2005）、王桂强和张青（2006）、谢虹（2007）、江彩霞（2013）等人也都各自从不同的角度对政府财政科技资金绩效问题进行了研究，这些研究的具体结论存在着明显的差异。

综上所述，国内学者的研究可归结为“一个着力点，两个趋向”。“一个着力点”是指由于评价理论基础或侧重点不同，绩效评价模型中研究的重点往往聚焦在指标体系的设置与完善方面，通过创新不同的投入产出指标来对财政科技资金进行绩效评价。“两个趋向”是指评价财政科技资金的绩效有两个切入点。一种是“直接”评价，即直接统计政府科技资金投入和相关的科技产出数据，结合统计学、运筹学和系统工程等定量分析方法，根据研究侧重点的不同，分类设置不同的指标对财政科技资金进行绩效评价。这种评价方法比较直观，易于理解和掌握，因此得到了广泛的应用。这种方法的缺陷在于，绩效评价中不可避免地会涉及一些难以量化的科技产出，例如科技的社会影响，知识的增加等，这些指标数据的收集往往存在困难，需要进行定性分析、定量分析的转化，这在一定程度上影响着评价的客观性，而个别预测性数据的不精确又容易使绩效评价结果失真。另一种是“替代”评价，这是一种间接评价，即通过对政府资金支持下的研发活动，各类科技计划、科技课题和科技项目等的评价达到对财政科技资金绩效评价的目的。采用这种方法，科技的投入产出指标都比较固定，数据基本上来源于公开的统计年鉴或公报，评价结论具有较高的可信度，但这种方法现在更多地运用于科技项目或计划进行绩效评价，成为独立的研究选题。

随着“创新推动发展”的战略的实施，财政科技资金的投入逐步加大，如何客观评价财政科技专项资金的使用成为社会公众越来越关注的问题。然而，从财政科技资金绩效评价的整体情况来看，我国公共财政支出体制尚在建设中，财政管理理念和管理方式也有待改善，财政科技资金的绩效评价工作未能够充分展开。一个突出的问题就是，虽然绩效评价方法众多，但是缺乏一套有指导性标准的评价体系。因此，如何实施财政支出绩效评价工作，使其规范化和制度化，是目前财政支出绩效研究工作需要关注的问题。就现阶段具体研究状况来看，国内的研究主要集中在对具体区域或具体投入项目的绩效评价方面，但因为项目繁多，绩效评价思想单薄，应用层面受到限制，不能够得出一致的结论，绩效评价工作的开展并不是很顺利。另外，广东省虽然是国内最早开展财政科技资金绩效评价的省份之一，但结合了广东省情的相关研究却并不多，结合了调查问卷研究的就更少。我们对广东省财政科技专项资金的绩效评价进行调研，以期为广东省今后对于运用公共财政支出发展科技事业、进一步深化科技管理体制改革等重大决策提供科学、客观的决策依据，也希望可以对完善我国财政科技资金的绩效评价系统作出贡献。

第3章 理论基础与制度背景

3.1 财政科技专项资金绩效评价的内涵与目标

3.1.1 财政科技专项资金绩效评价的基本内涵

如前章所述，关于财政科技专项资金绩效评价的概念，目前尚未形成统一、权威的定义。通过对财政专项资金和绩效评价这两个概念综合分析，我们可以对财政支持企业专项资金绩效评价作一个比较符合实践需要的内涵界定，就是财政部门通过科学、规范的方法，以投入产出分析为内在核心的综合绩效指标体系进行考察，对照一定的标准进行比较分析，实现对财政资金使用情况的客观、公正和真实的判断，以此建立起科学而有效的监督约束机制，把财政支持企业专项资金的范围和重点引导到企业最需要的领域，提高财政专项资金的使用效益。财政科技专项资金绩效评价的作用具体表现为：

（1）开展绩效评价，有利于增强专项资金管理的规范性。国家和地方各级政府每年都要安排相当数量的专项资金用以支持企业的发展。由于资金投放前没有实行绩效预算，项目完成后也没有进行绩效评价，长期以来专项资金预算的编制带有较强的随意性。实行绩效评价后，资金使用效果如何，是否能达到政府在资金安排上的预期结果，不仅企业负有直接责任，而且具体负责资金投放的财政部门也同样负有无可推卸的责任。为此，财政部门势必在项目的选择、预算的编制、进度的把握、财务的规范、效益的考评等各个环节上认真、严格把关，从而促使专项资金的管理更加规范。

（2）开展绩效评价，有利于增强专项资金分配的科学性。开展绩效评价，项目成效成为衡量专项资金支出水平的唯一标准。要使专项资金的支出取得最佳效果，资金如何分配将成为首要的也是最关键的问题，这就势必推动绩效预算制度的建立与实施。资金支出结构将进一步优化，资金分配将与政府制定的社会和经济发展目标贴得更紧、更趋于一致。财政资金在支持企业发展过程中的“缺位”与“越位”问题将会逐步消除，专项资金的分配将更科学、更合理。

（3）开展绩效评价，有利于提升专项资金支出的效用性。开展绩效评价，专项资金的分配必须反映当前社会和经济发展对企业的客观要求，专项资金支出的结果必须符合社会公众和政府认同的绩效评价标准。从社会角度看，更能促进社会资源的优化组合与合理配置，使企业提供社会和公众最需要的产品和服务；从财政部门看，有力地保障了资金支出的效用性；从具体企业看，企业在专项资金项目的生产规模、资金配套、科技含量、就业人数、税收利润、生态环境等方面都将尽最大努力实现项目预定的指标。开展绩效评价，专项资金支出的效用性必将显著提高。

3.1.2 财政科技专项资金绩效评价的目标定位

2015 年 1 月 1 日，我国开始实施的新预算法，该法要求财政预算安排与资金绩效评价相联系，“编制预算要参考上一年度绩效评价结果”，标志着我国公共财政制度建设迈出了关键性一步。在我国财政支出分类体系中，专项资金拥有特殊的属性和地位，备受社会关注。对财政科技专项资金绩效评价可视为财政支出及政府绩效评价的突破口，但基于理念、技术、体制等复杂原因，对于评价涉及的一些基本问题，如“谁来评、评什么、如何评”等并未成社会共识。“如果仅从财政的角度来进行财政支出绩效评价，就很难全方位地反映财政支出的实际效益与效率”。因此，本章厘清财政科技专项资金绩效内涵与目标、理论基础、评价主体、功能定位、责任边界、对象范围，构建指标体系的通用模型，直接影响评价结果的科学性、公信力及其评价工作的持续性，关系到新预算法的实施绩效，亦是社会、政府与学界普遍关注的重大课题。那么，财政科技专项资金绩效评价的目标体现在如下方面：

（1）提高专项资金使用的效率。财政专项资金的使用效率是指财政投入与产出之间的对比关系。财政支持企业专项资金绩效评价的目标就是通过分析各影响因素的内在联系及影响程度，提携积极因素，消除消极影响，从而提高资金使用的效率。

（2）确立适度的资金投入规模，优化产业结构。财政支持企业专项资金绩效评价的目标是帮助确立适度的财政资金投入规模，有效避免效率损失问题。同时，应正确引导企业投资、经营导向，优化产业结构调整。合理利用资源，使各个产业部门协调发展；能提供社会需要的产品和服务，并且提供劳动者充分就业的机会；能推广应用先进的产业技术，获得最佳经济效益。通过财政专项资金绩效评价，进行逆向研究，并帮助建立专项资金投入规模和结构的最优模型。

（3）提高财政部门工作人员的廉洁性。财政支持企业专项资金绩效评价的目标着眼于政府和社会公众了解专项资金支出项目筛选、资金分配和运行的过程，并可以从不同地区同类项目或同一地区不同项目的绩效分析对比中，了解并监督专项资金使用情况及其有效性。增强财政部门工作人员的责任意识和廉洁意识。

3.2　财政科技专项资金绩效评价的理论基础

财政科技专项资金是各级政府为完成特定经济社会发展目标安排的具有专门用途的财政性资金，是财政职能发挥的重要渠道。探索建立财政科技专项资金绩效评价体系，对于提高公共资源配置效率和财政资金使用效益，提高财政管理水平和保障能力具有重要意义。

3.2.1　公共财政理论

公共财政（Public Finance），是指国家（政府）集中一部分社会资源，用于为市场提供公共物品和服务，满足社会公共需要的分配活动或经济行为。它是适应市场经济发展客观要求的一种比较普遍的财政模式。这种以满足社会公共需要为口径界定财政职能范围，并以此构建政府的财政收支体系的财政模式，在理论上被称为“公共财政”。公共财政就是市场经济下政府的财政，公共财政实质是市场经济财政。公共财政理论和公共财政学，实际上就是市场财政学。“公共财政”的要义并不在于新古典主流经济学所表明的“市场失效”这一经济逻辑起因，而在于其预算法治和民主财政的“政治实质”内涵。

公共财政是为市场提供“公共”服务并弥补市场失效的国家财政（张馨，1999），或者说是市场经济下的政府财政，它属于公共经济，这是其核心内容。公共财政实质是市场经济财政（安体富，1999）。市场经济体制下的政府财政原理与计划经济体制下的国家财政是不同的。建立社会主义市场经济体制，就是要使市场机制在国家宏观调控下对资源配置起基础性作用。在市场经济体制下，社会资源和生产要素的重新组合一般都是通过市场机制来解决的，政府只在“市场失灵”的领域才介入。因此，市场机制客观上决定了政府及财政的职能范围。在这种全新的经济体制下，财政就其实质来说，实际上是一种“公共财政”。我们把在市场机制对资源配置起基础性作用基础上实行国家调节，即弥补市场缺陷的政府财政称为“市场财政”。也就是一般西方市场经济国家所说的“公共财政”。公共财政就是国家满足社会公共需要而进行的社会集中性分配（邹传教，1994）。可以说，公共财政就是建立在市场经济基础之上或者说是建立在市场经济体制之下的国家（或政府）财政，即“市场财政”。提出“市场财政”一词，其与“公共财政”一词不同意义在于：“公共财政”是侧重财政的职能和功能即财政的“公共性”来定义；而“市场财政”则是侧重财政的经济基础和体制背景即财政的“经济实质”来定义。因此，公共财政理论和公共财政学，实际上就是市场财政学。

现代民主财政学说理论认为，公共财政的根本目的在于保障民生，公共财政的内在逻辑、基本框架和全部特征都决定了它是民生财政。我国学者王一宏和朱大兴（2008）提出了民生财政支出的“圈层分布”理论，圈层理论的四个层次内容都是公共财政重点支出及保障的领域，从而决定了公共财政支出的大部分都是民生支出。因此，评价财政资金绩效不仅具有“肯定成绩、解决问题、保障公平”的技术功能，更能体现推进公共财政民主化改革、完善预算支出体制设计及增强政府公共服务能力的价值导向功能。公共财政资金绩效管理在我国经过十余年的发展，上至中央部门，下至区县单位，一个观念已经深入人心：财政资金绩效管理的关键在于政府预算应当与中、长期发展战略有机结合，以政府职能目标为导向，将绩效目标作为一种重要的约束手段，大力提高资金的使用效率，以有限的资金创造最大的价值。

3.2.2　新公共管理理论

20 世纪 70 年代末以来，西方发达资本主义国家实行的政府改革，引起了极大的社会反响。“重塑政府运动”“企业型政府”“政府新模式”“市场化政府”“代理政府”“国家市场化”“国家中空化”等，只是对这场改革的不同称谓。人们普遍认为，区别于传统公共行政典范的、新的公共管理模式正在出现。赫克谢尔（Heckscher）指出，政府改革打破了单向的等级指挥关系，建立了互动交流和导向管理，并开始向“后官僚组织”变迁。而巴扎雷（Michael Barzelay）指出，摒弃官僚制的时代已经到来，公共管理由重视“效率”转而重视服务质量和顾客满意度，由自上而下的控制转向争取成员的认同和争取对组织使命和工作绩效的认同。“重塑政府”运动的积极倡导者奥斯本和盖布勒总结美国改革地方政府和联邦政府的经验，宣扬政府管理的新方式。胡德（Christopher Hood）把西方国家的政府改革所体现出来的政府管理新模式称作新公共管理典范。“新公共管理”实践催生出不同于传统公共行政理论的理论新范式。这就是新公共管理理论。自 20 世纪中叶开始，西方发达资本主义国家普遍实行“福利国家”制度。它们运用凯恩斯主义经济学指导国家的经济活动，试图依靠政府的作用来弥补市场的不足。然而过了多年，“福利国家”制度并未取得如愿的经济增长和社会满意度。20 世纪六七十年代以来，经济滞胀、政府扩大支出产生高税收、政府公共服务无效率，造成社会普遍不满，最终导致意识形态变革。人们开始从政治上批判“福利国家”的政策基础，主张以自由市场、个人责任、个人主义来重塑国家和社会。

新公共管理作为一种新的管理模式，其理论基础与以往的行政理论有很大的区别。如果说传统的公共行政以威尔逊、古德诺的政治—行政二分论和韦伯的科层制论为其理论支撑点的话，新公共管理则以现代经济学和私营企业管理理论和方法作为自己的理论基础。首先，新公共管理从现代经济学中获得诸多理论依据，如从“理性人”（人的理性都是为自己的利益，都希望以最小的付出获得最大利益）的假定中获得绩效管理的依据；从公共选择和交易成本理论中获得政府应以市场或顾客为导向，提高服务效率、质量和有效性的依据；从成本—效益分析中获得对政府绩效目标进行界定、测量和评估的依据，等等。其次，新公共管理又从私营管理方法中汲取营养。新公共行政管理认为，私营部门许多管理方式和手段都可为公共部门所借用。如私营部门的组织形式能灵活地适应环境，而不是韦伯所说的僵化的科层制；对产出和结果的高度重视，而不是只管投入，不重产出；人事管理上实现灵活的合同雇佣制和绩效工资制，而不是一经录用，永久任职，等等。总之，新公共管理认为，那些已经和正在为私营部门所成功地运用着的管理方法，如绩效管理、目标管理、组织发展、人力资源开发等并非为私营部门所独有，它们完全可以运用到公有部门的管理中。

3.2.3 公共选择理论

公共选择理论是美国经济学家詹姆斯·M·布坎南于20世纪60年代创立的一种不同于凯恩斯主义的新公共经济理论。公共选择理论把政治决策的分析和经济理论结合起来，试图用经济学方法来说明市场经济条件下政府干预行为的局限性或政府失灵的问题。布坎南认为，政府在提供大多数共用品和服务方面是低效的，并由此提出公共选择理论的“政府失灵说”。“政府失灵”是指个人对公共物品的需求在现代代议制民主政治中得不到很好的满足，公共部门在提供公共物品时趋向于浪费和滥用资源，致使公共支出规模过大或者效率降低，政府的活动并不总像应该的那样或像理论上所说能够做到的那样“有效”。政府干预本来是解决市场失灵的措施，但是政府不是万能的，其自身也会出现“失灵”的问题。对于政府失灵的主要原因，公共选择理论认为：①政府是由经纪人组成的，也存在自身利益。在公共选择中，政府利益、官员利益并不完全等同于社会公共利益，政府不是一个“无私的慈善的”

专制者，并不存在“根据公共利益进行选择”的过程。②政府作为收入和财富的再分配者缺乏竞争压力。布坎南在《征税的权力：财政立宪的分析基础》一书中把政府描述为一个独家经济垄断者，支配其行动的效用最大化原则，政府提供公共产品的垄断性和独占性使政府具有扩张的倾向。③除政府的自身的原因外，对政府缺乏监督也是导致其“失灵”的原因之一。布坎南认为在整治市场上不存在亚当·斯密所说的“看不见的手”的对应物。矫正政府失灵的核心问题是提高公共机构的效率。公共选择学派提出的改革措施包括：引入市场竞争机制，实行政府提供公共产品的部分市场化；通过立宪和修宪对公共部门、公务员和政治家进行有效约束；加强对公共部门的监督，成立专门的机构对公共部门绩效给予科学的评估。机身审计正是其中的监督机制之一。

3.2.4　委托代理理论

委托代理理论由威廉姆森、詹森和麦克林等创立于 20 世纪，是契约理论的最重要发展。委托代理理论认为：只要存在就业安排，并且在这一安排中一个人的福利取决于另一个人所做的，就产生了代理关系，并且在任何类型的经济组织中都存在委托代理关系。如果这种关系满足两个假设：一是委托人与代理人在主体上平等，以便在平等协商的基础上签订代理契约；二是委托人与代理人无根本利益冲突，以便保持委托人对代理人的信任和肯定态度、代理人对委托人的真诚和忠实履行其职责的态度。这种关系将能达到均衡。但在现实中，由于委托代理双方利益不一致、对待风险的态度不同和双方拥有的信息不对称等原因，使得这种均衡状态难以实现，最终滋生了道德风险和逆向选择等问题。詹森和麦克林认为代理成本的产生是因为管理人员不是企业的完全所有者，这导致他们工作积极性不高，热衷于追求额外消费。为了解决这个问题，他们提出：①委托人可以通过激励和监督使代理人为他们的利益而服务；②委托人可以要求代理人进行一定的资源担保，保证不损害委托人的利益，如果损害发生，则给予补偿。但是，这两种情况都会有正的代理成本发生。因此，让管理者成为完全的剩余利益拥有者，可以消除或者起码可以减少代理成本，从而提高企业经营绩效。因此，设计有效产权结构和激励报酬机制，降低代理成本，可以提高组织效率。阿尔钦和德姆塞茨在1972年的《生产、信息费用与经济组织》一文中从管理费用的角度提出了团队生产。他们认为企业就是为了克服企业内部各种要素所有者之间在团队生产过程中相互推诿和“搭便车”动机而建立的制度安排；如果生产者的努力与他们的报酬挂钩，那么各生产要素所有者之间的合作，便可以产生更高的生产率，促进经济组织的发展和产生。为此，阿尔钦和德姆塞茨提出：使某些人专门从事监督其他要素所有者工作绩效的工作，并赋予监督者剩余索取权，这样在制度上就形成了一种产权结构，形成了一种可以监控的结构，从而提高企业经营绩效。

3.2.5 受托责任理论

受托责任（Accountability）概念起源于财产权。财产权包括所有权和使用权，其中使用权源于所有权。所有者将使用权委托给代理人，代理人就承担了受托责任。即：当委托代理关系建立以后，作为受托人，就要以最大的善意、最有效的办法、最严格地按照当事人的意志完成委托人所托付的义务；受托人在完成受托任务以后，向委托人提出报告，经过托付人同意后，受托责任才能解除（杨时展，1990）。从历史角度看，财产权的内涵和社会、组织结构形式所反映的财产占有和使用关系决定了受托责任的内涵。受托责任内涵是动态变迁的，受托责任思想是发展演进的（Amanda Sinclair，1995；Richard L. Pannell，1979；Leopold Schachner，1968；Grey Tower，1993；Rosita S. Chen，1975）。

劳动分工促进了生产效率的提高，私有财产开始出现。私人财富的积累和武力或战争征服，社会财富逐渐集中，社会开始分化。不过，由于技术发展的限制，直到中世纪末期，人类劳动和土地仍然是最主要的生产要素。封建制度将劳动与土地拴在一起，整个社会组织结构就像等级森严的金字塔，不同等级的人都被赋予了与之对应的权利与义务。这种结构要求下放权限，将土地所有权从名义上的所有者向实际占有者和使用者转移。由此形成了多层次的受托责任关系网，处在金字塔顶端的是帝王，中间是等级不同的贵族，一直延伸到最底端的平民。帝王在名义上拥有全部土地，各等级的社会成员通过承担纳贡或交税等义务向帝王履行自己的责任；各级贵族或地主，通过代理人对其财产进行管理，即日常管理委托给各分区的头领或管家，受托责任关系表现为贵族或地主与其代理人之间的直线联系。

强调“天赋人权”的思想动摇了帝王的独裁统治，并最终导致了社会财产关系的变迁。洛克（Lock）指出对财产的使用仅仅是为了提高个人福利，而不是为了统治者或社会，政府征税的权力应限制在尽可能小的范围内；亚当·斯密强调财产权利的私有性质和对私有产权的保护，政府只是维护个人财产和国家安全的“守夜人”，不应干预市场运行。这些思想及以之为基础的制度对私有产权保护的强调，促进了贸易和投资的发展。而贸易和生产规模的扩大，对资金的需求增加，导致了企业组织形式的发展。公司制企业由于其有限责任性、持续存在性和股权的易转让性，使其在筹集资金和企业内部组织管理上具有其他企业组织形式无法比拟的优势，成为市场经济中最为典型的组织形式。公司合约安排中，所有权和经营权相分离，投资者与经营者之间形成以财务资本受托管理为主要内容的公司受托责任，财务资本所有者（投资者）将其财务资本投入公司，托付给人力资本所有者（经营者）进行管理和经营，并向其转移一定的财务资本控制权。股东将财务资本投入公司后不得任意撤回，只能转让对公司享有的权利。公司作为“虚拟主体”，在法律上具有人格地位，以其拥有或控制的财务资本对相关利益者承担有限的法律责任。同时，由于风险偏好不同，某些投资者以“债”的形式向公司提供资金，将财务资本的控制权转移给经营者，并由此形成受托责任关系。这类投资者被称为“债权人”。在这种受托责任关系中，债权人具有到期收取本金和利息的权利，不享有剩余索取权，而经营者则须妥善管理和经营债权人提供的财务资本，按照债务合约的规定偿还固定的本金和利息。

在单一经营的小规模公司占据主导地位的情况下，公司股东数目较少，他们共同选择具有经营能力的人力资本所有者。股东将其财务资本的控制权部分转移给经营者，并要求经营者对其承担受托责任。经营者不仅要以最有效的办法严格地按照股东定下的目标来完成其所托付的义务，而且还要以最大的善意、以最有效率的方式管理和使用财产，以取得最大的效益，股东则视经营者完成受托责任的情况对其给予回报。资本主义私有产权制度的完善推动了技术的发展和市场规模的扩大。新技术使大规模产品的产出和运转成为可能，扩大的市场则为吸收此种产出创造了条件。当经济活动达到这样一个水平时，即管理上的协调能够带来更佳的技术效率和经济效率时，经营多样化的大规模企业开始出现。规模经济和技术发展导致了股权的分散化和权力从股东向拥有专业技能的高层管理人员的转移。因为大规模企业依靠向众多分散的投资者出售股票以满足其巨大的资金需求。股东的分散化使企业中的权力由股东向管理人员转移，企业的所有权和经营权完全分离，形成强大的职业经理层（钱德勒，1987）。当股东向股权分散的大型公司投入资金时，就赋予了公司经营者全部控制和使用其财务资本的权利，他只能通过选择进入和退出公司对经营者施加影响。此时，公司持股人的主要功能不是去监督一个在职的管理者，而是在于挑选一个经营能力高的管理者（张维迎，1995）。公司经营者对投资者的受托责任也不再是按其预定的目标，以最大的善意完成所托付的义务，而是许诺自己具有相当的经营能力，并会付出一定的努力实现投资者期望的资本收益。

3.2.6 3E 原则理论

切克兰德（Checkland，P. B.）提出的3E 理论是指产出（efficacy），衡量自身的产出；效率（efficiency），体现系统对资源的利用情况；效果（effectiveness），体现本系统产出对其上级系统的作用。是由切克兰德教授基于 SSM（soft system methodology，简称 SSM）从系统观点的角度提出的认知和处理复杂问题的方法，尤其是当社会、政治、文化、人类行为等软因素掺杂其中时，传统的硬系统分析（如建立利润最大化模型）往往失去了优势，有时甚至失效。基于 SSM 系统之上的3E 理论能在逐步逐层分析和理解系统所面临的复杂环境、复杂问题的基础上，提出具备逻辑合理现实可行的解决方案，这也正是传统软系统评估体系中的软肋。由于3E 的这种软性环境评估优势，在绩效评估、公共政策评估、软实力评估等领域得到了广泛的应用。

20 世纪 80 年代初，英国的效率小组建议要在财务管理新方案中设立“经济”（economy）、“效率”（efficiency）、“效益”（effectiveness）的“3E”标准体系，以取代传统的效率标准（如财务、会计指标等）。不久，英国审计委员会又将“3E”标准纳入绩效审计框架中，并运用于地方政府及国家健康服务的管理实践。目前，已经建立了完备的综合绩效评估体系（Comprehensive Performance Assessment System，简称 CPAS）。随着绩效评估在政府各部门的应用与发展，为了更加充分地反映公共组织目标的多样性与复杂性，有些人甚至建议增加更多地“E”，如公正、企业家精神、卓越等。总之，公共组织的目标多元化和价值多样性促使政府绩效评估的价值标准日趋多元化。3E 系统代表了绩效评估系统多元化发展的趋势，通过建立 3E 标准体系，使得软环境评估体系更加科学化、透明化，增加了效率与绩效评估的可操作性，对公共政策评估体系的完善和发展起到了很大的推动作用。

3.3　财政科技专项资金绩效评价的制度背景

3.3.1　财政科技专项资金绩效评价的基本前提

自 2011 年财政部颁布《财政支出绩效评价管理暂行办法》以来，由财政部门主导的财政支出绩效评价对于优化财政资源配置、推动政府职能转变、深化财政体制改革起到重要作用。短短几年时间，各地相继出台了具有地方特色的评价实施方案，开展评价的试点工作。以广东省为例，自 2008 年开始，约三分之一省级财政支出展开了自评审核，或重点评价，或第三方评价等。2013 年，在全国率先委托第三方开展了“十件民生实事”专项资金绩效评价，涉及 26 个省级主管部门、108 项财政专项、478.73 亿元省级财政资金。2014 年，广东省人大再开先河，针对战略性新兴产业发展 LED 及新能源汽车专项资金，经政府采购招标，整体委托第三方绩效评价中心开展绩效评价，将资金主管及监管的发改、科技、财政部门纳入评价对象，引起社会广泛关注。

但与此同时，财政支出绩效评价，尤其是专项资金绩效评价面对一系列矛盾：一是角色冲突。政府绩效评价是对政府的监督与约束，由财政部门主导评价导致角色错位。二是体系庞杂。尤其是指标体系繁杂，与绩效评价量化要求及“关键指标评价”的要求存在距离。三是方法悖论。目前广泛采用的目标比较法的前提是假设专项资金存在清晰可衡量的目标，并且假设目标的正确性，但理论上，凡是拥有清晰目标事务应由市场调节，无须政府作为。四是现实困惑。目前各地的做法大体上与财务审计（或称绩效审计）的功能基本等同，主要针对资金合规性及所谓绩效目标实现，从而导致部门之间职能重叠。五是法律依据缺失。与审计已形成完备的法规体系及组织体系不同，绩效评价在国内尚无法律依据，亦无独立的组织机构及领导体制，等等。这些问题，与财政理念、制度体制、技术方法、文化惯性等因素密切关联，但归结起来，绕不开一些基本问题，即“为什么要评价”“评价什么”“如何评价”等。显然，厘清这些问题是构建财政支出（专项资金）绩效评价体系的基本前提，具有理论及现实的必要性及迫切性。

事实上，国外对公共财政评价研究由来已久。概括来说，大体历经三个阶段：一是以古典经济学理论为基础的财务评价。基于完全竞争市场机制假设，1844 年，杜比（Jules Dupuit）提出了“消费者剩余”理论。根据这一理论，公共项目的评价标准为净生产量乘以相应的市场价格所构成的社会效益下限加上消费者剩余，即社会总效益。二是基于福利经济学和凯恩斯理论的社会费用—效益分析。公共项目不同于私人项目，更加关注公共福利改善。庇古的福利经济学为此提供了福利标准。之后，源于“帕累托准则”的“成本—效益法”成为评价公共项目的重要方法。20 世纪 30 年代后，凯恩斯主义推动了政府投资项目评价向国民经济宏观层面的延伸。三是综合评价。20 世纪 80 年代以来，基于可持续发展的要求及理论，公共项目评价拓展到了包括经济、技术、环境、社会、政治等各方面的综合评价，评价指标体系覆盖生态环境影响、资源利用能力、社会发展贡献、经济效益水平等方面。

国内对财政支出绩效评价研究及实践源于新世纪。检索公开的文献，对于“为什么要评价”，受制于传统理念，多数研究者认为，绩效评价即是评价效益，是加强财政支出监管的重要手段，提高财政决策水平的重要保障。也有学者指出，财政支出绩效评价为财政管理提供了参照依据、衡量尺度、工作方法和监督手段，“加强财政资金规范、高效运作”有利于“提高政府行为透明度、加强公众监督、实施政府民主、廉洁执政”。党的十六届三中全会后，财政部根据“建立预算支出绩效评价体系”的要求，提出我国推行支出绩效考评是“建设高效、透明政府，深化部门预算改革的必然要求。”还有学者从有限资源的角度，认为财政支出绩效评价有助于缓解部门事业发展需要资金和财政资金安排不足的矛盾。对于“评价什么”，代表性观点认为，绩效是效益、效率和有效性的统称，包括行为过程和行为结果。前者涉及投入是否满足经济性要求，过程是否合规和合理；后者包括产出与投入相比是否有效率，是否达到预期的目标，以及产生的中长期影响。不过亦有人指出，财政支出绩效评价体系针对的是预算执行。至于“如何评价”，贾康认为，绩效评价是通过对政府行为的内控来保障政府目标的实现。丛树海指出，指标体系构成绩效评价工作的核心和评价目标实现的关键。也有学者认为，财政支出绩效评价旨在考核政府财政职能实现程度，即政府提供的公共产品或公共服务的数量与质量及成本，等等。应该说，已有的文献涉及了财政支出及专项资金绩效评价的主要问题，如绩效评价是监督财政的手段，目的在于建设高效、透明政府，指标体系具有特别意义，等等，亦为本书提供了启示。但文献的局限性也相当清楚：一是将财政支出的目标性评价与绩效评价等同，目的在于追求财政的执行力，评价内容着眼于资金的规范、效益、效果。但政府绩效的落脚点在于其公平性，亦为公共财政的基本属性与功能。二是混淆了评价主体与对象。作为民主文化的技术工具，政府及其组成部门是政府绩效评价的对象，财政支出及专项资金绩效评价对象直指作为责任主体的财政部门及主管部门，包括资金的使用机构。三是文献大都针对特定背景与主题，缺失系统性和逻辑的一致性。尤其是针对专项资金绩效评价的文献不多，比方说，绩效指标服务于评价目的，为评价对象可以作为的行为结果的体现；资金使用者、监管者的职责不同，指标体系必然存在差异性；等等。探究问题的原因，主要在于：国内对财政支出绩效评价研究处于起步阶段，存在理念及认识误区，如把目标考评等同于绩效评价，实践部门大都基于本部门视角及利益，缺失独立性。

3.3.2 财政科技专项资金绩效评价的目的与功能

评价目的及其功能定位（“为什么要评价”）是构建绩效评价体系与机制的首要问题，决定评价意义、功能、主体、对象、程序、技术体系和结果应用。财政专项资金具有典型的“中国特色”，是“为扶持、发展某项特定事业而专门设立的资金，是贯彻落实国家特定时期、特定政策的一种特殊财政手段。”由于在基本预算支出以外，财政专项资金要求专款专用及单独核算。按照财政部公布的材料，目前国家层面的专项资金有285项，资金主管者涉及几乎所有的党政部门，其中又以发改、经贸、教育、科技、宣传部门为主。逻辑上，绩效评价的直接目的是为了提升绩效，与基本预算支出相比，针对财政专项资金进行绩效评价具有现实可行性，因为相对于部门一般支出，评价结果较易与下年度预算挂钩。

（1）评价目的。党的十八大报告将政府绩效管理的目的视为提高政府的公信力、执行力，这是理论上的重大突破，亦是政府绩效评价的根本要求。事实上，政府绩效评价有着深刻的社会背景及内置的价值导向，要求在追求经济、效率、效果的基础上，全面回应公民祈求，即凸显所谓“公平性”。如奥斯本所言，是“改变照章办事的政府组织，谋求有使命感的政府；改变以过程为导向、谋求以结果为导向的控制机制”。或者说，政府绩效评价一开始就存在清晰的目标导向，包括价值目标及技术目标。前者即是民主目标，可视为政府的公信力，后者追求政府管治的效率效果，体现政府的执行力。或者说，既涉及政府组织内部上下的关系（目标评价范畴），又指向政府与社会、公众关系，即公众对政府的信任程度。作为政府绩效评价的组成部分，财政专项资金绩效评价的目的旨在提高公共财政的公信力和执行力。

不过，严格而言，公信力和执行力并非平行的概念。有公信力必然有执行力，但有执行力未必有公信力，甚至可能为破坏力。与目标评价不同，财政专项资金绩效评价指向政府财政“应该干什么”，并非“正在干什么”，一定程度上是对执行力（“正在干什么”）进行纠错。这些年来，我国自上而下的财政专项资金规模不断扩大有着深刻的原因，但无可讳言，与地方、部门及其之间的利益密切相关，亦与财政专项资金设定的必要性、目标的可行性及监督评价追求的所谓与公众需求错位的执行力有关。以能繁母猪饲养补贴专项资金为例，始于2007年生猪价格上涨背景下出台的此项财政政策，初衷是刺激生猪供给以平缓猪价，但由各级政府共同承担的每头100元定额补助能繁母猪的方式不仅是对市场配置资源的反动，而且成为地方不可能完成的任务，为追求所谓执行力唯有丧失公信力。农村电影公益放映场次补贴、农村低收入户住房改造补助、渔民柴油补助等不少专项资金的情况大同小异。

（2）功能定位。应该说，现行体制下，我国已形成了较完善的具有刚性约束力的财政资金分配与监管的体系、制度与机制，包括人大的财政预算审议与监督、审计部门的财务审计、财政部门的财务稽查等。探讨财政专项资金绩效评价的功能定位，核心在于厘清绩效评价与上述监管手段的分工及协同。

首先，在我国政治体制下，人大对政府预算和决算的审议监督具有法律依据与程序，但从这些年各地的做法来看，这种审查监督缺乏具体的手段与规范做法，“威慑力不大，约束力不强，特别是违法违规责任难以落实，没有相应的责任追求制度，监督质量不够高。”正因为如此，近些年社会公众对审计工作寄予厚望，审计的范畴亦不断延伸，出现所谓“绩效审计”的概念。按照英国《国家审计法》（1983）的定义，绩效审计是“检查某一组织为履行其职能而运用其资源的经济性、效率及效益性”，与1986年最高审计机关国际组织公布的定义（绩效审计为经济性、效率性和效果性审计）基本相近。在国内，2008年，国家审计署在审计工作发展规划中首先提出“绩效审计”的概念，其内涵是“全面推进绩效审计，促进转变经济发展方式，提高财政资金和公共资源配置、使用、利用的经济性、效率性和效果性”。显然，绩效审计是关于经济性、效率性和效果性审计（即3E审计）。

其次，以3E为特征的绩效审计与政府绩效评价的4E结构（增加了“公平性”）存在本质的差异。如果说3E体现了执行力，那么，公平性是民主的范畴，体现价值导向。按照我们的理解，财政专项资金绩效评价是指基于结果导向和公众满意度导向，运用科学方法、规范流程、相对统一的指标及标准，对财政专项资金支出的经济性、效率性、效果性和公平性进行综合性测量与分析的活动。评价针对三个层面：一是宏观层面上，专项资金立项决策科学性、民主性及管理办法可行性；二是中观层面上，主管部门对资金监管的有效性；三是微观层面上，资金用款单位使用资金的合规性。背后涉及过程控制与结果导向、使用绩效与管理绩效的关系，本质上指向政府内部权责关系及其财政体制。绩效审计可覆盖中观及微观层面财政资金的合规性、监管的有效性，甚至绩效目标的完成程度，但假设了目标及规则的正确性，难以监督决策的科学性及民主性，即所谓公平性，换而言之，无法形成对目标的纠错机制，而恰恰这一点，决定了财政专项资金的基本绩效及评价的功能定位。如近几年视为“过街老鼠”的科研经费，在使用环节，由于不承认项目主持人的劳动报酬，“外国人工费占七八成，我们的人工费只有10%，导致‘弄虚作假’大规模发生，比如虚报发票，这实际是制度原因造成的”，然而，这种由制度造成的所谓“腐败”，审计做了什么，又能做什么呢？

最后，财政专项资金绩效评价的功能定位与人大审查监督并非同一范畴，如果再重复审计（包括绩效审计）的功能，显然不符合政府组织管理及机构设置的基本原则，不可避免地造成机构及职能内耗，亦不具有操作上的现实可行性（如操作成本等）。我们以为，从现实出发，财政专项资金绩效评价功能应着眼于宏观层面，指向专项资金的立项决策及分配，包括资金管理办法设定目标的科学性与可行性；定位于绩效导向的目标评价。一是目标评价。吻合体制内自上而下的管理属性。完成绩效目标是目标控制的使命所然。绩效评价倘若无助于目标实现，必然丧失存在的前提。评价的经济性、效率性与效果性即是针对目标而言。二是绩效导向。绩效导向为目标评价设置了方向和条件，它要求评价强化“结果导向”和“公众满意导向”，前者指向组织内部关系，要求财政支出的过程控制应该服务于产出效果，尽可能优化流程，减少程序，后者指向政府与公众的关系，即公平性。财政资金源于纳税人，公众满意成为检验结果的最终标准。显然，这种定位不仅强化了组织内部的目标实现及主体责任，即提高政府财政执行力，体现政府内部管理属性及政治制度的内在要求，而且从组织外部的视角，检验内部目标的科学性与民主性，实现政府财政执行力与公信力的统一。

3.3.3 财政科技专项资金绩效评价的主体和对象

评价主体，简而言之，即谁来评价，也就是评价权的问题。理论上，政府绩效评价主体可分为内部主体与外部主体。广义的内部主体包括上级政府，以及同级议会、司法机关等，外部主体是指独立于广义政府之外的组织及公民，如高校学术团体、大众媒体和社会团体等。我国的政治制度不同，党委组织在评价权力关系中占据重要地位。

财政部2011年颁布的《财政支出绩效评价管理暂行办法》（财预〔2011〕285号）第三条规定，各级财政部门和各预算部门（单位）是绩效评价的主体。“财政支出绩效评价是指财政部门和预算部门（单位）根据设定的绩效目标，运用科学、合理的绩效评价指标、评价标准和评价方法，对财政支出的经济性、效率性和效益性进行客观、公正的评价。”2012年财政部《关于印发的通知》（财预〔2012〕396号）中，进一步要求强化财政部门、预算部门绩效评价主体功能，探索引入第三方评价。在这里，财政部门和预算部门拥有评价权，被视为评价主体。从权责关系的角度，政府绩效评价存在所谓评价权、组织权、实施权等“三权”关系。在我国政府绩效管理试点工作中，对一级政府或政府部门开展评价，评价权为上级党委与政府，一般成立以党政首长为组长的领导小组，下设办公室拥有评价组织权，体制内的惯性做法又将办公室设于相关的党政部门，所谓牵头单位。财政支出绩效评价目前尚未如其他考评一样设立相应领导机构，一般由财政部门（大都内设了绩效评价机构）牵头组织管理及实施工作。

纵观目前各地的做法，大体有几种情况：一是自评，即资金使用者，或管理者发起的对专项资金的自我评价，评价主体为评价发起者；二是自评审核，对自评进行审核者拥有评价权，一般为财政部门或主管部门；三是委托第三方评价，委托方拥有评价（组织）权，第三方拥有实施权；四是由人大主导或审计部门发起评价，人大为评价主体；五是极个别的独立第三方评价，第三方行使评价权。不过，严格而言，财政部门或专项资金主管部门在上述前三种情形中只是拥有评价的组织权，评价权仍为上级政府（党委）。只是在现行体制中，评价组织权处于“三权”的实际主导地位，某种程度上等同于实际评价权。所谓委托第三方评价，第三方不过是受托行使实施权而已。

从理论与逻辑上看，将财政部门或主管部门作为评价主体与政府绩效评价的内涵错位，这些部门及专项资金的使用机构是绩效评价的对象。依前所述，政府绩效评价追求政府公信力，是民主范畴的技术工具，或者说是对政府的监督与约束，财政及主管部门作为政府的组成部分构成评价对象，如果作为评价主体，则是目标评价范畴。财政资金只是评价载体，并非评价对象，因为政府绩效评价对象为责任主体，目的在于提升绩效，财政资金本身不具备这一属性。在财政资金绩效评价涉及的责任主体中，包含了资金使用、监督与管理者，对应于使用绩效、监督绩效与管理绩效，具体而言，主管部门主导专项资金的宏观决策、分配与管理，财政部门负有资金监督责任，如资金管理办法的主要制定及执行者，资金使用者承担依规依承诺使用财政资金的责任。但亦存在特殊的情况，如民生资金中，部分专项资金终端补助目标对象并非评价对象，如贫困人群虽为财政资金的使用者与受益者，但为公共财政或者说政府的服务对象。这类专项资金无所谓资金使用绩效，评价指向监管绩效。另一类支持产业发展的专项资金，如战略新兴产业发展专项资金，绩效评价并非产业发展评价，而是产业发展与政府财政关系的评价，因为大多数情况下，产业发展是市场选择，无须政府干预。

由人大主导（评价主体）、财政及主管部门协同（评价的主要对象），第三方实施的财政专项资金绩效评价模式具有逻辑一致性和现实可行性。人大作为国家的权力机关，法律赋予其审议监督政府财政支出的权力，新的国家预算法进一步将这一权力具体化。由人大主导财政专项资金绩效评价，符合“依法治国”基本方略的要求。从实际操作上看，人大主导评价独立于政府部门之上，避免了由财政部门主导评价，政府内部平级部门之间的推诿及内耗。但与此同时，人大不具备财政专项资金绩效评价的专业组织及技术手段，在政府信息公开程度不足、信息严重不对称、第三方市场发育不完善等现实条件下，由第三方独立评价亦难以操作，这样，引入多元评价主体，尤其是由人大主导的评价模式为较理想的选择。在这一模式中，人大的主体及权威地位，第三方的专业性、客观性与公正性，以及财政及主管部门掌握财政信息的完备性得以有机结合。

3.3.4　财政科技专项资金绩效评价的方法与周期

财政专项资金绩效评价方法是政府绩效评价方法论的应用与延伸，服务于评价目的，受制于环境条件，影响甚至决定评价的科学性。在方法体系中，几个要素显得特别重要。一是绩效目标及目标比较法。从结果导向的角度，目前广泛采用的目标比较法的前提是存在绩效目标以及目标设置的科学性和规范性。大多数财政专项资金服务于党和政府的中心工作，理论上存在明晰的目标，但在技术层面，目标申报及审批难以与预算编制同步，导致目标后置，从而失去意义。同时，目标设置的规范性要求目标所设定的预期提供的公共产品和服务的数量和质量有着明确、合理与客观的内涵，对此应有详尽的论证及测算依据，包括目标实现的保障措施、进度安排等。对目标的评审，关键在于评价组织具有公信力，主管部门作为专项资金申报者和管理者不能主导绩效目标的评审，以避免角色冲突。

二是评价流程及其优化。评价流程，即评价路线与结点。目前由财政部门组织实施的专项资金绩效评价一般包括评价组织及前期准备、项目单位自评、组织方或委托第三方对自评材料审核、现场核查、提交评价报告、报告反馈与结果应用（绩效改善）等环节。从现实情况来看，评价流程及时间过短难以内部协调，操作性存疑（部门之间及层级上下的协调，以及现场核查需要充分的时间，甚至为组织实施者不可控的），流程及时间过长则失去对过程纠错的机会。况且，与审计不同，财政支出绩效评价缺失法律、组织及资源保障。解决这一矛盾在于科学合理地优化流程。将重点关注微观层面的资金使用的合规性及基层政府部门监管资金的有效性转移到宏观层面，即决策的科学性、民主性，以及资金管理办法的可行性。技术方法上，即使是检验资金使用的合规性，亦应该科学抽样，突出评价的目的性及有效性。同时，开发及实现评价的信息化及智能化。

三是评价周期。绩效是时间的函数。伯纳丁（Bernardin）等将绩效定义为特定的时间内，由特定的工作职能、活动或行为产生的产出记录。或者说，作为责任主体的成绩单。绩效评价针对增量，兼顾存量。由于资金效果发挥有一个滞后的过程，因此，评价时点与时段选择十分重要，确定合适的评价周期有助于评价结果的合理性、科学性和稳定性。一般而言，评价周期过短可能与资金效果周期错位，过长则无助于资金绩效改进。从各地实践看，由当年对上年度专项资金进行绩效评价，不少资金尚未分配、支付或应用（尤其是基建类资金），当然亦无所谓绩效。因此，应根据专项资金属性，以及绩效信息的统计周期，从现实出发，确定评价基准日及周期，我们以为，专项资金绩效评价以滞后半年到一年为截止点较为合适，基建类资金可进一步延后。

四是满意度调查。公众满意度体现公共财政追求民主和公平的价值取向，回应公众诉求，让公众有序参与评价过程及财政管理，是建设民主财政与阳光财政的要求。理论上，公共财政目标追求社会福利最大化，公众满意即为衡量财政支出民主性的“落地指标”。同时，财政专项资金往往基于社会目标，其过程和结果难以被确认和量化，客观指标评价不能完全反映其绩效内涵，采用满意度测评，即以抽样调查等手段，采用专家评估、公众问卷等形式，以满意度来反映资金绩效的公共性及社会目标实现程度，亦从技术上实现评价指标值的数量化。满意度调查的关键问题是：由于项目属性与效益的复杂性，其受众往往形成群体性分割，关联对象可能存在利益冲突，亦存在长期和短期利益的矛盾，为此，调查对象及范围应基于广大公众的利益，覆盖不同的利益群体。调查内容设计应服务于评价指标及指标值的实现，尤其应针对难以由客观指标量化的内容，如社会效益、公共属性、可持续发展等。同时，财政专项资金涉及特定领域，对其绩效的认知与判断具有专业性，与一般公众相比，相关领域的专业人士作为公众“代理人”是更合适的对象。

3.3.5 财政科技专项资金绩效评价的指标及模型

指标体系是财政专项资金绩效评价的核心问题及实现评价目的技术工具，也是绩效评价有别于其他监管手段的重要标志。自 20 世纪 70 年代以来，西方国家政府绩效评价的方法体系已逐渐成形，开发了一些有针对性的模型框架。如 1994 年，美国政府会计标准委员会（The Government Accounting Standards Board）提出的关于政府服务绩效评价的指标体系，包括四类指标：投入指标（主要用于测评政府提供的财务资源，如支出与非财务资源，如设备等）、产出指标（测量政府所提供服务的数量）、后果指标（测量提供服务所获得的成就或产生的中期结果或最终结果）、效率与成本效益指标。2002 年，美国管理和预算局基于“尽全力建立一个以结果为导向的政府”的需要，针对目标相近的项目提出一套所谓“通用评价指标”，覆盖七类项目。可以说，建立通用评价指标是发达国家财政项目绩效评价的技术经验。

在国内，2011 年，财政部在《财政支出绩效评价管理暂行办法》中，将绩效评价指标分为共性指标和个性指标。共性指标适用于所有部门，主要包括预算执行，财务管理，资产配置、使用、处置、收益管理及社会效益，经济效益等。2013 年，财政部在《关于印发〈预算绩效评价共性指标体系框架〉的通知》（财预〔2013〕53 号）中，提出了项目支出绩效评价共性指标体系框架，包括投入、过程、产出、效果等 4 项一级指标，项目立项、资金落实、业务管理、财务管理、项目产出、项目效益等 6 项二级指标，立项规范性等 20 项三级指标。其中三级指标中，经济效益、社会效益、生态效益、可持续影响等可视为个性指标，需要针对项目特点进一步分解。应该说，财政部的这套指标体系框架反映了我国目前对财政支出绩效评价的基本认识及理念，有一定的可操作性，成为官方的通用体系。但与此同时，这套体系基于体制内要求，尤其是财政部门的立场，旨在追求财政的执行力，由于定位于自上而下的目标评价，并且主要针对资金的使用绩效（基层用款单位及基层主管部门），从而与政府绩效评价的理念与财政支出绩效评价技术要求存在距离。

（1）宏观评价及其指标体系。本质上，政府绩效评价是对政府内部权责关系的调整和约束，针对责任主体，财政专项资金绩效评价亦不例外，为宏观层面的评价，个中原因：一是由政府绩效评价追求公信力的目标所决定；二是与审计、检查等体制内财政监督手段与功能形成互补；三是操作层面的可行性（很难设想，绩效评价能如财务审计一样对所有资金使用过程及凭证进行“合规性”检验）。与针对基层用款单位及监管部门的微观评价相比，宏观评价在关注使用绩效的基础上，更加关注监管绩效，尤其是财政部门的监督绩效，以及财政专项资金设立的科学性与民主性。区分宏观评价与微观评价于指标体系而言在于绩效指标应为责任主体所作为，在财政专项资金的关联主体中，财政部门、主管部门及资金使用单位的权责及职能不同，同一部门中，不同层级的部门扮演的角色不同，同时，专项资金整体成绩或问题不等于专项资金使用者的成绩或问题，微观成绩相加不等于宏观成绩，不区分监管绩效与使用绩效，微观绩效与宏观绩效实质上模糊了权责关系，无助于发现问题及改进绩效。从近几年我们对省级财政100多项专项资金绩效评价结果看，专项资金存在的主要问题不在基层。社会关注的近几年审计发现的问题相当部分并非“真问题”，如支出率不高、地方配套资金不到位、设立资金专户、报账超标准、流程不合规，等等，是基于这些规则的正确性，也是审计的标准。正因如此，反过来成为专项资金绩效评价的现实理由和价值所在。

针对宏观层面，指向专项资金设立的必要性，尤其是与公共财政的一致性，以及管理办法的可行性（主要又是目标与程序的一致性、实施的可操作性）。为此，宏观评价针对专项资金整体，主要检验专项资金的公共属性、资金分配及结构合理性、设定目标的科学性、资金管理办法合理性与可行性等。实际操作中，可采用目标设置科学性、管理办法可行性、资金公共属性、总体目标实现程度等简洁的指标体系。由于这些内容有较强的专业性，一般要配合专家评审的方式。事实上，并非所有的事物均可以客观量化，政府绩效评价本质上为主观评价，问题的症结不在于专家的主观性，还取决于评价组织者（权），即专家“为谁评价”。

（2）微观评价及其指标体系。微观评价即是对监管绩效与使用绩效的评价。从技术层面，构建通用模型尽可能体现公共性，可在采用多层次的指标结构，平衡共性与个性的关系。根据近年的实证与检验，结合实际情况，我们试图提出财政专项资金绩效评价的通用指标体系。这一体系（两个层级）适用于监管绩效与使用绩效评价，包括4项一级指标和11项二级指标。

上述框架的特点：一是指标维度反映财政专项资金绩效全过程，即从资金投入到产出及效果的过程。一级指标资金投入、过程管理、目标实现与社会满意内涵清晰，互不重叠，同时体现主观评价与客观评价互补与互证功能。11项二级指标是一级指标的内涵分解，其中经济性、效率性、效果性、公平性为绩效的4E要素，公平性置于社会满意维度，体现满意度导向，更具可操作性。二是二级指标体现关键指标评价理念。绩效评价是关键指标评价，并非所有的内容需要评价和能够评价。为此，资金投入重点关注立项论证和绩效目标，过程管理指向资金管理和业务管理。三是通用指标适应性强。适用于不同层级的财政专项资金的管理者与使用者，既可针对使用绩效，又可针对管理绩效，符合通用模型的基本要求。同时，在二级指标下，目标实现在经济性、效率性、效果性导向下可进一步延伸三级指标，解决评价对象（使用绩效、管理绩效）差异化问题。

在通用模型的框架下，针对财政专项资金使用者，使用绩效评价指标进一步延伸至三级指标，可建立专项资金使用绩效的评价指标体系，三级指标包括论证申报、目标设置、资金支出、财务合规性、机构制度、实施程序、预算执行、完成进度及质量、社会经济效益和社会满意度。针对财政专项资金的监督与管理绩效评价指标体系采用19项三级指标，包括审批报送、目标设置、资金拨付、监管合规性、机构制度、监管措施、预算执行、完成进度及质量、社会经济效益、社会满意度等。

3.4　本章小结

如上所述，财政科技绩效评价的对象是政府（部门），对专项资金而言，资金只是评价的载体，并非评价对象。从现实出发，绩效导向的目标评价定位强化了绩效目标实现，与体制内自上而下的管理属性和要求相一致，关注资金的经济、效率与效果性，为评价注入体制性动力，突出“结果导向”和“公众满意导向”，为评价注入民间动力。基于我国财政专项资金绩效评价现实状况，我们建议：一是完善资金管理办法，明确责任主体。资金管理办法作为法律规范与指南，核心在于约束专项资金关联责任主体的权责关系，以及资金分配、使用的程序及要求，对专项资金绩效发挥起导向性作用，也是宏观评价的指向。为此，应规范办法制定流程，强化专家论证。二是扩大公众参与，推进绩效评价主体多元化。明确第三方评价的地位，建立相应的保障机制。通过政府购买服务方式，扩大与中介组织的合作广度与深度；建设财政资金绩效评价专家库。三是建立通用模型，强化结果应用。构建体现结果导向，共性与个性、定量与定性、业务与财务指标相结合的绩效评价通用指标体系；扩大评价结果的公开范围。包括向社会公开，接受社会监督，完善结果激励问责机制。四是构建由人大主导的第三方实施的评价模式。财政专项资金绩效评价的资金过程控制与结果导向、使用绩效与管理绩效的关系指向财政体制及部门利益。为增强权威性及评价组织的协调性，现实条件下，由人大主导、财政及主管部门协同、第三方实施评价模式具有理论与现实的可行性。

第4章　广东省财政科技专项资金绩效评价的现状与问题

4.1　我国财政科技专项资金绩效评价的历史演进

党的十八大报告提出“实施创新驱动发展战略。科技创新是提高社会生产力和综合国力的战略支撑，必须摆在国家发展全局的核心位置”。现如今在经济发展新常态下，国家经济的增长方式由要素驱动型向着科技创新型转变，科技产业的发展必将成为国民经济腾飞的强大支撑。随着科技资金投入的不断增加，为进一步深化财政支出改革，提高专项资金的管理水平和使用效率，国家逐步开展了科研经费的绩效评价工作。与科研发达国家相比，我国的财政科技支出项目绩效评价起步较晚。20世纪80年代初，国家计委、财政部、审计署、交通部等部门率先探索我国的科技项目财政支出绩效评价工作。20世纪90年代起，财政科技支出项目绩效评价问题得到了政府部门、科研管理组织和科研机构的高度重视，随后我国也建立了相应的评价方法。我国于1997年成立了国家科技评估中心，这标志着我国正式开启对科技项目的评估工作。1998年，国家科技部决定重点对新产品计划的立项进行评估，在计划立项管理过程中，引入并开始逐步推广科技评价机制。先后在北京、上海、广东、天津等省、市进行试点评估之后，其他省市也相继成立了财政科技项目评价机构，并开展了科技项目评价工作。

2001年1月，国务院下发了《科技评估、R&D项目招标投标工作资格认定暂行办法》，同年6月，我国科技评价活动的第一个行为和技术规范——《科技评估规范》正式出台，不仅再一次重申了科技评估的定义，而且对科技评估的原则和基本职业道德作出规定，与此同时，对科技评估的类型和范围、科技评估的程序、科技评估的方法、组织管理机构和人员作了详细说明。该办法是对财政科技支出项目绩效评价法制建设的一次实践。2003 年，财政部印发了《中央级教科文部门项目绩效评估管理试行办法》，并根据教科文部门的实际情况，制定了《中央级教科文部门项目绩效评估规范》，对如何进行财政科技支出项目绩效评价作出了明确规定。同年 9 月，科技部又发布了《科学技术评价办法》（试行），这标志着我国的科技项目评价工作正在向规范化、法制化方向发展。该办法提到基础研究项目绩效评价应注重对科学价值和人才培养的评价；应用研究项目绩效评价应该从技术的创新水平、关键技术的突破、技术标准研制、经济和社会效益等方面作出综合评价；科技产业化项目绩效评价应以科技成果转化与产业化机制，优化调整产业结构等方面进行评价，该办法只涉及对各类项目评价重点的说明，并规定要构建分类评价指标体系。与此同时，科技部委托中国软件评测中心对“863 计划”重大专项的软件产品进行公开测评。

2004 年，我国开始全面推广绩效预算和绩效评价。2005 年 3 月，财政部印发《关于确定 2004 年中央财政教科文专项资金绩效考评试点项目有关问题的通知》，对“十五”期间国家科技攻关计划首批立项项目资金的执行状况进行了绩效考评。2006 年 2 月，国务院颁布《国家中长期科学和技术发展规划纲要 2006—2020 年》，从科技体制改革和国家创新体系建设、激励企业创新的政策和措施、科技项目支出与科技基础条件平台、人才队伍建设等方面进行了规定以支持科技发展，明确指出要将科技工作的重点向民生科技转移，要改革科技评审与评估制度，“建立财政科技经费的预算绩效评价体系，建立健全相应的评估和监督管理机制”，配套政策中对科技评估范围做了详细的分类及讲解。同年，财政部委托国家科技风险开发事业中心开展对国家科技攻关计划“十五”期间首批立项的 55 个项目的资金执行情况进行绩效考评。2007 年 8 月，财政部针对科技经费管理特点研究制定了《中央级民口科技计划（基金）经费绩效考评管理暂行办法》，对我国科技计划经费绩效考评的原则、考评的范围及科技计划经费绩效考评的主要内容都作了相应的规定，并从业务和财务两个维度进行考核，最终结果通过专家打分方式进行汇总，指标体系如表 4-1 所示：

表 4-1 专家评分汇总

考评指标及权重		专家评价分值			
考评指标	权重	专家 1	专家 2	……	小计
业务指标					
目标完成程度					
项目完成可能性					
立项目标的合理性					
项目验收的有效性					
项目组织管理水平					
项目经济效益					
……					
财务指标					
资金落实情况					
实际支出情况					
财务信息质量					
财务管理状况					
总计					

资料来源：财政部网站。

与此同时，2007 年，高技术中心组织专家对“973 计划”中 2003 年、2004 年立项项目进行了中期评估。2009 年财政部印发了《中央高校基本科研业务费专项资金管理暂行办法》，2010 年初，财政部会同国家自然科学基金委开展了科学基金资助和绩效管理有关的国际评估工作。2011 年 4 月，财政部颁布的《财政支出绩效评价管理暂行办法》，对绩效评价的对象和内容、绩效评价指标和方法等都作了进一步规定，提出通过最低成本法、公众评判法、因素分析法、成本效益分析法、比较法及其他评价方法等，将绩效评价的指标分为共性指标与个性指标，从项目决策、项目管理和项目绩效三个维度，分三个层级，每个层级又由若干个子项目构成，搭建起绩效评价指标框架（如表 4-2 所示），以此来评价客体的财政资金使用情况、财务管理状况和资产配置、使用、处置及其收益管理情况以及绩效目标的实现程度，当前，我国对财政科技投入绩效评价也主要使用此评分表。

表 4-2 财政支出绩效评价指标体系

<table>
<tr><th>一级指标</th><th>分值</th><th>二级指标</th><th>分值</th><th>三级指标</th><th>分值</th></tr>
<tr><td rowspan="5">项目决策</td><td rowspan="5">20</td><td>项目目标</td><td>4</td><td>目标内容</td><td>4</td></tr>
<tr><td rowspan="2">决策过程</td><td rowspan="2">8</td><td>决策依据</td><td>3</td></tr>
<tr><td>决策程序</td><td>5</td></tr>
<tr><td rowspan="2">资金分配</td><td rowspan="2">8</td><td>分配办法</td><td>2</td></tr>
<tr><td>分配结果</td><td>6</td></tr>
<tr><td rowspan="6">项目管理</td><td rowspan="6">25</td><td rowspan="2">资金到位</td><td rowspan="2">5</td><td>到位率</td><td>3</td></tr>
<tr><td>到位时效</td><td>2</td></tr>
<tr><td rowspan="2">资金管理</td><td rowspan="2">10</td><td>资金使用</td><td>7</td></tr>
<tr><td>财务管理</td><td>3</td></tr>
<tr><td rowspan="2">组织实施</td><td rowspan="2">10</td><td>组织机构</td><td>1</td></tr>
<tr><td>管理制度</td><td>9</td></tr>
<tr><td rowspan="9">项目绩效</td><td rowspan="9">55</td><td rowspan="4">项目产出</td><td rowspan="4">15</td><td>产出数量</td><td>5</td></tr>
<tr><td>产出质量</td><td>4</td></tr>
<tr><td>产出时效</td><td>3</td></tr>
<tr><td>产出成本</td><td>3</td></tr>
<tr><td rowspan="5">项目效果</td><td rowspan="5">40</td><td>经济效益</td><td>8</td></tr>
<tr><td>社会效益</td><td>8</td></tr>
<tr><td>环境效益</td><td>8</td></tr>
<tr><td>可持续影响</td><td>8</td></tr>
<tr><td>服务对象满意度</td><td>8</td></tr>
<tr><td>总分</td><td>100</td><td>总分</td><td>100</td><td>总分</td><td>100</td></tr>
</table>

资料来源：财政部网站。

为了进一步提高财政科技支出项目绩效评价质量，提升绩效评价水平，推动绩效评价事业的健康发展，2012 年，国家科技部着重强调要大力发展科技中介服务机构，明确了其在社会经济发展中的重要地位，同时科技部还决定划拨一批专项资金以扶持科技中介机构的发展，促进其服务水平的专业化，并提高其组织协调能力，使科技中介评价机构体系建设跃上一个新台阶。这些举措为推动中国财政科技支出项目绩效评价的社会化和市场化，促进绩效评价事业良性健康发展创造了良好的政策条件和外部环境（如表 4-3 所示）。

表 4-3　重大科技项目绩效评价指标体系

一级指标	二级指标	三级指标	
		指标名称	指标含义
业务评价指标	项目管理情况	规章制度情况	相关规章制度健全和实施到位情况；项目合同书、验收报告、技术鉴定等资料及时归档保管情况
		支撑保障情况	项目承担单位的人员、设备、场地等支撑保障情况
	项目完成程度	项目研究内容	项目合同书规定的研究内容及考核目标的完成情况
		项目计划进度情况	项目计划进度的安排情况
		项目技术指标完成情况	项目合同规定的技术指标的完成情况
	项目技术水平	水平先进性	项目成果的技术水平达到国际领先先进、国内领先先进、省内领先先进的情况
		项目获奖情况	项目获得各级奖励的情况
		知识产权情况	项目取得的发明专利、实用新型和外观设计专利、专利申请或技术成果登记的情况
		项目发表论文情况	项目执行过程中发表的论文情况
	项目社会、环境效益	对支柱产业发展的作用和影响	项目的关键、共性技术对促进行业或区域产业技术升级、整体经济发展所起的示范作用
		重大关键技术的突破和应用情况	重大关键技术的突破及应用情况或项目技术成果的产业化应用情况
		生态环境效益	对综合开发利用和节约资源、保护环境和生态建设所起的作用
	项目经济效益	项目经济指标完成率	项目经济指标完成的情况与项目合同计划完成情况的比率
		投入产出率	项目累计销售额与项目科技投入的比率（只计算项目范围内的投入和销售额）
		投入利税率	项目累计利税与项目科技投入的比率（只计算项目范围内的投入和利税）

续表

一级指标	二级指标	三级指标	
		指标名称	指标含义
财务评价指标	资金落实情况	配套资金到位率	项目合同确定的其他资金及时到位情况
	实际支出情况	支出相符性	项目实际支出与合同规定的经费用途相符情况
		支出合规性	项目实际支出符合国家财政法规和财务管理制度以及科技专项资金管理办法的情况
	财务信息质量	信息真实性	项目经费根据实际发生情况进行真实、准确登记的情况
		信息完整性	项目资金收入、支出、资产等财务资料的完整性；已完成的项目是否及时进行决算
	财务管理状况	制度健全性	项目单位的各项财务制度的完整性和合法性；是否有符合科技经费管理规定的专门的科技项目资金管理办法
		管理有效性	项目中的重大开支是否经过评估论证；项目承担单位是否严格执行财务制度

资料来源：根据相关资料整理。

党的十九大报告明确提出，要加快建设创新型国家。建立以企业为主体、市场为导向、产学研深度融合的技术创新体系。2018 年 3 月 7 日，习近平总书记参加全国人大广东代表团审议时强调："发展是第一要务，人才是第一资源，创新是第一动力。强起来要靠创新，创新要靠人才。"2018 年 3 月 26 日，广东省科技创新大会指出，要落实以习近平同志为核心的党中央在创新驱动发展方面作出的决策部署和重大改革，面向世界科技前沿、面向经济主战场、面向国家重大需求，加快各领域科技创新。2018 年 10 月，习近平总书记视察广东时，强调广东是改革开放的前沿，广东、香港和澳门大湾区的建设是一个巨大的历史机遇，要为广东的改革开放再建新功。可以看出，粤港澳大湾区建设事关我国改革开放再出发，肩负着建设国际一流湾区的重要使命。作为我国开放程度最高、经济活力最强的区域之一，粤港澳大湾区有基础、有能力顺应全球发展潮流，更好地发挥香港特区、澳门特区作为自由开放经济体和广东作为改革开放排头兵的优势，打造国际一流大湾区，为我国在世界经济深度调整和科技竞争日益激烈的环境中赢得一席之地，为全国改革开放再出发提供新鲜经验。

2019 年 2 月 18 日，《粤港澳大湾区发展规划纲要》（以下简称《规划纲要》）对粤港澳大湾区的战略定位、发展目标、空间布局等作了全面规划，这也标志着粤港澳大湾区建设从开局起步转向全面铺开、纵深推进阶段。《规划纲要》提出，要建设具有全球影响力的国际科技创新中心。那么下一步，广东省将如何扎实推进粤港澳大湾区建设？粤港澳大湾区的科技创新和金融深化研究显得十分迫切与必要。科技创新将成为粤港澳大湾区未来发展的主要方向，大湾区将被打造成世界级科技产业创新基地。党的十九大报告提出，全面实施绩效管理体现了推动高质量发展的现实需要。为此，广东省将遵循国家顶层设计，积极携手港澳科技创新部门推进实施粤港澳大湾区科技创新行动计划，聚焦技术攻关、基础研究、人才集聚、要素联通、创新创业、国际合作等行动举措，提升大湾区的协同创新能力，推动三地加快构建协同创新共同体。因此，对粤港澳大湾区，尤其广东省财政科技专项资金绩效考核评价显得至关重要，这决定着粤港澳大湾区建设的成效与未来发展方向。

4.2　我国财政科技专项资金绩效评价的现状分析

4.2.1　我国财政科技专项资金的分配情况

科技创新是提高社会生产力和综合国力的战略支撑，在国家发展全局中居于核心位置。党中央、国务院历来高度重视科技工作，在各个时期都提出了紧密结合时代特征与世界发展潮流的科技纲领、目标和政策，指引我国科技的改革与发展。科技投入是科技创新的物质基础，财政科技资金投入在支持公共科技活动、引导企业等社会投入方面发挥着重要作用。2019 年 8 月 30 号，国家统计局联合科学技术部、财政部共同发布《2018 年全国科技经费投入统计公报》。报告显示，2018 年，我国科技经费投入力度加大，研究与试验发展（R&D）经费投入保持较快增长，国家财政科技支出增速加快，研究与试验发展（R&D）经费投入强度持续提高。

表 4-4　2017—2018 年财政科学技术支出情况

项目	2017 年			2018 年		
	财政科学技术支出（亿元）	比上年增长（%）	占财政科学技术支出的比重（%）	财政科学技术支出（亿元）	比上年增长（%）	占财政科学技术支出的比重（%）
合计	8383.6	8.0	—	9518.2	13.5	—
其中：科学技术	7267.0	10.7	86.7	8326.7	14.6	87.5
其他功能支出中用于科学技术的支出	1116.6	−6.7	13.3	1191.5	6.7	12.5
其中：中央	3421.5	4.7	40.8	3738.5	9.3	39.3
地方	4962.1	10.5	59.2	5779.7	16.5	60.7

注：本表中财政科学技术支出的统计范围为公共财政支出安排的科技项目。
数据来源：根据《2018 年全国科技经费投入统计公报》整理。

由表 4-4 可知，2017 年，国家财政科学技术支出 8383.6 亿元，比上年增加 622.9 亿元，增长 8%；财政科学技术支出占当年国家财政支出的比重为 4.13%，与上年持平。其中，中央财政科学技术支出 3421.5 亿元，增长 4.7%，占财政科学技术支出的比重为 40.8%；地方财政科学技术支出 4962.1 亿元，增长 10.5%，占比为 59.2%。2018 年，国家财政科学技术支出 9518.2 亿元，比上年增加 1134.6 亿元，增长 13.5%；财政科学技术支出与当年国家财政支出之比为 4.31%，比上年提高 0.18 个百分点。其中，中央财政科学技术支出 3738.5 亿元，比上年增长 9.3%，占财政科学技术支出的比重为 39.3%；地方财政科学技术支出 5779.7 亿元，比上年增长 16.5%，占比为 60.7%。

4.2.2　我国财政科技专项资金的使用情况

近年来，我国科技事业取得长足发展，科技实力大幅提升，整体创新能力明显增强。高素质科技人才队伍逐步形成，研发人员总量、国际论文数量、发明专利授权量等均居世界前列。基础前沿和战略高技术领域取得了一批世界级的标志性成果，部分科研领域已达到或接近国际先进水平。

表 4-5　2017—2018 年各地区研究与试验发展（R&D）经费情况

地区	2017 年			2018 年		
	R&D 经费	R&D 经费投入强度	R&D 经费投入强度	R&D 经费	R&D 经费投入强度	R&D 经费投入强度
	（亿元）	（%）	全国排位	（亿元）	（%）	全国排位
全国	17606.1	2.13	—	19677.9	2.19	—
北京	1579.7	5.64	4	1870.8	6.17	1
天津	458.7	2.47	14	492.4	2.62	5
河北	452.0	1.33	15	499.7	1.39	18
山西	148.2	0.95	20	175.8	1.05	21
内蒙古	132.3	0.82	23	129.2	0.75	26
辽宁	429.9	1.84	16	460.1	1.82	12
吉林	128.0	0.86	24	115	0.76	25
黑龙江	146.6	0.92	21	135	0.83	23
上海	1205.2	3.93	6	1359.2	4.16	2
江苏	2260.1	2.63	2	2504.4	2.7	4
浙江	1266.3	2.45	5	1445.7	2.57	6
安徽	564.9	2.09	11	649	2.16	8
福建	543.1	1.69	12	642.8	1.8	15
江西	255.8	1.28	18	310.7	1.41	16
山东	1753.0	2.41	3	1643.3	2.15	9
河南	582.1	1.31	9	671.5	1.4	17
湖北	700.6	1.97	7	822.1	2.09	10
湖南	568.5	1.68	10	658.3	1.81	13
广东	2343.6	2.61	1	2704.7	2.78	3
广西	142.2	0.77	22	144.9	0.71	27
海南	23.1	0.52	29	26.9	0.56	29
重庆	364.6	1.88	17	410.2	2.01	11
四川	637.8	1.72	8	737.1	1.81	13
贵州	95.9	0.71	25	121.6	0.82	24
云南	157.8	0.96	19	187.3	1.05	21
西藏	2.9	0.22	31	3.7	0.25	31
陕西	460.9	2.10	13	532.4	2.18	7

续表

地区	2017 年			2018 年		
	R&D 经费	R&D 经费投入强度	R&D 经费投入强度	R&D 经费	R&D 经费投入强度	R&D 经费投入强度
	(亿元)	(%)	全国排位	(亿元)	(%)	全国排位
甘肃	88.4	1.19	26	97.1	1.18	20
青海	17.9	0.68	30	17.3	0.6	28
宁夏	38.9	1.13	28	45.6	1.23	19
新疆	57.0	0.52	27	64.3	0.53	30

数据来源：根据 2017 年、2018 年《全国科技经费投入统计公报》整理。

由表4-5 可知，2017 年，全国共投入研究与试验发展（R&D）经费17606.1亿元，比上年增加 1929.4 亿元，增长 12.3%，增速较上年提高 1.7 个百分点；研究与试验发展（R&D）经费投入强度（与地区生产总值之比）为2.13%，比上年提高 0.02 个百分点。分地区看，研究与试验发展（R&D）经费投入超过千亿元的省（市）有 6 个，分别为广东（占 13.3%）、江苏（占 12.8%）、山东（占 10%）、北京（占 9%）、浙江（占 7.2%）和上海（占 6.8%）。研究与试验发展（R&D）经费投入强度超过全国平均水平的省（市）有 7 个，分别为北京、上海、江苏、广东、天津、浙江和山东。相比之下，2018 年，全国共投入研究与试验发展（R&D）经费 19677.9 亿元，比上年增加 2071.8 亿元，增长 11.8%；研究与试验发展（R&D）经费投入强度为2.19%，比上年提高 0.04 个百分点。分地区看，研究与试验发展（R&D）经费投入超过千亿元的省（市）有 6 个，分别为广东（占 13.7%）、江苏（占 12.7%）、北京（占 9.5%）、山东（占 8.4%）、浙江（占 7.3%）和上海（占 6.9%）。研究与试验发展（R&D）经费投入强度超过全国平均水平的省（市）有 6 个，分别为北京、上海、广东、江苏、天津和浙江。

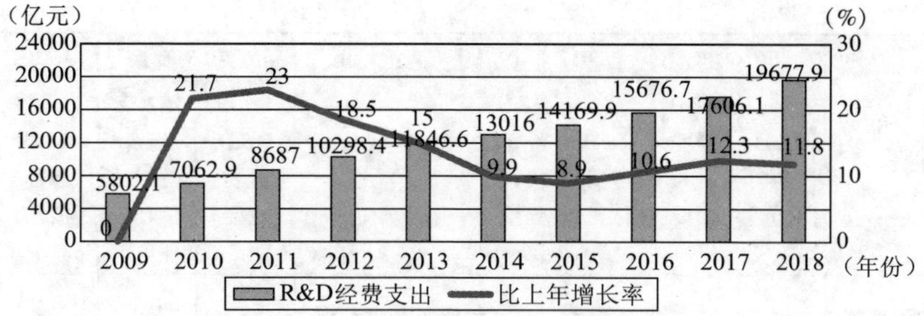

图 4-1　2009—2018 年研究与试验发展（R&D）经费支出及其增长速度

由图 4-1 可知，长期以来，国家财政将科技作为重点支持领域，特别是《国家中长期科学和技术发展规划纲要（2006—2020 年）》（以下简称《科技规划纲要》）颁布以来，财政科技资金投入稳定增长机制逐步建立，全国财政科技支出从 2006 年的 1688. 5 亿元提高到 2018 年的约 9518. 2 亿元，年均增长 15%，13 年累计 7 万亿元，占同期全国财政支出的 4%。其中，中央财政科技支出累计 3. 5 万亿元，占中央财政支出的 10%，年均增长 12%。全国财政和中央财政科技支出增幅均高于同期财政收入增幅。在财政投入的带动下，2012 年全社会 R&D 支出超过 1 万亿元，约为 2006 年的 3. 4 倍，占 GDP 的比重约为 1. 98%。2018 年全社会 R&D 支出约 2 万亿元，约为 2006 年的 6. 6 倍，占 GDP 的比重约为 1. 07%。

表 4-6　2016—2017 年分行业规模以上工业企业研究与试验发展（R&D）经费情况

行业	2016 年		2017 年		行业	2016 年		2017 年	
	R&D 经费（亿元）	R&D 经费投入强度（%）	R&D 经费（亿元）	R&D 经费投入强度（%）		R&D 经费（亿元）	R&D 经费投入强度（%）	R&D 经费（亿元）	R&D 经费投入强度（%）
合计	10944. 7	0. 94	12013. 0	1. 06	化学原料和化学制品制造业	840. 7	0. 96	912. 5	1. 11
采矿业	267. 8	0. 56	281. 8	0. 59	医药制造业	488. 5	1. 73	534. 2	1. 97
煤炭开采和洗选业	132. 1	0. 59	148. 9	0. 60	化学纤维制造业	83. 8	1. 08	106. 1	1. 34

续表

行业	2016年		2017年		行业	2016年		2017年	
	R&D经费（亿元）	R&D经费投入强度（%）	R&D经费（亿元）	R&D经费投入强度（%）		R&D经费（亿元）	R&D经费投入强度（%）	R&D经费（亿元）	R&D经费投入强度（%）
石油和天然气开采业	63.9	0.99	57.3	0.76	橡胶和塑料制品业	278.8	0.86	307.2	1.01
黑色金属矿采选业	10.4	0.17	7.3	0.18	非金属矿物制品业	323.1	0.52	362.8	0.61
有色金属矿采选业	27.1	0.44	31.2	0.61	黑色金属冶炼和压延加工业	537.7	0.87	638.7	0.99
非金属矿采选业	11.1	0.21	11.9	0.28	有色金属冶炼和压延加工业	406.8	0.76	461.6	0.85
开采辅助活动	23.1	1.49	25.4	1.62	金属制品业	326.3	0.81	343.2	0.95
制造业	10580.3	1.01	11624.7	1.14	通用设备制造业	665.7	1.38	696.8	1.53
农副食品加工业	249.7	0.36	274.6	0.46	专用设备制造业	577.1	1.54	636.9	1.78
食品制造业	152.8	0.64	148.1	0.67	汽车制造业	1048.7	1.29	1164.6	1.38
酒、饮料和精制茶制造业	100.6	0.54	99.8	0.58	铁路、船舶、航空航天和其他运输设备制造业	459.6	2.38	428.8	2.53
烟草制品业	21.4	0.25	19.8	0.22	电气机械和器材制造业	1102.4	1.50	1242.4	1.73
纺织业	219.9	0.54	233.2	0.64	计算机、通信和其他电子设备制造业	1811.0	1.82	2002.8	1.88
纺织服装、服饰业	107.0	0.45	110.5	0.53	仪器仪表制造业	185.7	1.96	210.2	2.11

续表

行业	2016年		2017年		行业	2016年		2017年	
	R&D经费（亿元）	R&D经费投入强度（%）	R&D经费（亿元）	R&D经费投入强度（%）		R&D经费（亿元）	R&D经费投入强度（%）	R&D经费（亿元）	R&D经费投入强度（%）
皮革、毛皮、羽毛及其制品和制鞋业	59.0	0.39	65.1	0.46	其他制造业	28.1	1.02	32.6	1.31
木材加工和木、竹、藤、棕、草制品业	52.9	0.36	60.3	0.47	废弃资源综合利用业	11.0	0.27	16.3	0.42
家具制造业	42.9	0.49	55.4	0.63	金属制品、机械和设备修理业	17.8	1.47	14.7	1.35
造纸和纸制品业	122.8	0.84	144.6	0.97	电力、热力、燃气及水生产和供应业	96.6	0.15	106.4	0.16
印刷和记录媒介复制业	46.8	0.58	53.9	0.69	电力、热力生产和供应业	81.6	0.15	85.8	0.15
文教、工美、体育和娱乐用品制造业	91.9	0.54	100.5	0.63	燃气生产和供应业	7.7	0.13	11.1	0.18
石油加工、炼焦和核燃料加工业	119.6	0.35	146.6	0.36	水的生产和供应业	7.4	0.35	9.6	0.40

数据来源：根据2016年、2017年《全国科技经费投入统计公报》整理。

由表4-6可知，分产业部门看，2016年高技术制造业研究与试验发展（R&D）经费2915.7亿元，投入强度（与主营业务收入之比）为1.9%；装备制造业研究与试验发展（R&D）经费6176.6亿元，投入强度为1.51%。在规模以上工业企业中，研究与试验发展（R&D）经费投入超过500亿元的行业大类有7个，这7个行业的经费占全部规模以上工业企业研究与试验发展（R&D）经费的比重为60.2%；研究与试验发展（R&D）经费投入在100亿元以上且投入强度超过规模以上工业企业平均水平的行业大类有9个。相比之下，2017年高技术制造业研究与试验发展（R&D）经费3182.6亿元，投入强度（与主营业务收入之比）为2%，比上年提高0.1个百分点；装备制造业研究与试验发展（R&D）经费6725.7亿元，投入强度为1.65%，比上年提高0.14个百分点。在规模以上工业企业中，研究与试验发展（R&D）经费投入超过500亿元的行业大类有8个，这8个行业的经费占全部规模以上工业企业研究与试验发展（R&D）经费的比重为65.2%；研究与试验发展（R&D）经费投入在100亿元以上且投入强度超过规模以上工业企业平均水平的行业大类有10个。

4.2.3 我国财政科技专项资金投入的现状

（1）财政科技专项资金支出。近年来我国财政科技资金支出显著提升，党的十九大报告提出加快建设创新型国家的目标，指出创新是引领发展的第一动力，是建设现代化经济体系的战略支撑，再次突出了发展科技的重要性。2012—2017年，国家科技专项资金从5600.1亿元增加到8383.6亿元。由图4-2中可以看出，从总量看，总体呈现上升趋势；从各年环比增速来看，2012—2016年增速并不稳定，总体呈现波动趋势，2012年增速为16.74%，

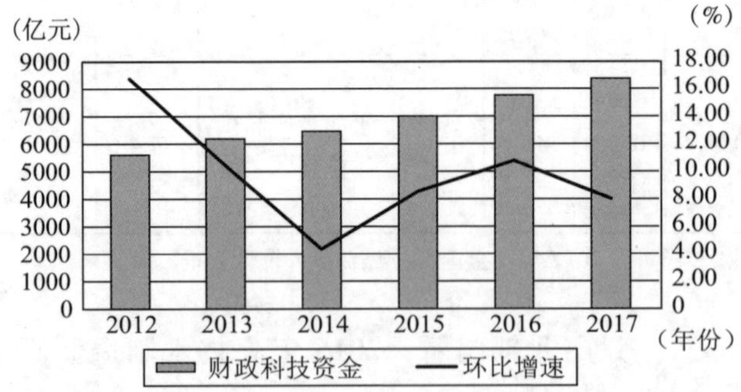

图4-2 2012—2017年全国财政科技拨款总额及增速

数据来源：《中国科技统计年鉴》（2018）。

但是到 2014 年增速降为 4. 36%，增速处于最低点，经过两年的调整，增速出现回升，2016 年增速达到 10. 78%，但是 2017 年增长速度再次放缓，环比增速为 8. 03%。

2012—2017 年，科技专项之间占国家公共财政支出的比例在 3. 98% ~ 4. 45%。由图 4-3 中可以看出，近年来，财政科技专项资金支出一直呈上升趋势，但由于财政公共总支出的基数也呈上升趋势，因此，财政科技专项资金占比并没有大幅度提升。2012—2015 年财政科技专项资金在财政支出的中比重呈下降趋势，2015 年比重达到最低点为 3. 98%，之后两年该比值有所提升，稳定在 4. 13%。总体来看，财政科技专项资金占国家公共财政支出的比重基本稳定在 4%左右。

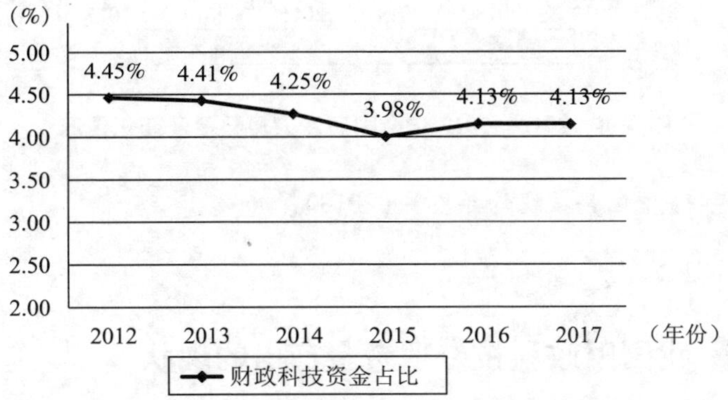

图 4-3　2012—2017 年全国财政科技专项资金占财政支出比重

数据来源：《中国科技统计年鉴》(2018)。

(2) 科研人才培养。在科技人才培养方面，近年来我国研发人员数量总体上呈现上升趋势，由图 4-4 可以看出，2012—2017 年我国研发人员数量从 3051455 人增长到 4045058 人，六年来的增幅达到 32. 56%。但是从每年的增长幅度来看，波动性较大，并没有呈现较为稳定的增长幅度。2013 年增幅最大，达到 10. 63%，之后几年增速逐渐放缓，2015 年增长幅度达到谷底，仅有

0.37%。2016 年增幅再次提升。逐渐增加的科研人员为科技的发展奠定了基础。

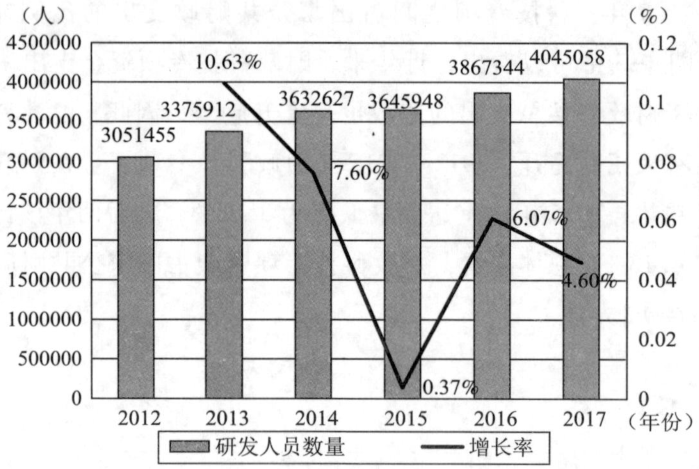

图 4-4　2012—2017 年全国研发人员数量及变化情况

数据来源：《中国科技统计年鉴》（2018）。

4.2.4　我国财政科技专项资金产出的现状

（1）科技成果直接产出。近年来我国科技实力不断增强，《中国科技统计年鉴》（2018）数据显示，2001—2006 年我国科技进步贡献率为 44.3%，在 2012—2017 年这一比率提升到 57.8%。在国家相关政策的引领下，我国科技发展取得了很多成果。专利申请量由 2012 年的 190 余万件增长到 2017 年的 350 余万件，增幅高达 84.9%；专利授权数量从 2012 年到 2017 年增幅达到 47.9%。专利授权数量增速较专利申请数量增速稳定。对于发明专利数量而言，增幅比较明显，2015 年增幅达到 62%，2017 年的发明专利的授权数量几乎为 2016 年的 10 倍（见图 4-5）。

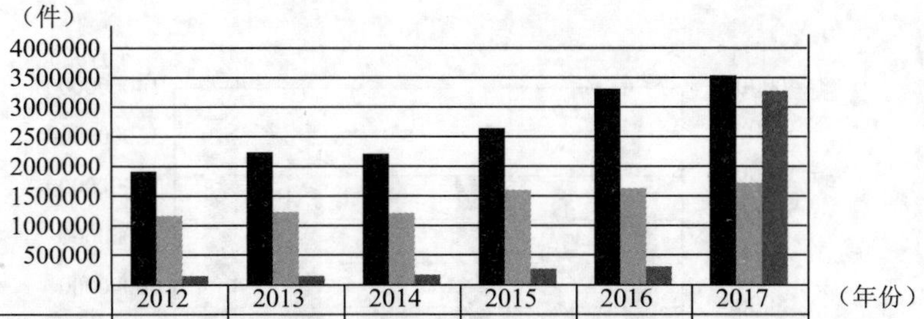

	2012	2013	2014	2015	2016	2017
专利申请数	1912151	2234560	2210616	2639446	3305225	3536333
专利授权数	1163226	1228413	1209402	1596977	1628881	1720828
发明专利数	143847	143535	162680	263436	302136	3269701

图 4-5　2012—2017 年全国专利数量

数据来源：国家统计局官网。

另外，由图 4-6 可知，2012 年有 337 项科技成果获得国家级科技奖励，之后呈现递减趋势，但总体基本维持在 300 项左右。

图 4-6　2012—2017 年全国国家级科技奖励成果数

数据来源：《中国科技统计年鉴》（2018）。

（2）科技成果市场转化。随着技术转让市场的逐步完善，技术交易市场日益活跃，交易规模也不断增加。由图 4-7 可知，从技术合同成交数量来看，2012 年全国技术市场合同数达到 282242 项，2017 年达到 367586 项，比 2012 年增长 30.2%，总体呈现上升趋势，增幅基本在 4%左右，2017 年增幅达到 14.7%。从技术合同成交金额来看，2012 年成交金额为 6437 亿元，2017 年成交金额达到 13424 亿元，比 2012 年增长 108%，各年增速基本维持在 15%左右。

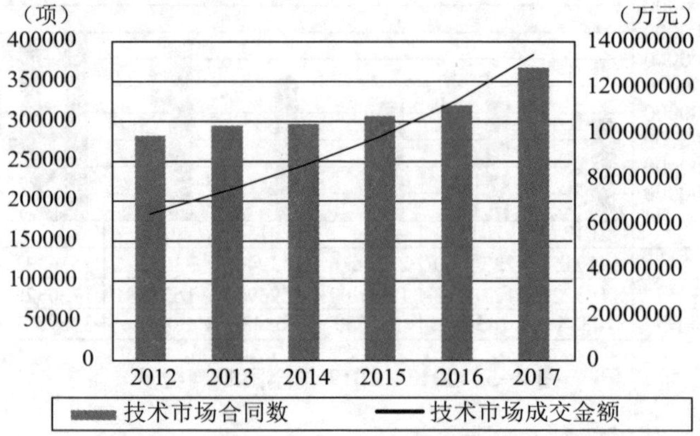

图 4-7　2012—2017 年全国技术交易合同数及交易金额情况

数据来源：《中国科技统计年鉴》（2018）。

4.3　广东省财政科技专项资金绩效评价的现状分析

4.3.1　广东省财政科技专项资金投入的现状

在财政科技投入方面，自 2017 年政府工作报告首度纳入“粤港澳大湾区城市群发展”概念以来，为把握机遇，珠三角各地均在出台新型措施，投入亦纷纷加码。2017 年，希望打造“可持续发展的世界创新之都”的深圳，其全社会研发投入超过 900 亿元，在 GDP 中约占比提升至 4.13%，位居这一地区榜首。广东省贯彻落实习近平总书记关于提升原始创新能力的要求，加强基础研究和应用基础研究布局，首次出台《广东省人民政府关于加强基础与应用基础研究的若干意见》，全面系统部署多项改革创新措施。

在财政管理方面，广东省财政提出了支持政策：一是实施大湾区科技联合资助计划，港澳特区高等院校和科研机构可承担广东省财政科技计划项目并获得经费资助，实现广东省财政科研资金顺利“过境”；二是深化财政科研经费管理“放管服”改革，提升财政科研资金绩效；三是多层次、全方位地开展粤港澳会计行业服务合作交流。另外，广东省财政将配合落实中央关于推进粤港澳大湾区建设的支持政策，围绕《规划纲要》重大布局，研究制定支持推进大湾区建设的财政政策，为实现这一重大国家战略目标提供坚实的财政保障。2019 年初，为深入贯彻习近平新时代中国特色社会主义思想和党的十九大精神，深入贯彻习近平总书记视察广东重要讲话精神，深入实施创新驱动发展战略，大力推进以科技创新为核心的全面创新，不断提升广东省自主创新能力，充分发挥科技创新对经济社会发展的支撑引领作用，广东省人民政府印发《关于进一步促进科技创新若干政策措施》的通知，具体包括 12 条具体措施，有效地激发全社会创新创业活力，为奋力实现“四个走在全国前列”、当好“两个重要窗口”提供重要支撑。

（1）财政科技专项资金支出。2016 年，广东省区域创新能力综合排名连续九年位居全国第二，跻身创新型省份。通过建设开放型区域创新体系、培训发展创新型企业、建设科技平台、创新平台等多项措施不断加大财政科技资金投入。2012 年财政科技专项经费为 246. 71 亿元，到 2016 年这一数据达到 742. 97 亿元，比 2012 年增长 201%。2014 年财政科技支出比上年下降 20. 47%；2015 年增速达到近几年的峰值，较上年增长 107%；2016 年增速有所放缓，比 2015 年增长 30. 44%；2017 年增速进一步放缓，但总体上基本呈现上升趋势（见图 4-8）。

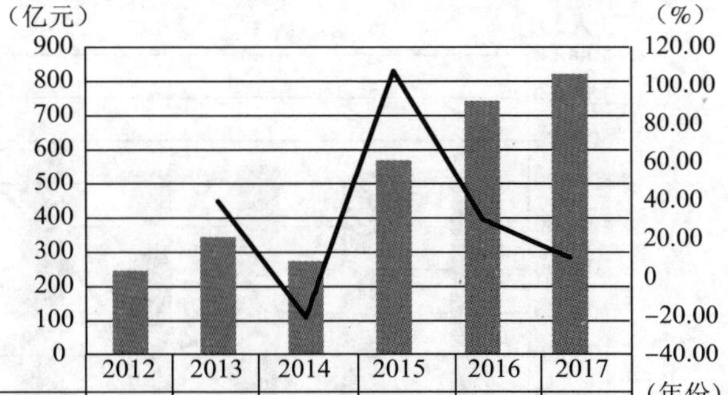

	2012	2013	2014	2015	2016	2017
财政科技经费拨款	246.71	344.94	274.33	569.55	742.97	821.41
环比增速（%）		39.82	-20.47	107.61	30.45	10.58

图 4-8　2012—2017 年广东省财政科技支出统计

数据来源：《广东科技年鉴》（2017）、广东省政府决算报告。

另外，由图 4-9 可知，财政科技经费支出占财政资金总支出的比重，基本维持在 4%~5%，2014 年广东财政科技资金占比略有下降，总体来看，政府科技经费占政府财政支出比重呈现上升趋势，2016 年比重达到 5.53%，高出全国科技经费占财政支出的比重（4.13%）。

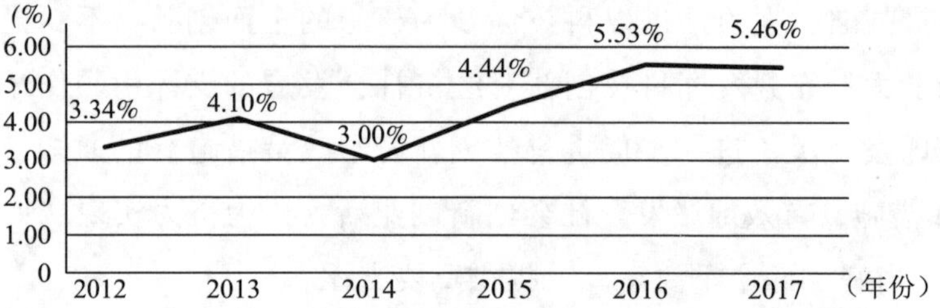

图 4-9　2012—2017 年广东省财政科技资金占政府支出比重

数据来源：《广东科技年鉴》(2017)、广东省政府决算报告。

（2）科研人才培养。近几年来，广东省通过“珠江人才计划”“扬帆计划”“广东特支计划”等各项举措，不断加强专业技术人才队伍的建设。由图 4-10 可知，2012 年广东科研人员达到 519212 人，到 2017 年广东这一数据已达到 696385 人，比 2012 年增长 34%。除 2015 年科研人员较上年下降 1.95%外，其余各年份基本呈上升趋势，2017 年增速 19.02%，是统计期间最高的增速。广东省不断引进专业技术人员的措施，为广东科技发展注入了新的活力。

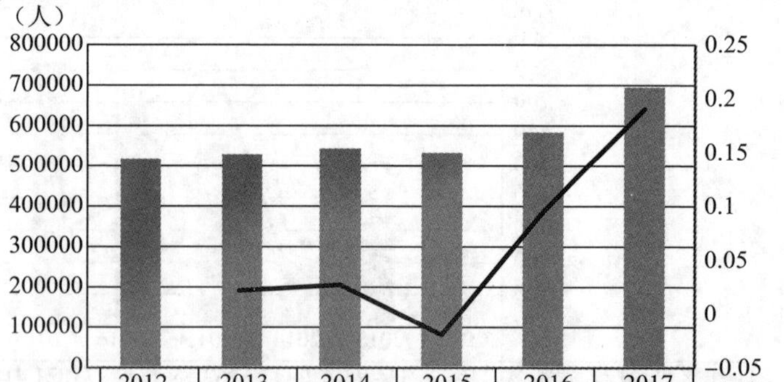

	2012	2013	2014	2015	2016	2017
科研人员	519212	530551	544906	534293	585089	696385
增长比率（%）		2.18	2.71	-1.95	9.51	19.02

图 4-10　2012—2017 年广东省科研人员统计

数据来源：EPS 数据库。

4.3.2　广东省财政科技专项资金产出的现状

在财政科技产出方面，自新中国成立 70 年来，广东科技事业几乎从零开始，伴随经济的快速增长，实现跨越式发展，取得令人瞩目的成就。近年来，广东省的研发投入水平和区域创新能力得到快速提升。在科技经费和人员投入不断增大的驱动下，广东国内区域创新能力从 2017 年起连续两年位居全国第一。高新技术产业蓬勃发展，截至 2018 年底，全省共建立 23 个高新区，其中国家级高新区 14 个。国家级高新区在全国的排名持续稳步上升，深圳高新区位于全国第二，广州高新区位居全国第九，东莞、珠海、佛山高新区均位于全国前 30 强。2018 年，全省研究与实验发展（R&D）人员达到 102.31 万人，比 2012 年增加 39.40 万人，是 2000 年的 14 倍多。全省国有企事业单位专业技术人员共有 164.38 万人，是 1978 年的 7 倍多。研发经费投入快速提高。全省 R&D 经费支出再创新高，达到 2704.70 亿元，比 2012 年增长 118.8%，是 1995 年的 255 倍多。广东科技产出水平实现较大跨越，重大级国家级科技成果频传捷报，专利申请量、保有量多年连续位居全国首位。科技成果转化能力不断加快，以科技创新促进产业转型升级、产品供给优化，已成为广东引领高质量发展的重要源泉。截至 2018 年底，广东有效发明专利量已突破 20 万件，达到 24.85 万件，连续九年保持全国第一。广东《专利合作条约》（PCT）国际专利申请量 2.53 万件，连续 17 年领跑全国，占全国比重达到 48.67%；在 PCT 国际专利申请公开量全球 20 强中，有三家企业来自广东。总体而言，科技创新促进了产业升级。2018 年广东先进制造业增加值累计完成 18224.53 亿元，占全省规模以上工业增加值总量的 56.41%。高技术制造业增加值累计完成 10183.66 亿元，占全省规模以上工业增加值总量的 31.52%。

（1）科技成果直接产出。2016 年广东省关键核心技术不断获得突破，技术自给率达到 71%。2012—2017 年的专利申请数、专利授权数和发明专利均呈现上升趋势。其中专利申请数的增速在2014年最低，仅有5.3%，2016年的增速最快，达到42%，其余年份基本维持在20%左右的增速；专利授权数量2014增速最慢，仅有5%，2015年增速最快，达到34%，2016年增速再次放缓仅有7%，2017年增速达到28%，总体来看在波动中呈上升趋势；发明专利增长速度较为平稳，基本维持在20%左右，2014年增速最低为14%，2017年增速最高为23%。2017年高速增长背后离不开2016年广东省建设重点产业和重点市场知识产权保护机制、建设重点企业知识产权保护直通车等一系列措施，为进一步推动广东省专利申请数量和质量奠定了坚实的基础（见图4-11）。

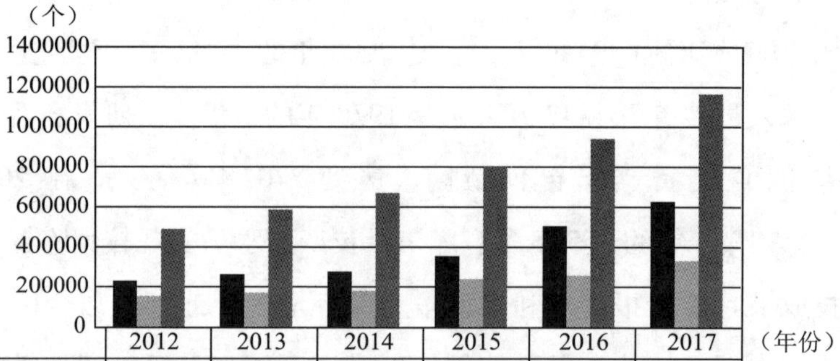

	2012	2013	2014	2015	2016	2017
专利申请数	229514	264265	278358	355939	505667	627834
专利授权数	153598	170430	179953	241176	259032	332652
发明专利数	490159	586592	670131	802493	940138	1165677

图4-11　2012—2017广东省年专利申请及授权情况

资料来源：《中国科技统计年鉴》（2018）、EPS数据库。

另外，由图4-12可知，2012—2017年广东省国家科技奖励成果数量基本上呈现上升趋势，除2015年和2017年有略微下降。虽然省级科技奖励成果总体上呈现下降趋势，但是在广东近年来推出的新政策下，奖励制度倾向于控制奖励数量，提高奖励质量奖金标准，进一步推动了高质量创新成果产出。

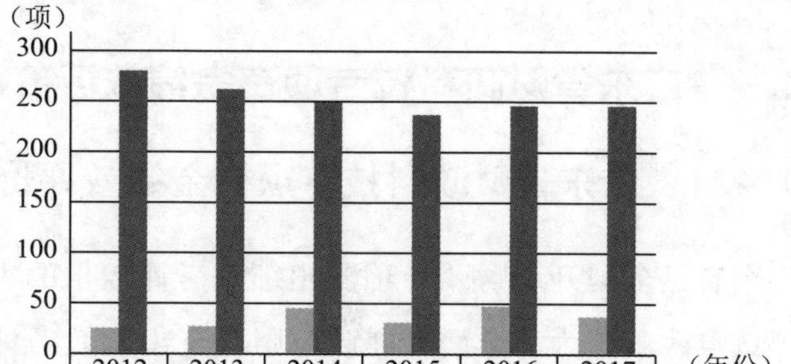

	2012	2013	2014	2015	2016	2017
国家科技奖励成果	26	28	46	32	48	38
省级科技奖励成果	280	262	249	237	246	246

图 4-12　2012—2016 年广东省科技成果奖励情况

数据来源：《广东科技年鉴》（2017）、EPS 数据库。

（2）科技成果市场转化。为进一步激发科技人员转化科技成果的积极性，2016 年广东省科技厅全面开展《广东省科技成果转化促进条例》的起草制定工作及《广东省自主创新促进条例》的修订工作。在政府相关政策的引导下，近年来科技成果的市场转化取得了一定的成绩。2012—2017 年技术市场合同数量总体上呈现下降趋势，但是成交金额总体呈现上升趋势，这可能是技术转让合同愈来愈集中，单项合同成交金额提升引发的结果（见图 4-13）。

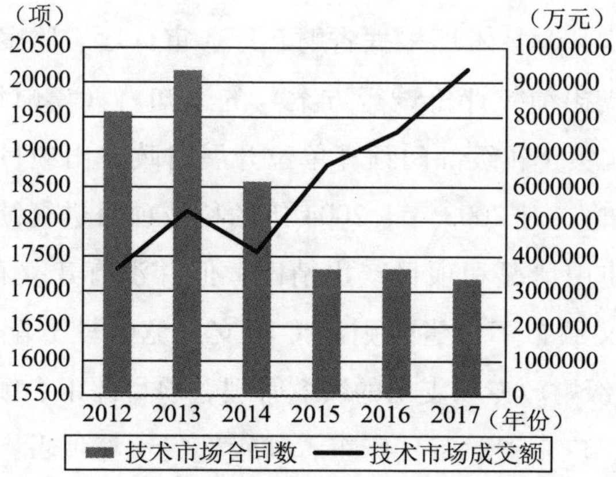

图 4-13　2012—2017 年科技成果市场转化合同数及成交金额

数据来源：《广东科技年鉴》（2017）、EPS 数据库。

4.4 广东省财政科技专项资金绩效评价存在的问题及原因

4.4.1 广东省财政科技专项资金绩效评价的相关政策

广东省是全国开展财政专项支出绩效考评较早的省份。2003 年，开展绩效考评试点改革。为了全面开展政府财政支出绩效考评工作，广东省于 2004 年设立广东省财政厅绩效评价处，专司财政支出绩效评价，这是全国第一个省级财政支出绩效评价机构。2005 年，广东省绩效评价工作就在所有省级预算部门的财政支出项目中全面铺开。绝大部分地级以上市设立了绩效评价处（科），完善了机构，配备了人员；结合本地实际印发了绩效评价试行方案、内部协调工作制度等工作文件，举办了绩效评价培训班，并在本级开展了重点项目绩效评价试点及部门单位绩效自评工作；县区绩效评价工作也在逐步铺开。据统计，2005 年全省各市县区共开展了 68 个重点项目的绩效评价试点工作。2004 年，广东省针对预算支出制定了相关的绩效评价方法和制度，《广东省财政支出绩效评价试行方案》和配套的《广东省财政支出绩效评价指标体系》颁布实施，提出要逐步实现“项目—单位—部门—综合”等四个维度的绩效评价模型。

2006 年广东省科学技术厅根据省财政厅、审计厅、监察厅、人事厅《关于〈广东省财政支出绩效评价试行方案〉的通知》（粤财评〔2004〕1 号）精神和省财政厅《关于省级部门预算单位开展财政支出项目自我绩效评价工作有关问题的通知》，对 2003 年、2004 年的科技项目进行绩效评价。评价内容主要涉及资金使用情况和项目产出情况，但并没有建立相应的指标体系。2008 年，广东省又颁布了《省级财政专项支出竞争性分配绩效管理暂行办法》，专门针对省级财政专项支出的绩效管理、项目评审、绩效评价等作了框架规定。2011 年，广东省颁布《广东省省级部门预算项目支出绩效目标管理规程》，进一步细化了省级部门预算财政项目支出流程。

为了进一步完善绩效考评工作，2011 年，广东省财政部门开展了进行省级财政专项资金委托第三方绩效评价试点工作。2014 年广东省率先对省科技厅扶持的新兴产业的财政专项支出及新能源汽车财政专项支出纳入评价范围，并委托第三方对两项财政专项支出进行绩效评价。同年 9 月，广东省科技厅发布了《广东省科学技术厅关于省财政科技支出绩效评价的实施细则（试行）》，细则明确了绩效评价体系包括共性指标和个性指标，应根据不同科技计划专项（专题）的目标与特点，分类设置，分类组织评价。共性指标设有绩效影响和绩效表现 2 个一级指标，其中绩效影响下设前期准备、资金管理和事项管理 3 个二级指标，绩效表现下设经济性、效率性、效果性和公平性 4 个二级指标。另设三级、四级若干指标。一级、二级、三级指标为共性指标，四级指标为个性指标。具体指标将按照省财政厅相关绩效指标体系的调整进行动态调整。绩效评价采取百分制的计分方式，绩效评价结果分为优、良、中、低、差 5 个等级，其中 90 分及以上为优，80～90 分为良（含 80 分），70～80分为中（含 70 分），60～70 分为低（含 60 分），60 分以下为差。具体指标体系见表 4-7：

表 4-7　2011—2013 年广东省科技类财政专项资金使用绩效评价指标

<table>
<tr><th>一级指标</th><th>权重（%）</th><th>二级指标</th><th>权重（%）</th><th>三级指标</th><th>权重（%）</th><th>指标</th><th>权重（%）</th></tr>
<tr><td rowspan="11">绩效影响</td><td rowspan="11">50</td><td rowspan="5">前期准备</td><td rowspan="5">20</td><td>论证决策</td><td>7</td><td>论证决策</td><td>7</td></tr>
<tr><td rowspan="2">目标设置</td><td rowspan="2">7</td><td>目标完整性</td><td>3</td></tr>
<tr><td>目标科学性</td><td>4</td></tr>
<tr><td rowspan="2">保障措施</td><td rowspan="2">6</td><td>组织机构</td><td>3</td></tr>
<tr><td>制度措施</td><td>3</td></tr>
<tr><td rowspan="3">资金管理</td><td rowspan="3">17</td><td>资金到位</td><td>5</td><td>资金到位</td><td>5</td></tr>
<tr><td>资金支付</td><td>4</td><td>资金支付</td><td>4</td></tr>
<tr><td>支出规范性</td><td>8</td><td>支出规范性</td><td>8</td></tr>
<tr><td rowspan="2">事项管理</td><td rowspan="2">13</td><td>实施程序</td><td>8</td><td>实施程序</td><td>8</td></tr>
<tr><td>管理情况</td><td>5</td><td>项目监管执行情况</td><td>5</td></tr>
</table>

续表

一级指标	权重（%）	二级指标	权重（%）	三级指标	权重（%）	指标	权重（%）
绩效表现	50	经济性	5	预算（成本）控制	5	预算（成本）控制	5
		效率性	10	完成进度及质量	10	完成进度及质量	10
		效果性	30	社会经济效益	25	社会经济效益	25
				可持续发展	5	可持续发展	5
		公平性	5	公共属性	5	满意度	5
总分							100

资料来源：广东省科技厅。

2015 年 12 月，为充分发挥专家在科技行政管理过程中的支撑作用，广东省科学技术厅发布了《广东省科学技术厅科技咨询专家信用管理实施细则（试行）》的通知，细则明确了借助互联网平台对实施科技项目绩效考评咨询专家建立信用档案。2016 年广东省委托武汉大学深圳研究院对 2014—2015 年省级产业园扩能增效财政专项支出进行绩效考评，委托广东省政府绩效管理研究会对广东省 2014—2015 年省级企业技术改造财政专项支出进行绩效考核。与此同时，在实践中通过专家意见，不断汇总完善相关制度。2016 年 8 月 26 日，广东省人大财经委提请广东省十二届人大常委会第 84 次主任会议审议通过了《广东省人大常委会开展预算资金支出绩效第三方评价实施办法》。该办法明确了第三方机构参与评价的资格获取制度。第三方机构的引入，使得财政绩效评价从传统的财政部门主导转向第三方机构和人大及其常委会配合政府的财政部门共同参与，打破了政府花钱、政府自评的局面，进一步完善了绩效考评制度。

4.4.2 广东省财政科技专项资金绩效评价存在的问题及原因分析

近年来，尽管广东省不断完善制度建设，规范财政科技资金的使用方式及范围，建立财政科技经费绩效评价指标体系与面向结果的追踪问效机制，组织实施绩效评价，实现财政科技投入效益最大化。按照“事前审核、事中检查、事后评价”的要求，加强对财政科技资金的全程监督。另外，还建立了各责任主体使用财政科技资金的诚信档案和相应的约束机制，完善专家评审、公开招标和社会公示、政府决策相结合的科学决策机制。但在财政科技专项资金绩效评价方面，仍存在以下主要问题：

（1）规范化的制度保障有待加强。由于政绩考核等原因，预算单位在组织收入方面保持比较重视。但在财政资金的使用方面重视相对不够，在资金的使用绩效方面更是很少关注。部门预算单位的支出项目未经充分的论证就立即上马，导致财政资金使用过程中暴露出来的问题多。一些部门不按照工程的进度来拨款，预算一经批复立马拨款或者滞留集中拨款，进度意识和时间观念非常的淡薄。最终导致出现部分项目结转资金较多，部分项目却缺乏资金，不能按时完工的尴尬局面，不能切实发挥资金的效益。另外尽管广东为了进一步完善科技资金绩效考评工作，实施了第三方委托机制，但由于该措施正在试行阶段，尚未建立完善的制度保障。

（2）预算绩效的理念有待进一步强化。尽管广东制度建设相对完善，但是广东省各级人大对绩效监督的重视程度还是不够，对预算的监管往往侧重于资金数额分配上的监管，而对资金支出后产生的效益、效果缺乏管理。虽然目前个别地市借鉴省人大常委会的做法，开始探索预算资金支出绩效监督，但工作尚属起步，监督的效果有待进一步提高。由于由省级人大常委会组织开展第三方绩效评价开展时间不久，尚未形成完善的制度规范及运行机制，在探索过程中遇到一些亟待解决的理论依据问题，比如相关概念及第三方职责义务不明确、第三方评价流程缺乏规范等。另外由于政绩考核等原因，预算单位在组织收入方面保持比较关注。在财政资金的使用方面重视相对不够，在资金的使用绩效方面更是很少关注。部门预算单位的支出项目未经充分的论证就立即上马，导致财政资金使用过程中暴露出来的问题多。比如，在本课题的调查研究中，仅有 28.2%的项目相关人员认为绩效考核在整个项目过程中受到了高度重视，12.64%的项目相关人员则认为绩效考评未受到重视。

（3）信息公开程度不高。政府信息公开程度的高低是一个国家法治化、民主化的标志。在我国，各级政府普遍存在信息不对称、公开化及透明化程度较低等问题，经常出现报喜不报忧、瞒报不报的现象，阻碍第三方机构对真实有效信息的获取。我国近年来在财政信息透明、公开上也做了不少努力，并形成《中华人民共和国政府信息公开条例》规定，对财政信息透明化的内容作了详细规定。我国现在也在推行电子政务、网上办公等信息公开举措，但是某些政府部门或者领导为使其利益不受到监督或者侵犯，加之关于公开信息方面的法律法规不完善等，外界能够从政府网站获取的信息量往往有限，通过公开的科技资金绩效考评不能够全面、系统地了解政府科技资金资源配置效率、效果及公平性。即使广东省近年来通过开展委托第三方评估机构的绩效考核方式，但是信息的不公开透明，对第三方工作开展也带来了一定程度上的困扰。

（4）缺乏专业的项目管理机构。以广东省省级科技项目管理模式为例，当前进行管理权限一般是以业务类别或专题为单位进行，即业务主管处室将对指定业务的全部事宜全权负责，管理部门管理负责从申报指南编制、申报组织、评审立项、绩效评价及验收管理等全过程。2013 年起，虽然广东省科技厅开始尝试引入专业机构参与部分环节的项目管理工作，但是业务主管处室仍然拥有最终决策权，包括决定立项评审所需的专家结构、专家资质、评审表指标设置，以及项目验收应提供的材料、验收形式等，而第三方中介机构只有执行任务权，并没有其他监督权力，未充分发挥其专业作用。管理部门的自由裁量权过大、专业知识却又不一定全面，容易导致决策、决定欠缺理性化，容易造成短视现象，并且可能会给权力寻租留有余地。

4.5 本章小结

综上所述，改革开放 40 年来，广东省委、省政府以改革开放的勇气和担当，一次次完善机制的顶层设计，明确创新发展的方向，打通创新路上的障碍。广东作为改革开放的排头兵、先行地、实验区，以敢为人先的精神进行了一系列科技体制改革创新，不断释放和激发科技创新活力，构建以市场为导向的、支撑区域发展的开放型科技创新体系，从一个科技资源相对缺乏的省份发展到创新能力跃居全国前列，技术自给率 72.5%，科技进步贡献率

58%。另外，广东创新能力突出的具体表现为创新的开放度高、外贸经济发达，且市场活力较好，创新创业活动十分活跃，具备宽松的创业环境。其中最大的亮点是，一大批创新型企业正在深圳蓬勃发展，成为引领广东乃至中国经济转型升级的一股重要力量。目前，粤港澳大湾区与纽约、旧金山、东京三个湾区创新产出总量的差距不断缩小，特别是粤港澳的发明专利申请量从 2015 年开始已经超出其他湾区之和。与此同时，绩效评价指标体系的构建是科技专项资金绩效评价工作的核心环节，也是绩效评价行为在实际运行中的实质内容，设计并构建一套针对财政科技专项资金的绩效评价指标体系，对于顺利开展项目实施过程及实施后的效果评价工作、提高资源利用的效率和效益、增强科技财政管理与决策水平、促进与激励优秀科技人才，以及提升社会和经济的可持续发展等都具有重要意义。因此，本书拟建立财政科技资金绩效评价体系模型，从而科学评价广东省财政科技资金投入的绩效，为政府科学决策提供依据，进而提升广东省科技管理的能力。

本章在分析全国及广东省科技投入和产出的现状基础上，主要分析了目前我国财政科技资金绩效评价的现状和存在问题，以及广东省财政科技资金绩效评价的现状及存在的问题。随着科技发展的需要，国家不断地完善科技资金绩效评价的制度建设，但是还是存在诸如指标体系不够完善、绩效评价结果公开化程度低等问题。广东作为全国先进地区，最早开展了政府资金绩效评价，并尝试引进第三方机构委托评价机制，但是由于相关工作开展较晚，尚未形成完善的制度体系，信息不对称给第三方机构开展相关工作也带来了一定的阻碍。因此还需进一步完善相关制度建设，进一步完善绩效考核指标体系，提高绩效考核结果的信息透明度，加强公众监督。

第5章　广东省财政科技专项资金绩效评价问卷调查研究

在进行了充分理论和文献分析的基础上，为了对广东省目前财政科技专项资金绩效评价体系的实际情况有更清楚的了解，更好地把握广东省财政科技专项资金绩效评价体系以便在后期能提出切实可行的决策与建议，本章还特地结合广东省财政科技专项资金的现状进行了更深入、更具有现实意义的问卷调查研究。袁方（1997）认为“问卷调查在现代社会调查中是种非常行之有效的研究方法”，美国社会学家艾尔巴比认为“问卷是社会调查的支柱”。英国社会学家莫泽更明确表示“十项社会调查中就有九项是采用问卷进行的”。

5.1　问卷调查概述与理论依据

问卷调查是一种以问卷为工具，采用自填问卷或结构访问的方法，系统地、直接地从一个取自总体的样本那里收集资料，并通过分析这些资料来认识社会现象及其规律的社会研究方法（风笑天，2014）。具体来说，调查者可以根据各自的研究目的和研究内容，按一定的原则把有关调查项目的相关问题进行排列，编成书面试卷后分发给调查对象，请求他们做出书面回答，然后对问卷进行回收整理并进行统计分析，最后得出研究结果。

调查问卷设计的理论主要涉及两种基本的理论知识，一个是有关测量尺度的理论知识，另一个则是建立假设、提出操作定义的知识。前者关系到问卷项目结构的完整性和严密性，后者是选择具体的提问角度和方式的基础，关系到所收集到信息的质量。

5.1.1　概念的操作化

概念的操作化是指在明确了调查内容的基本概念以后，还必须以具体的、可测量的指标对要调查的内容进行测量，即用可感知、可度量的事物、现象和方法对抽象定义所做的界定或说明（风笑天，2014）。设计操作定义，一般采用三种方法。第一，利用客观存在的具体事物来设计操作定义。例如，将被调查者分为“低收入”“中等收入”“高收入”三类，并用“每人每年平均纯收入”这一客观存在的具体事物来设计操作定义，50000 元以下为“低收入”，50000~200000 元的为“中等收入”，200000 元以上的为“高收入”。第二，用看得见、摸得着的现象来设计操作定义。例如，某产品的市场竞争中，主要竞争者有哪几个，竞争者所占有的市场份额有多大等。第三，运用前人已有的指标对抽象概念进行操作化。对于一些测量人格、态度方面的量表，往往经过多次运用和修改，可以直接被我们所用或者结合实际情况完善后所用。

5.1.2　测量层次理论

由于市场调查中所涉及的现象具有各种不同的性质和特征，因而对它们的测量也就具有不同的层次和标准。测量层次可分为四种，即定类测量、定序测量、定距测量、定比测量（风笑天，2014）。

（1）定类测量。定类测量也称为类别测量和定名测量，是测量层次中最低的一种。定类测量它本质上起到的是分类体系的作用，即将研究对象根据不同属性或者特征加以区分，并用不同的名称或者符号作为标签，以便确定分类。例如，对性别、职业、年龄等的测量，都是属于定类测量。需要注意的是，根据定性的原则区分样本中各个个体，所分类别必须具有穷尽性，具有互斥性。另外，定类测量的值只能把研究对象进行分类，即只能决定研究对象是同类或不是同类。

（2）定序测量。定序测量也称为等级测量或顺序测量，它是比定类测量层次更高的测量，因此也就有定类测量的特质。定序测量的取值可以按照某种逻辑顺序将调查对象排列出高低或大小，确定其等级顺序。例如，测量文化程度，可分为高中及高中以下，大专、本科、研究生、博士及博士后。但是，定序测量在各个个体中的取值只有大于或小于的性质，只能据此排列它们的顺序，而不能反映数量或者是距离的大小问题。

（3）定距测量。定距测量也称为间距测量或区间测量，它不仅能够将市场现象或事物区分为不同的类别、不同的等级，而且还可以确定他们之间的数量差别的间距。例如，A 城市人年均收入 8 万元，B 城市人年均收入 5 万元，则 A 城市比 B 城市的人年均收入要高 3 万元。需要说明的是，定距测量除了包括定序测量的特性，还能确切测量同一类别各个选项的大小距离，它的结果之间可以进行加减运算。

（4）定比测量。定比测量也称为等比测量或比例测量，定比测量除了具有上述三个层次的所有特征外，还具有一个绝对的原点（或者是零点）。也就是说，定比测量的数量化程度比定距测量还要高一个层次，定比测量除了具有定距测量的特征外，定比测量所得到的数据既能进行加减运算又能进行乘除运算，适合进行各种统计分析。例如，市场占有率等都是定比测量；常用的年龄与收入这两个变量既是定距测量，又是定比变量。

5.2 问卷调查的目标定位与设计原则

5.2.1 问卷调查的目标定位

问卷调查的形式多种多样，并且在社会领域中都能进行广泛的应用，如何利用调查问卷进行有效研究的第一步是要先弄清楚为什么要进行调查问卷。也就是说，使用者在进行问卷调查前，首先要理解进行问卷调查的目的，因为不同的调研目的，定位的目标群体自然不同，而只有弄清了调研目的才能做到有的放矢。

调查问卷进行目标定位的途径主要有两种，即问卷设计与问卷投放。对于问卷设计来说，开头的问题能发挥漏斗的作用，一般的做法是通过几个问题进行分群，从而过滤掉那些非目标群体，然后再开始详细分析符合目标定位的群体的回答。更重要的是，我们还可以在多个问题中设置有逻辑矛盾的选项，以此筛选出那些可信度不是很高的回答，比如说，设置了一道多选题，受调查者甲同时选中了 A 与最后一项“以上都不是”，这种回答的真实度可能会受到质疑，做调查结果分析时需要谨慎对待。

另外一种方法是利用问卷调查的投放。调查问卷设计好以后，要使问卷能够尽可能投放到目标受众。对于调查问卷的投放来说，我们可以通过投放的渠道、触发时间、动机等去定位目标用户。例如，因为我们此次要研究的是广东省财政科技专项资金绩效评价体系，所以问卷的发放主要是针对广东省内接受了财政科技补助的企业与其他机构，因为这些单位对广东省目前财政科技专项资金绩效评价体系有更清楚的了解；但是为了更好地观察这些样本的行为数据，最好是可以形成一定程度上的对比，我们还针对匹配样本进行了问卷投放。

5.2.2　问卷调查的设计原则

问卷设计是根据研究目的，将所要研究的问题具体化，以便被调查者进行回答或做进一步的分析。问卷设计的好坏对研究的成败具有决定性的影响。在参考了汤秀丽（2014）、佟立纯与李四化（2011）等观点的基础上，为了使调查问卷能够提供更多且有效的信息，我们在进行问卷设计时，主要遵循了以下原则：

（1）目的性原则。

目的性是指设计问卷时要明确问卷设计的目的，问卷研究首先要明确研究的目标，并根据研究的需要科学而客观地选择问题、确定问题项目、设计问题的表述和回答方式。在明确问卷设计的目的时，还应当明确问卷设计的重点，做好必要的准备工作，以保证问卷设计的顺利进行。我们设计问卷的目的就是调查当前广东省财政科技专项资金绩效评价体系的实施状况，所以我们在设置问卷时都要围绕这个目的进行。

（2）合理性原则。

合理性是指问卷必须与调查主题相关。因为要研究的是广东省财政科技专项资金绩效评价体系，所以在设计问卷的时候，对有关财政科技专项资金绩效评价基本情况进行了比较详细、全面的询问。例如：“您是否知晓有关财政科技专项资金项目的规划”“您是否知晓财政科技专项资金的使用是否进行公示”“您是否知晓有关财政科技专项资金管理的相关文件”等。

（3）逻辑性原则。

问卷设计也要遵循逻辑性原则，首先，问卷设计要有整体感，这种整体感即是问题与问题之间要有逻辑性，独立的问题本身也不能出现逻辑上的谬误，从而使问卷成为一个相对完善的小系统。其次，问题的编排顺序要具有一定的逻辑性，要与被调查者的逻辑思维相符合。例如对“您认为财政科技专项资金的项目是否按照预算管理程序及时发放”“您认为财政科技专项资金能否即时到位对项目运行有无影响”等问题的设置。

（4）针对性原则。

具体来说，针对性原则是指问卷中所提的问题必须是符合当前实际情况的，且具有一定的时效性。我们在提问时会特别强调各调查单位对“当前”财政科技专项资金绩效评价方式的看法。问卷中所提到的问题一定要较为具体，不能太笼统或抽象，例如关于项目新增就业岗位的问题，我们在强调“新增”的同时，也给出具有参考意义的数值选项。问卷中所提到的问题含义要单一，不能把两个或者两个以上的问题合在一起进行提问。就算两个问题具有紧密的关系，也应该分开提问后进行分析。

（5）非诱导性原则。

非诱导性是指在设置问题时要设置在中性位置、不参与提示或主观臆断，完全将被访问者的独立性与客观性摆在问卷操作的限制性的条件至上。例如，我们在问卷中设置了有关“财政科技专项资金绩效影响因素”的问题，尽量保持提干的中性意思，而不是表述为“财政科技专项资金绩效较差的原因”，这种具有倾向性的问题，容易使受调查者在后续满意度的测试中“非自愿”地降低自我的满意程度。

5.3　广东省财政科技专项资金绩效评价问卷调查结果分析

广东省于 2003 年开展财政支出绩效评价试点，2004 年正式成立财政支出绩效评价的专门机构，至今已经形成了以项目支出为基点的绩效评价系统。但是有关财政科技专项资金绩效评价的工作到底情况如何？我们对此进行了调查。绩效评价课题组在广东省内企业进行了座谈和考察，与会代表普遍认为，调查问卷设计涵盖内容全面，反映了当前企业发展的需要，引进了许多新的观念，绩效评价对指导企业和科技发展具有积极的意义。同时代表们唯一担心的是，对企业的调查可能缺乏客观性。我们在后来的模板设计中也充分考虑了该问题，课题组对在模版中特别设计了一个参数修改表，降低了调查表某些项目的主观性，从结果来看，调整已经接近客观。调查表由课题组发放和回收，尽管回收比例欠理想，但主要企业都提交了填写的调查表，最终我们获得立项企业 91 份问卷和对照样本（未立项企业）91 份问卷。

5.3.1　广东省财政科技专项资金绩效评价满意度分析

5.3.1.1　广东省财政科技专项资金绩效评价整体满意度

为了从整体上了解各单位对当前财政科技专项资金绩效评价方式的态度，我们从定性和定量两个角度进行分析。由图 5-1 定性分析发现：虽然认为满意的单位有 105 家，占 57.69%；但是感到非常满意的只有 21 家，占 11.54%；还有 46 家单位选择了一般，占 25.27%。总的来说，当前广东省的财政科技绩效评价方式还没有达到各单位的预期，需要进一步的改善。结合定量分析发现，分布情况有所变化：有 57 家单位选择了“80~89 分”，只占 31.32%；选择了“90~100 分”的单位也只有 12 家，占 6.59%；但有 73 家单位选择了“70~79 分”，占到了 40.11%；还有 31 家单位给出了“60~69 分”的选择，占到了 17.03%，即相对于定性分析，当前绩效评价方式的定量评价整体降低。

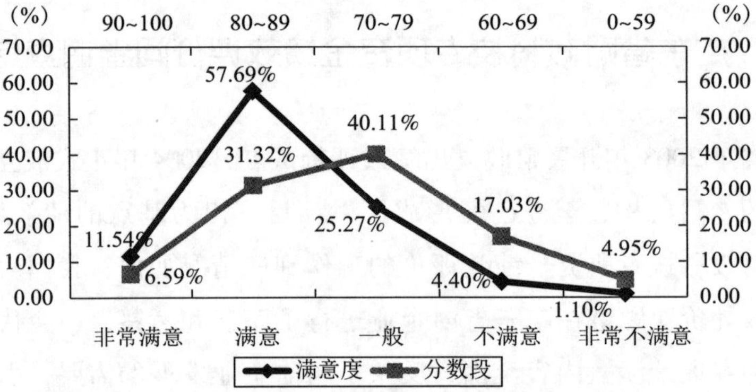

图 5-1　广东省财政科技专项资金绩效评价满意度概况

为了弄清楚出现这种差异的原因，把两者进行了交叉分析。由表 5-1 可知，我们发现在选择了“70～79 分”的样本中，只有 21.92%的单位选择了“一般”，但有 67.12%的单位选择了“满意”。可能是因为定性指标与定量指标在描述时给了受调查者不一样的直观感受，所以他们在进行选择时可能会有一定的差异，但我们认为这并不会影响调查结果，而是会让调查结果更真实、稳定和具有说服力。

表 5-1　广东省财政科技专项资金绩效评价满意度与评分交叉分析

满意度	非常满意（%）	满意（%）	一般（%）	不满意（%）	非常不满意（%）
90～100 分	33.33	33.33	25.00	0.00	8.33
80～89 分	17.54	64.91	14.04	1.75	1.75
70～79 分	6.85	67.12	21.92	4.11	0
60～69 分	6.45	38.71	51.61	3.23	0
0～59 分	0.00	33.33	33.33	33.33	0

由于在样本中我们设置了“立项”与“非立项”单位①的对比，那么是否立项对绩效评价方式的满意度有区别吗？从图 5-2 和图 5-3 可以看出，是

① 立项是指获得了财政资助，未立项是指没有获得财政资助。两者构成了匹配样本，各有 91 家。

否立项对定性描述没有什么影响，但在定量分析上出现了不一样。相对于立项单位，有更多的未立项单位选择了“70～79 分”，更少的选择了“80～89 分”。总体而言，没有获得财政补助的单位更有可能给出较低的评价。

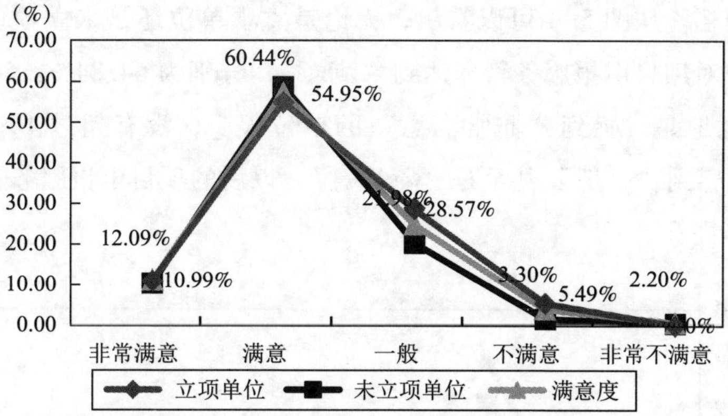

图 5-2　立项与未立项单位满意度对比

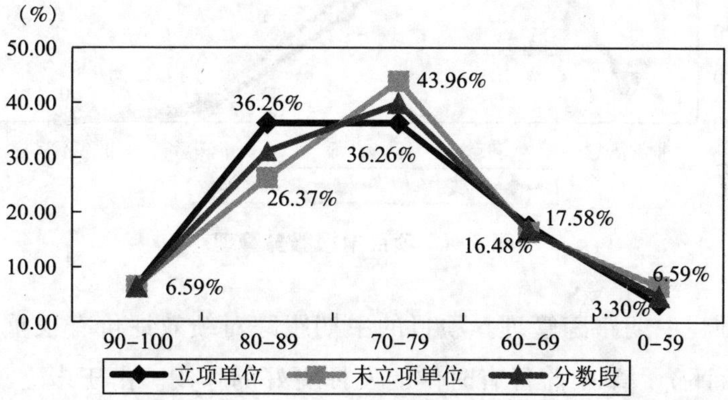

图 5-3　立项与非立项单位评分对比

5.3.1.2　广东省财政科技专项资金绩效评价过程满意度

分析了各单位对绩效评价方式的整体印象以后，我们想知道各单位对绩效评价过程中的几项关键管理持什么样的态度，包括项目申报服务管理、项目中期跟踪管理、项目完成验收管理，以及项目实行财务单独核算管理。接下来我们便从这四个方面分析各单位对绩效评价方式还不太满意的原因。另外，因为立项与非立项单位对绩效评价方式有不一样的看法，所以进行了对比分析。

（1）项目申报服务管理。项目申报是各单位可以使用财政科技专项资金的第一道门槛。从图 5-4 可以看出，无论是立项单位还是未立项单位，一半以上的单位对项目申报服务管理达到“满意”，分别为 64. 84%、54. 95%。但是需要注意地是，感到“非常满意”的单位很少，没有超过 10%，还有约 30%的单位感到“一般”甚至是“不满意”。以后的项目申报服务管理可能还需要进一步提升。

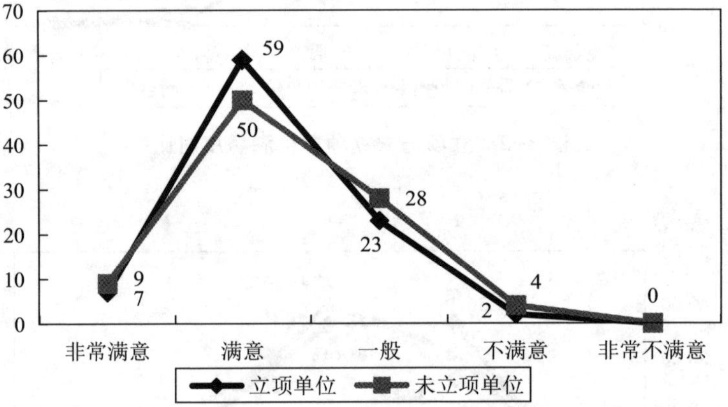

图 5-4　项目申报服务管理

（2）项目中期跟踪管理。项目的中期跟踪对绩效评价有很重要的影响，相对于事后评价，事中监督有时候能发挥更好的作用。由于未立项单位在此次调查中未申请到财政补助，我们仅针对立项单位对此问题进行了调查。与对项目申报服务管理的感受类似，感到“非常满意”的立项单位仍然较少，仅占 14. 29%；大多数单位只是感到“满意”或者是“一般”。说明中期跟踪的作用并没有充分发挥，需要进一步加强（见图 5-5）。

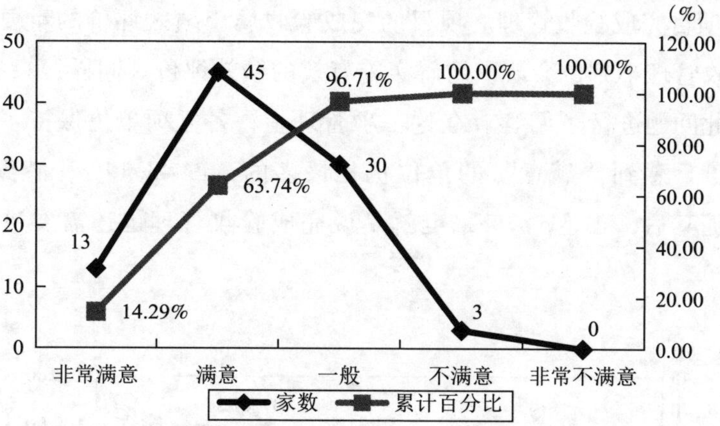

图 5-5　中期跟踪管理（立项单位）

（3）财务单独核算管理。进行财务单独核算是绩效评价能够顺利实施的重要手段。同样，我们仅调查了立项单位对此问题的看法。与前两项管理有所不一样的是，立项单位好像对财务单独核算管理有更高的诉求，不仅感到“非常满意”的人很少，感到“满意”的人也下滑了很多，而感到“一般”的人是最多的，达到了 48. 35%（见图 5-6）。

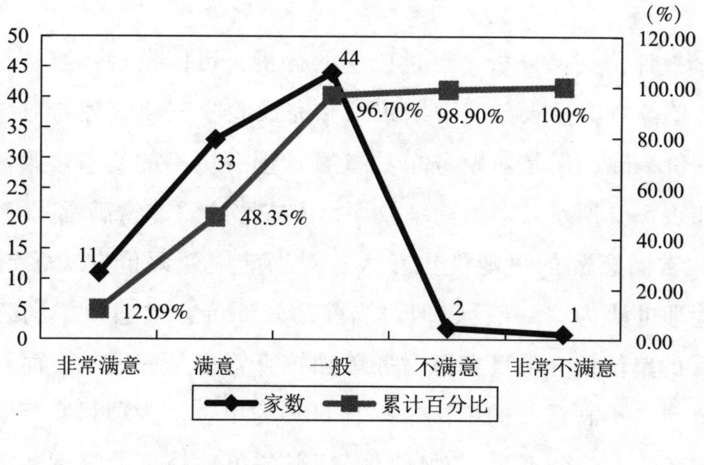

图 5-6　财务单独核算管理（立项单位）

(4) 项目完成验收管理。项目的完成验收属于绩效评价的重要一步，如果完成验收管理不到位会严重妨碍实施有效的绩效评价。同样，只有 91 家立项单位对此问题进行了回答。在这一项管理上，各立项单位保持了对前两项管理的态度，感到“满意”的单位仍是最多的，占 43.14%；感到“一般”的单位紧随其后，占 31.87%，也就是说完成验收管理也还需要进一步完善(见图 5-7)。

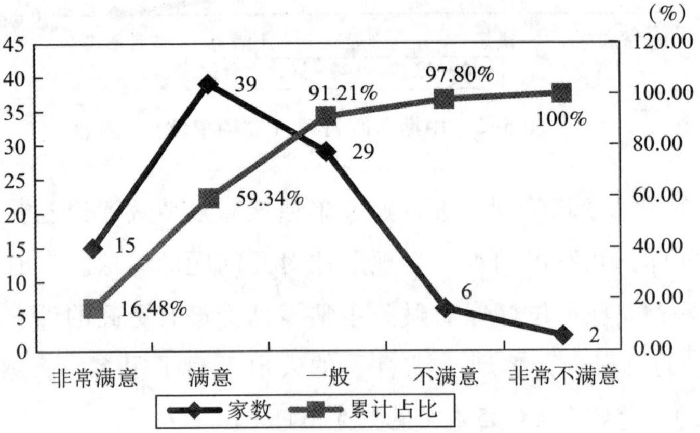

图 5-7　完成验收管理（立项单位）

(5) 绩效评价交叉分析。经过以上的分析，可以发现：第一，就每项管理来看。各单位对申报服务、中期跟踪和完成验收三项管理与对绩效评价方式的整体评价一致，但是对财务单独核算管理有更高的要求。第二，就满意度来看。如表 5-2 所示，对当前绩效评价方式感到“非常满意”，对这四项管理感到“非常满意”的可能性也较大；对当前绩效评价方式感到“一般”，对这四项管理也认为“一般”；但对当前绩效评价方式感到“满意”的单位中，有 48%的单位认为项目实行财务单独核算管理是一般的；而对当前绩效评价方式感到“不满意”的单位中，有 60%的单位认为项目实行财务单独核算管理是一般的。综合来看，对项目实行财务单独核算的管理还需要进一步加强，在构建绩效评价体系时尤其需要注意。

表 5-2　绩效评价满意度交叉分析

满意度	非常满意（%）	满意（%）	一般（%）	不满意（%）	非常不满意（%）
绩效评价方式	11.54	57.69	25.27	4.4	1.1
申报服务管理	47.62	72.38	56.52	25.00	0
中期跟踪管理	50	60	46.15	0	0
完成验收管理	60	50	46.15	20	0
单独核算管理	50	36	65.38	20	0

5.3.2　广东省财政科技专项资金绩效评价的过程分析

为了能够对财政科技专项资金进行有效的绩效评价，财政科技专项资金项目需要设置明确的绩效目标，也要有相应的管理指导小组进行绩效评价，在项目实施过程中有计划地进行中期检查，并在最终完成时进行验收。我们据此去分析财政科技专项资金项目对绩效评价工作的了解程度。

5.3.2.1　不同单位了解程度对比

我们首先根据各项工作是否存在对立项单位与未立项单位进行了对比分析。从图 5-8、图 5-10 和图 5-11 可以看出，在是否设置了明确的绩效目标、相应的中期检查和最终完成情况的验收考核等方面，立项单位与未立项单位几乎没有差别：认为没有的单位是最少的，大部分单位都认为有，但是不清楚的也还有很多。

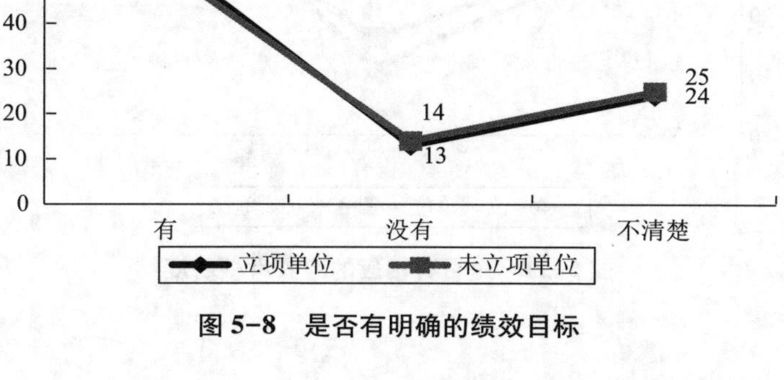

图 5-8　是否有明确的绩效目标

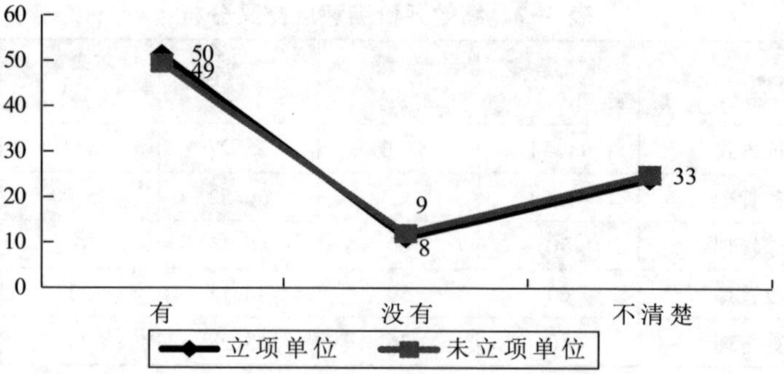

图 5-9　是否有相应的管理指导小组进行评价

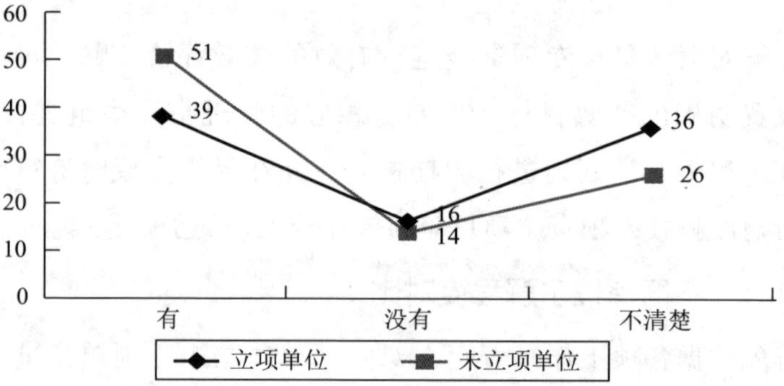

图 5-10　是否有项目完成中的中期检查

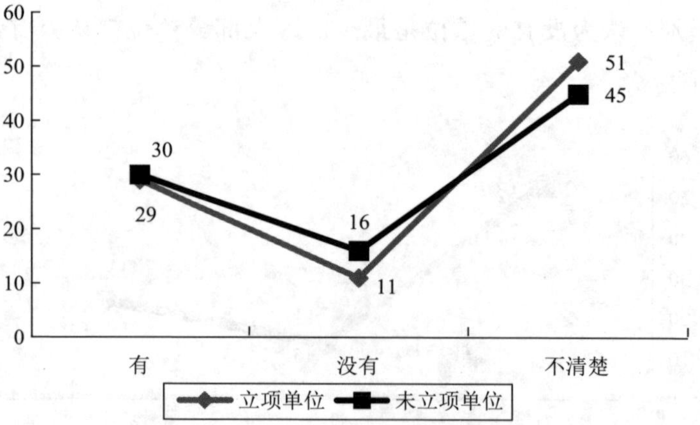

图 5-11　是否有相应的验收考核制度

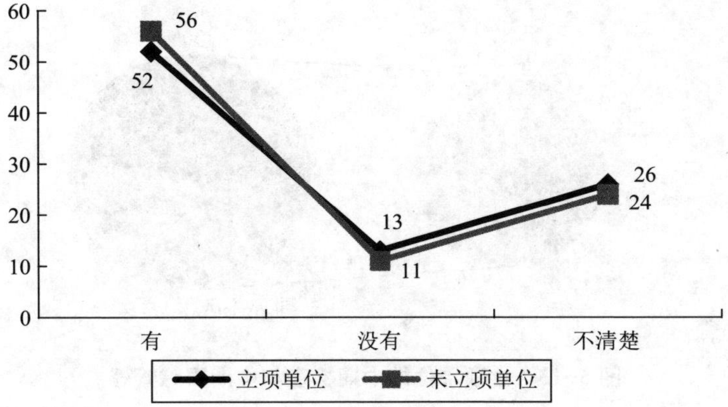

图 5-12　是否都通过了相关考核

从图 5-9 可以看出，在是否有相应的管理指导小组方面，立项单位与未立项单位有些许区别：虽然认为没有的仍是最少的，但立项单位认为有的单位要更少，不清楚的也要更多。从图 5-12 可以看出，在财政科技专项资金项目是否都通过了相关考核方面，立项单位与未立项单位也存在差异：表示不清楚的单位分别占 56.04%、49.45%，已经超过了认为有的单位，且立项单位不清楚的要更多。

另外，我们还非常介意立项单位在项目中期检查情况与中期跟踪管理满意度之间的关系，在 52 个认为有中期检查的立项单位中，虽然有 27 家表示“满意”，但在立项单位的整个样本中仅占 30%，感到“非常满意”的则只有 10%。而其他对中期跟踪管理满意的单位其实要么不清楚是否有中期检查工作，要么甚至认为没有中期检查工作。也就是说中期跟踪的监督作用比我们认为的还要更弱，可能需要进一步宣传中期检查工作的存在。

5.3.2.2　不同项目了解程度对比

我们根据立项单位与未立项单位对不同工作是否存在进行了分析。从图 5-14 可以看出，立项单位对各项绩效检查工作的认识度基本一致，约有一半以上的单位认为是有的，但是关于财政科技专项资金项目是否都通过了相关考核，表示不清楚的单位却占据第一。从图 5-15 可以看出，这种情况同样存在于未立项单位中。这让我们不得不好好思考如何更好地发挥相关考核的作用。

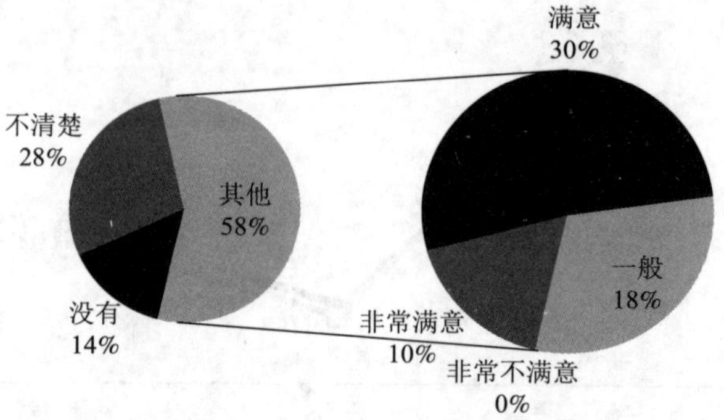

图 5-13 立项单位的中期检查与中期跟踪管理

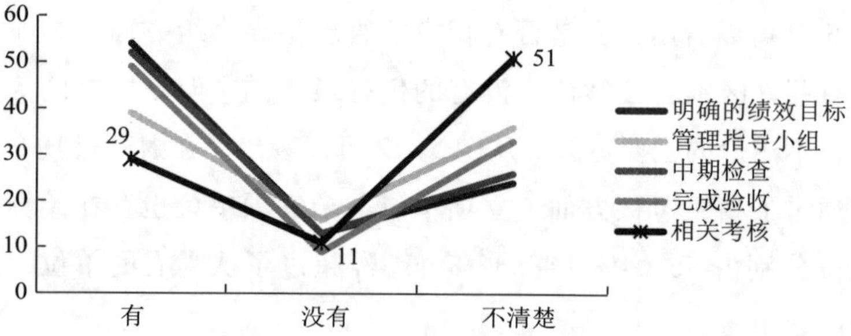

图 5-14 立项单位各项目对比

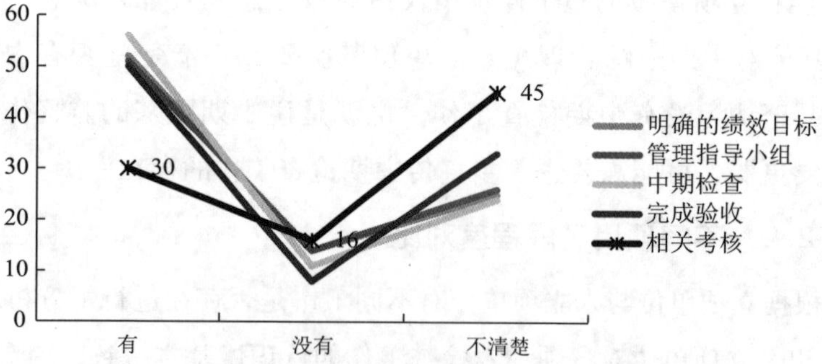

图 5-15 未立项单位各项目对比

5.3.3 广东省财政科技专项资金产出的绩效评价分析

5.3.3.1 单位效益分析

（1）不同单位同产出对比。项目的实施能否给企业带来一定的效益是项目运行是否成功的重要影响因素，我们对项目的产出状况进行了分析。我们同样从定性与定量两个角度进行。从图 5-16 至图 5-21 的定性描述中可以看到，立项单位与未立项单位在项目实施后对整体发展贡献、研发能力提升、人才培养、行业技术水平提升、销售收入贡献等方面的评价基本一致：都是感到“满意”的单位最多，感到“一般”的位居第二。但是对项目管理能力提升的评价有所差异：未立项单位仍是感到“满意”的最多，而立项单位感到“一般”的位于第一。说明立项单位对项目管理可能有更高的要求，也可能是立项单位比未立项单位一开始的项目管理能力就要更高，提升空间更小。

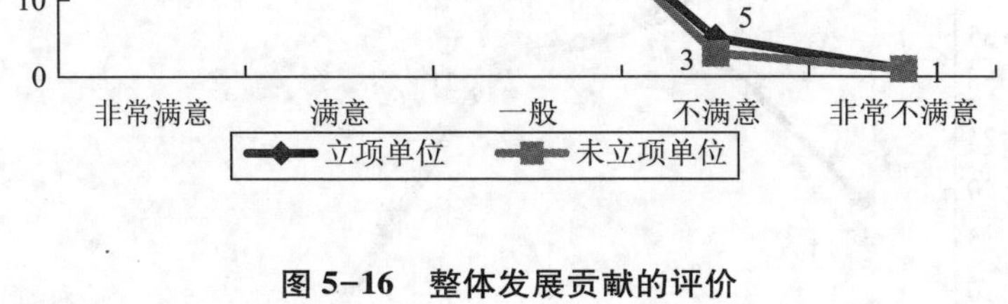

图 5-16 整体发展贡献的评价

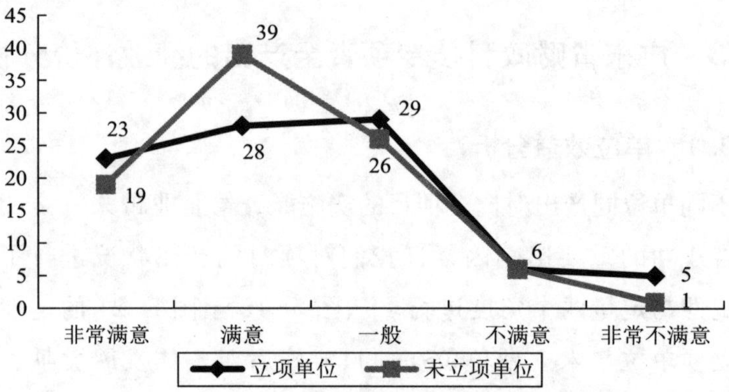

图 5-17 项目管理能力提升的评价

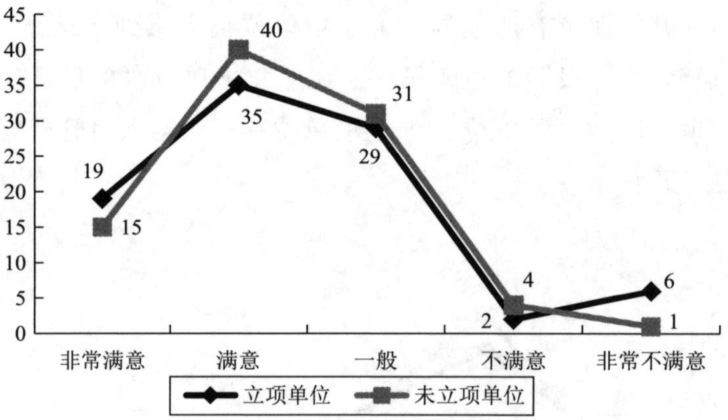

图 5-18 研发能力提升的评价

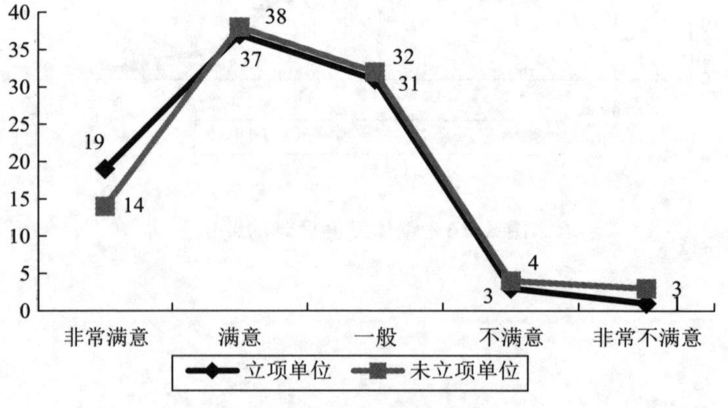

图 5-19 人才培养的评价

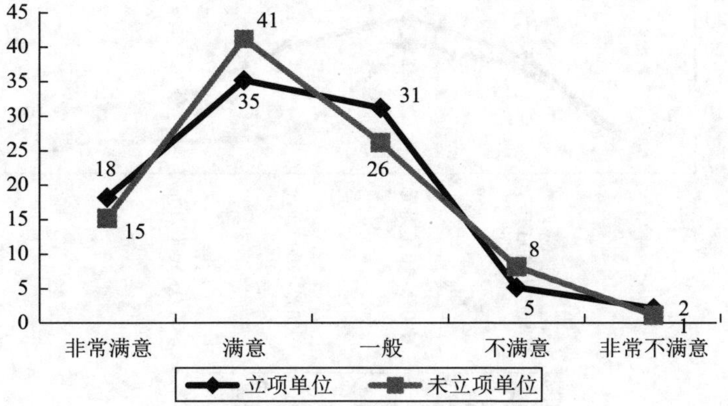

图 5-20　行业技术水平提升的评价

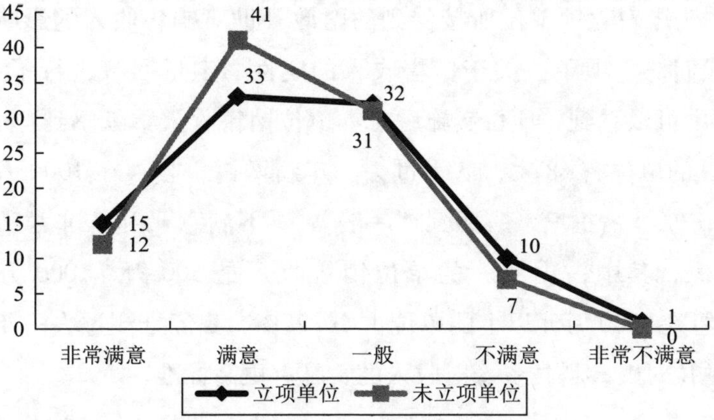

图 5-21　对销售收入贡献的评价

我们对销售收入进行了进一步分析。从图 5-22 的定量分析中，我们观察到立项单位与非立项单位过去一年的新增销售收入方面有更明显的区别。立项单位有 91 份有效问卷，未立项单位有 58 份有效问卷。可以看到立项单位过去一年新增销售收入的平均值是高于未立项单位的，1000 万元以上的立项单位占比 47. 26%，而未立项单位占比 27. 85%。可能是立项单位本身比未立项单位的经营状况要更好，也可能是财政资助所带来的效益。

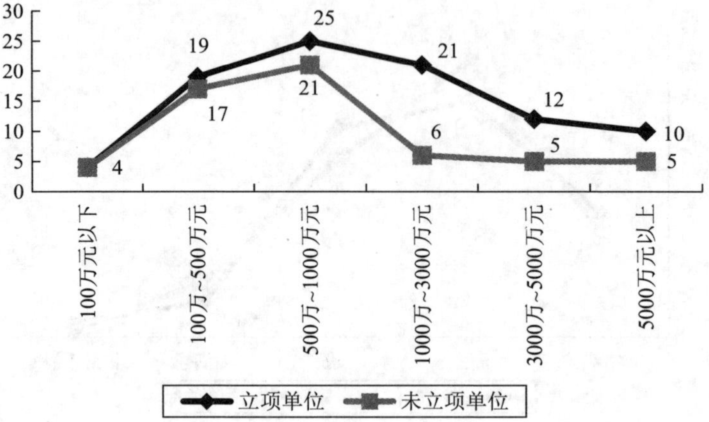

图 5-22 过去一年新增销售收入

因此，为了对立项单位所接受到的财政补助对销售收入的影响有进一步的了解，我们把立项单位关于销售收入的定性、定量回答进行了交叉分析。从图 5-23 中可以看到，项目实施后对本单位销售收入贡献感到“非常满意”和“满意”的单位有 48 家，认为过去一年新增销售收入在 1000 万~3000 万元的有 29.17%，占据第一；感到“一般”、“不满意”和“非常不满意”的单位有 43 家，其中占据第一的单位销售收入是 500 万~1000 万元，占比 30.23%，但是 5000 万元以上的单位占 16.28%。我们推测过去一年新增销售收入高的单位对财政科技资金对收入的贡献有更高标准。

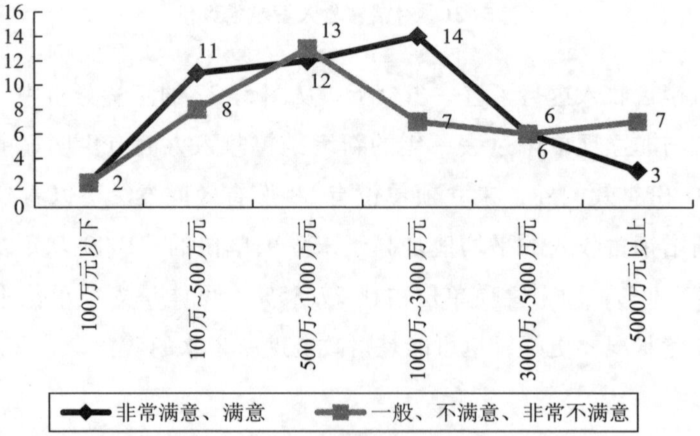

图 5-23 立项单位的销售收入

（2）同单位不同产出对比。从图 5-24 和图 5-25 可以看出，立项单位除了对项目管理能力的评价较低一点，对各项产出的看法基本一致；未立项单位对各项产出的看法整体一致。

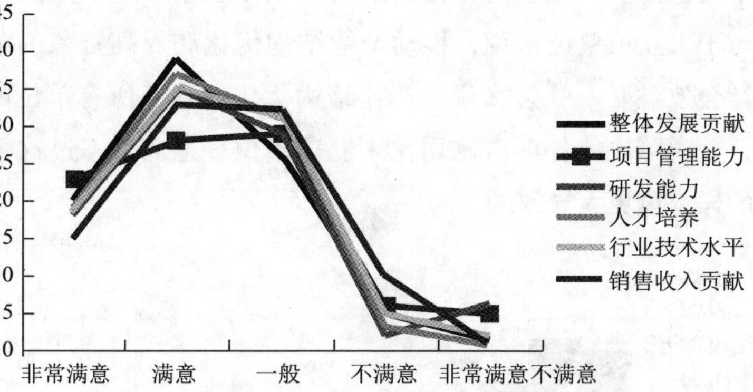

图 5-24　立项单位不同产出的对比

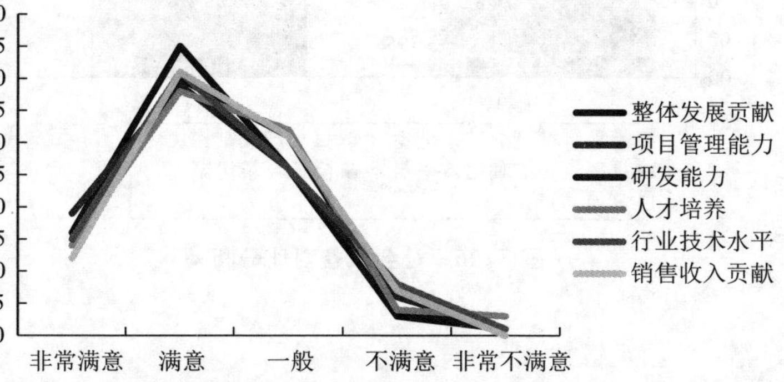

图 5-25　未立项单位不同产出的对比

5. 3. 3. 2　社会效益分析

除了要分析项目实施是否会给本单位带来效益，还要观察是否能产生社会效益，这也是绩效考核的一部分。我们调查发现：64. 84%的立项单位认为有社会效益，8. 79%认为没有，26. 37%表示不清楚。而未立项单位认为有的占 56. 04%，没有的占 14. 29%，不清楚的占 29. 67%。

如果各单位认为项目实施能带来社会效益，那么社会效益主要体现在哪些方面呢？我们仅对项目实施正常（已经完成、进度超前和按计划进行）的未立项单位进行了调查，所以未立项单位的样本量为32；立项单位的样本量为59。我们允许各单位进行多项选择。如图5-26所示，调查结果表明：对于立项单位来说，推动产业结构优化和推动区域产业技术进步是最明显的社会效益；而对于未立项单位来说，推动产业结构优化和提高资源的利用率才是最明显的社会效益。不管怎么说，产业结构优化得到了所有单位的认可。我们还发现，立项单位的各项占比均比未立项单位普遍高，不过这可能是由于立项单位的样本量更大导致的。

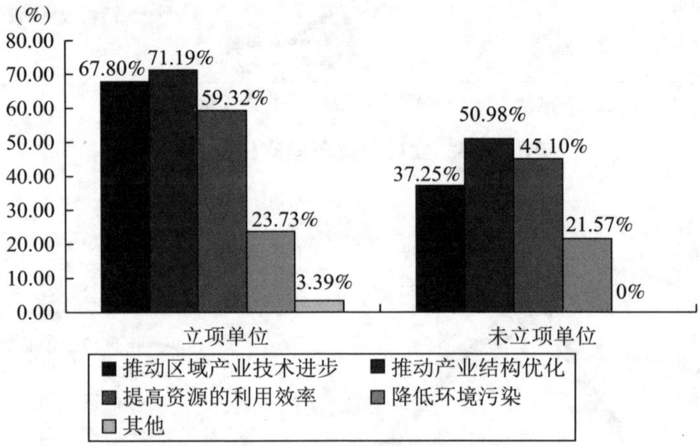

图5-26 社会效益对比分析

5.4 广东省财政科技专项资金绩效评价影响因素分析

影响绩效评价的因素有很多，但是不同的单位可能看法不一样。我们选取了对财政科技专项资金绩效评价的影响较大的三个因素进行统计，分别是财政科技专项资金使用分配的合理性、财政科技专项资金管理办法和财政科技专项资金到位的及时性，这三个因素分别涉及项目的投入、过程等方面。

5.4.1　广东省财政科技专项资金绩效评价影响因素排序

调查结果显示：认为财政科技专项资金使用分配的合理性影响较大的单位有 52 家，占 28.57%；认为财政科技专项资金管理办法影响较大的单位有 44 家，占 24.18%；认为财政科技专项资金到位的及时性影响较大的有 63 家，占 34.62%；还有 23 家单位认为存在其他的影响因素，占 12.64%。总体来看，财政资金到位的及时性对绩效评价影响最大，其次是资金分配的合理性，在进行绩效评价时需要特别注意（见图 5-27）。

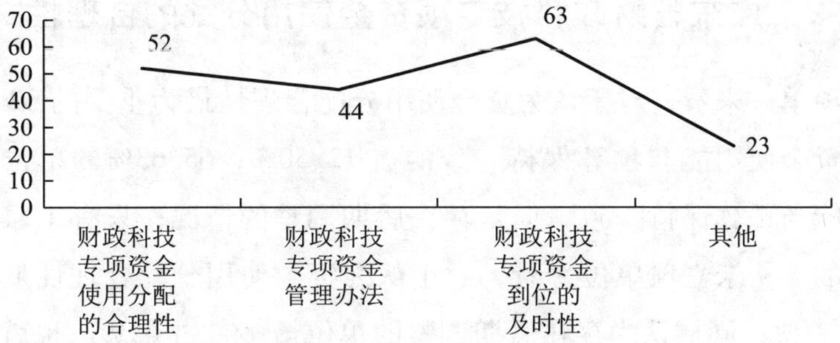

图 5-27　财政科技专项资金绩效评价影响因素

同样地，我们在立项与未立项单位之间进行了比较，结果发现：立项单位认为财政科技专项资金使用分配的合理性影响最大，其次是资金到位的及时性；但未立项单位则认为资金到位的及时性影响最大，资金管理办法次之，资金使用分配的合理性反而没那么重要。考虑到未立项单位并没有取得财政资助的情况，他们对资金投入的要求没那么高，而是对日常的资金管理过程有更确切的要求（见图 5-28）。

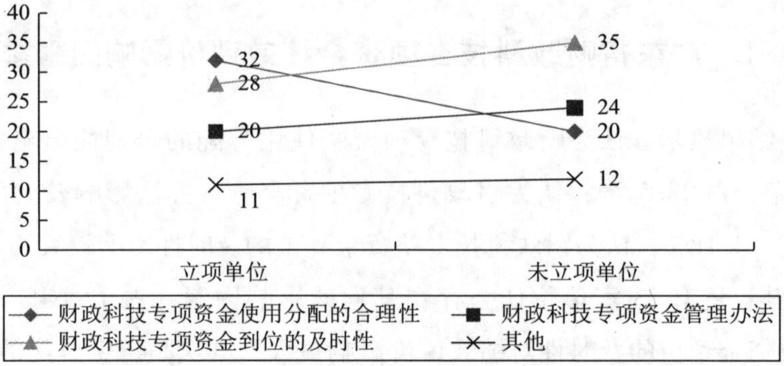

图 5-28 财政科技专项资金绩效评价影响因素

5.4.2 广东省财政科技专项资金使用分配的合理性

从立项单位来看，对于认为资金使用分配合理性最为重要的 32 家单位来说：认为资金使用能与预算保持一致的占 12.50%；65.63%的单位认为虽然资金使用能与预算保持一致，但是存在后期调整的情况；只有 1 家单位认为是不一致的。从未立项单位来看，对于认为资金使用分配合理性最为重要的 20 家单位来说：同样认为存在后期调整的单位最多，占 65%。也就是说，他们并非对资金分配表示不满，只是希望资金预算能做出更合理的安排，减少后期的调整工作，立项单位对此尤其看重（见图 5-29）。

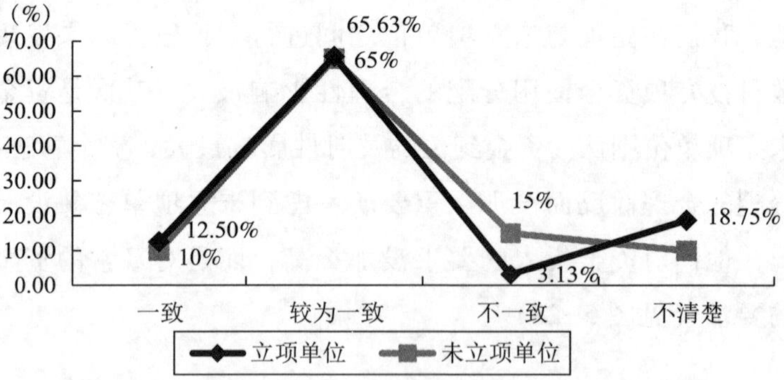

图 5-29 资金使用分配合理性

5.4.3　广东省财政科技专项资金管理办法的有效性

从立项单位来看，对于认为财政科技专项资金管理办法最重要的 20 家单位来说：有 15%的单位认为自己没有出现过不按管理制度使用资金的情况；有 30%的单位认为较少出现；55%的单位认为从未出现过。对于认为财政科技专项资金管理办法最重要的 24 家未立项单位，情况有所改善。其中 4.17%的单位认为出现过多次；20.83%的单位认为较少出现；75%的单位认为从未出现。总的来看，立项与未立项单位都能按照管理制度使用资金（见图 5-30）。

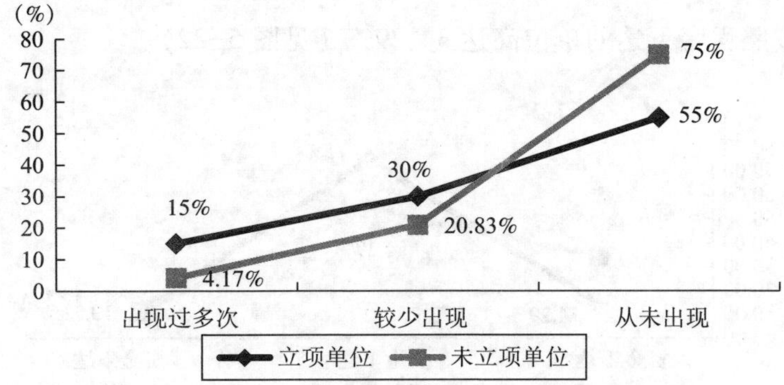

图 5-30　财政科技专项资金管理办法

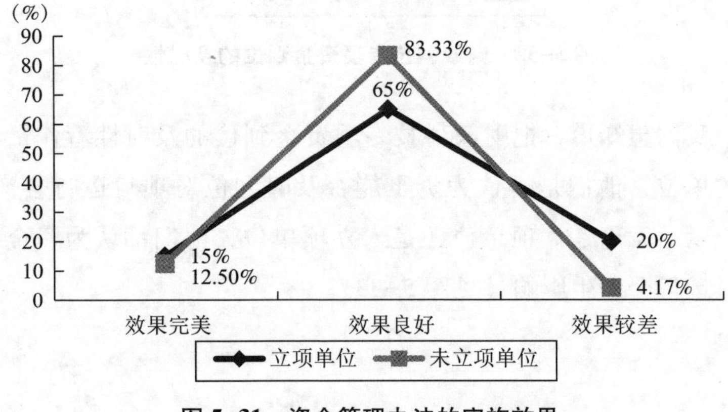

图 5-31　资金管理办法的实施效果

但当被问到当前财政科技专项资金管理办法的实施效果如何时，立项单位与未立项单位给出了类似的回答，他们都认为虽然当前的资金管理办法有一定效果，但是也还有提升的空间，其中，未立项单位似乎有更高的要求（见图 5-31）。

5.4.4 广东省财政科技专项资金到位的及时性

在 28 家认为财政科技专项资金到位的及时性最为重要的立项单位看来：14.29%的单位认为资金能完全按照程序下达；75%的单位认为基本能够按照程序下达；10.71%大单位认为不能按照程序下达。认为财政科技专项资金到位的及时性最为重要的立项单位有 35 家，情况在他们看来似乎要更好，认为可以完全按照程序下达的单位高达 34.29%（见图 5-32）。

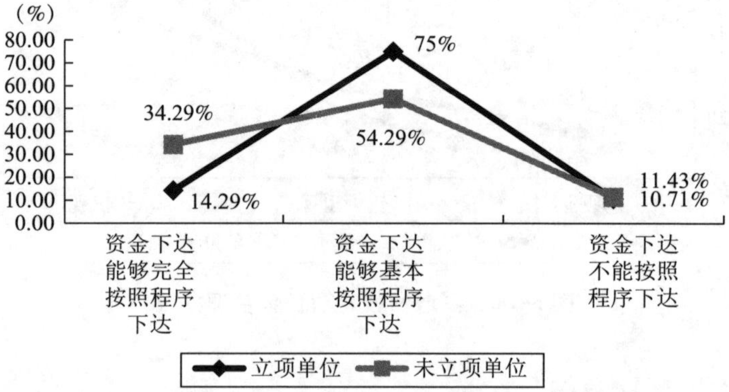

图 5-32 财政科技专项资金到位的及时性

另外，我们想知道，把财政科技专项资金到位的及时性看作最为重要的影响因素的单位，他们是否认为资金能否及时到位对项目运行会产生影响？统计结果显示，无论是立项单位还是未立项单位，他们都认为资金到位的及时性对项目运行会产生影响（见图 5-33）。

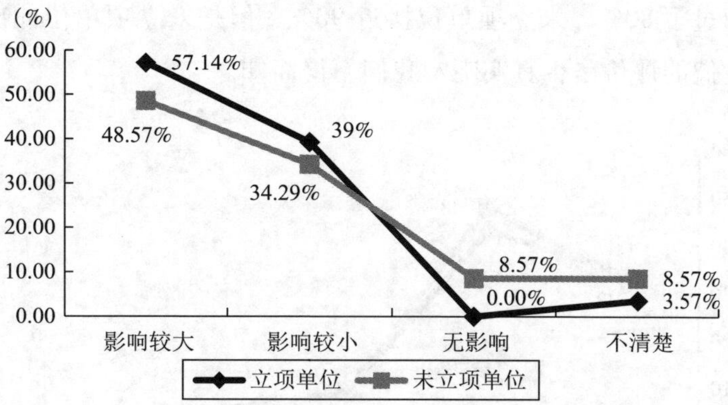

图 5-33　财政科技专项资金到位及时性对项目成功的影响

最后，我们又对财政资金到位情况的评价进行了分析，只有立项单位对这个问题进行了评价。统计结果表明，无论是总样本还是认为资金到位及时性最重要的子样本，资金到位情况的评价有相似的认同感。具体来看，认为一般的单位都在 40%左右，认为“非常满意”和“满意”的单位在子样本中的比例要更低，他们对资金到位的及时性有更高的要求（见图 5-34）。

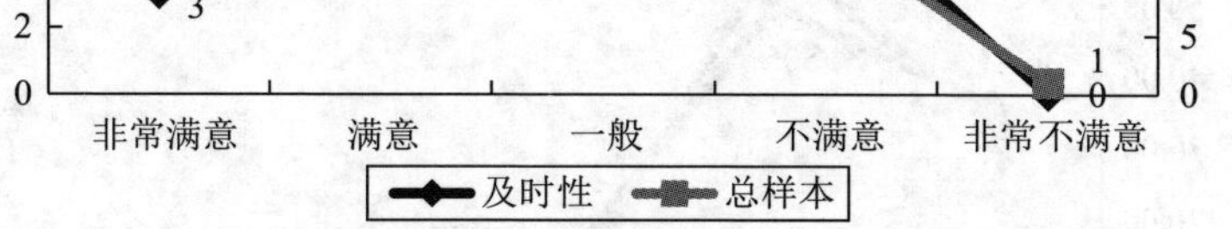

图 5-34　立项单位财政科技专项资金到位情况的评价

5.4.5　广东省财政科技专项资金的作用分析

从图 5-35 可以看出，无论是立项单位还是未立项单位，都认为财政科技专项资金对项目成功有非常重要的作用，两者在“非常大”和“较大”的比例之和都超过了80%，未立项单位接近90%。但是未立项单位此次未获得财政资助，他们的评价是否真实呢？我们不得而知。

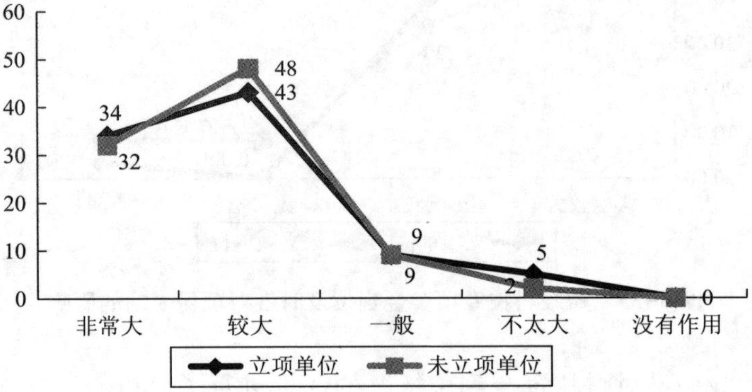

图 5-35　财政科技资金对项目成功的作用

目前样本中未立项单位项目实施情况正常（包括已经完成、进度超前和按计划进行）的单位有58家，实施不正常（包括进度滞后与项目停顿的有）的单位有33家。其中，无论实施正常与否，未立项单位都认为财政科技专项资金对项目成功有很大作用，项目实施不正常的未立项单位似乎有更深的体会（见图5-36）。

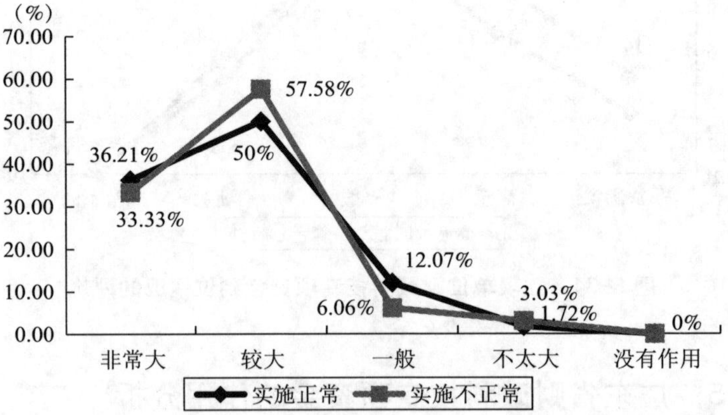

图 5-36　未立项单位项目实施情况

如图 5-37 所示，对未立项单位项目实施不正常的原因进行分析后发现，43%的单位是因为资金不足；而项目实施正常的未立项单位，他们的项目有一半的资金是自有资金，其他便是政府拨款以及银行贷款，相对来说，他们的资金状况要更好，但是依靠单位自身也还远远不能满足项目实施的资金需求（见图 5-38）。

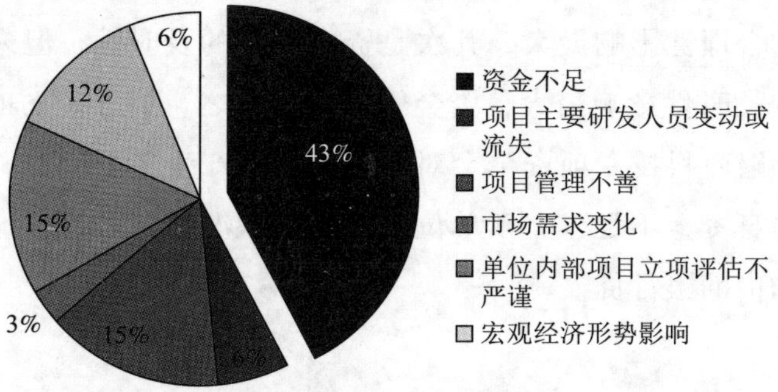

图 5-37　未立项单位项目实施不正常的原因

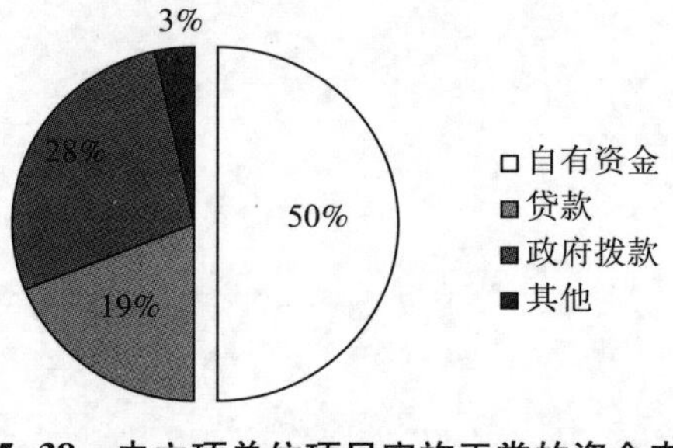

图 5-38　未立项单位项目实施正常的资金来源

5.5　本章小结

综合以上的分析，我们可以得到以下几个结论：第一，相对于立项单位，未立项单位更有可能对当前绩效评价方式感到不满意；相对于项目申报服务管理、项目中期跟踪管理、项目完成验收管理，立项单位更可能对项目单独财务核算管理有更高的要求。第二，在相应的管理指导小组，尤其是相关考核工作的宣传方面需要加强，很多单位对这些工作的进行并不了解。另外，为了中期跟踪管理的有效实施，中期检查工作也需要进一步加强。第三，财政科技专项资金项目的实施可以为单位的整体发展、研发能力、人才培养、行业技术水平和销售收入创造效益，但是对项目管理能力的提升较弱；立项单位与未立项单位都认为财政科技项目的实施可以推动产业结构优化。第四，关于财政科技专项资金绩效评价的影响因素，立项单位认为财政科技专项资金使用分配的合理性影响最大，其次是资金到位的及时性；但未立项单位认为资金到位的及时性影响最大，资金管理办法次之。第五，立项单位和未立项单位都认为财政科技专项资金会对项目的成功产生重要影响，未立项单位可能是由于自身资金不足，立项单位虽然资金状况相对较好，但是也需要等待政府拨款和借助银行贷款。

第6章　广东省财政科技专项资金绩效评价体系的构建

科技的发展和进步，尤其是基础研究、前沿技术研究、社会公益研究、重大关键技术研究等公共的科技项目，并不能仅仅依靠政府科技项目支出来解决，需要全社会和企业的投入。同时也说明政府的科技项目财政支出一方面是为了弥补社会和企业的科技项目支出的不足，另一方面也发挥着积极的引导作用。国家科技计划项目是社会及经济发展的重要内容，近年来国家更加重视科技的发展，相继出台了诸多促使鼓励企业自主创新，其中包括政府资金，国家科技计划项目作为财政支出的重要组成部分，科技项目的管理指引社会科技和生产力的发展的方向。科技项目绩效评价又是科技管理的一项主要内容，而构建指标体系是财政专项科技资金绩效评价的前提和基础（余振乾和余小方，2005）。本章首先根据理论阐述了财政专项科技资金绩效评价的目标定位，在此基础上阐述了指标构建应当遵循的若干原则，最后围绕目标，在相关原则的指导下尝试构建了针对广东省财政科技专项资金的绩效评价指标体系。

6.1　我国财政科技专项资金绩效评价体系存在的问题

目前，我国虽已初步建立了财政科技支出绩效评价制度体系，但在绩效评价运用中，仍存在一些问题，具体表现如下：

6.1.1　缺乏完善的绩效评价法规制度

我国的财政法制建设在逐步发展和完善，但是没有出台专门针对财政项目支出的绩效评价的全国性的法律法规。目前，进行财政资金绩效评价工作的文件依据，除财政部的规章外，主要是省财政厅及各地市财政部门出台的相关文件。从法律角度分析，其仅仅是政府的行政措施，具有临时性特点。文件效力低，影响了其执行力度。这种现象在处于试点时期是可以的，也是目前全国各地相关部门的普遍做法，但是，随着此项工作今后的全面推行，有必要制定更高层次的地方性法规或规章，以保持该项工作的稳定性和持续性。另外，自从我国自1997年组建国家科技评估中心以来，曾对科技项目立项进行试点研究，并于2000年颁发了《科技评估管理暂行办法》，直到2003年9月才颁发了《科学技术评价办法（试行）》这一相对规范的文件，该文件主要是针对科学技术计划的全过程评价，对财政科技支出项目绩效评价只是简单规定了绩效评价重点，并未对科技支出项目绩效评价的相关方法框架作出统一规定。此外，我国出台的一系列科技专项资金管理办法，也只是对各项财政科技支出的收支范围、预算编制和执行程序作出规定，并没有对绩效评价作出规范。另一方面这些规范性文件与法律法规的约束力存在很大差距，而且各个评价办法对绩效评价的内容、指标和标准设计、绩效评价的操作过程、评价结果的应用等方面的规定不尽相同，这就造成了各地方财政部门在进行财政支出的绩效评价工作时没有法律的支持，工作开展无法规范。2014年修订的《预算法》中虽然对预算管理提出了一定的要求，其中涉及的主体包括各级人大、财政、审计机关等，规定这些主体有责任和义务对预算单位的财政收支及经济活动展开监督评价，保证其真实性、合法性和效益性。但涉及财政科技支出绩效评价的规定较少且不具体，其结果是我国财政科技支出绩效评价缺乏准则性、规范性指导文件，制度的缺失导致我国财政科技支出绩效评价极具形式主义，少有针对性和权威性。由于缺乏法律法规的权威性做保障，导致合理正确的绩效评价机制就很难建立起来。

6.1.2 缺少绩效评价结果公开机制

从目前的实施情况看，属于省级财政资金绩效评价工作尚能依财政部要求进行。但是，对于市、县一级财政资金绩效的评价工作则存在很多阻碍。一些地市对于财政建设项目的审核还停留在传统的主要以合规性、合法性审查阶段，效益评价仅作为参考，致使一些效益不佳的项目得以上马。一些地市对于财政资金绩效评价工作基本没有开展。为此，有必要在全省制定统一的规定，将地、市、县凡是运用财政资金建设和开发的项目，全部纳入绩效评价的范畴。在涉及资金额度的评价范围上，允许各地市参照省级财政绩效评价的标准，根据各地市的实际情况在不低于省级标准 100 万元的基础上予以自行确定。《科学技术评价办法》规定“根据需要，在保证不被侵权、不泄密和保障国家安全的前提下，委托方可以采取适当的方式在一定范围内公示、公开有关评价结果，必要时，也可以将评价结果告知被评价方或其所在单位”。绩效评价结果公开，应该包含两方面的内容，一是要将评价结果反馈给项目单位，二是在社会上公布评价结果。我国目前对科技经费的绩效评价主要是科技部门和科研单位内部的自我评价，对科技经费的监管也主要是由政府部门纵向进行，难以让社会和公众了解和监督，长此以往不利于财政科技投入绩效评价工作的开展。对于监督模式，许多国家采用的是“政府部门总体监督、主管部门重点监督、机构内部自身监督、审计部门事后监督”的模式，而我国监督机构仅为政府部门自身的监督，缺乏完善的监督机制及公开机制，而西方发达国家一方面对具体支出项目的评价结果进行改进，并作为以后项目管理的借鉴和参考；另一方面会将评价结果公开以便于公众加强监督，我国可以参考西方发达国家对财政支出绩效评价结果的运用方法，保证绩效评价的连续性。

6.1.3　评价主体单一，缺乏第三方评价

目前，无论是省级财政部门，还是各地市财政部门，均未建立专门的财政绩效评价监督部门。相关的工作分别由各职能机构组织进行。这种现状极不利于财政绩效评价工作的统一开展。此外，在是否引进第三方评价机制方面，则存在着不同的认识和做法，一些地方将评价工作全部交由中介机构进行，即使引进中介机构，也未采取招标等方式取舍中介机构，而是由财政部门指定的中介机构实施评价工作。这种现象，在一定程度上影响了财政资金绩效评价工作的公正性和实际效果，甚至导致了该项工作流于形式。为此，

根据国外经验及国家相关制度规定，除涉及国家机密的项目外，均应尽可能地引进第三方评价机制才能保证评价效果的公信力，并且对于第三方中介机构的引进，应当打破部门垄断，按照政府采购的方式，在全国范围内予以公开招标，并保证其独立地开展工作，这样，才能真正起到财政资金绩效评价的监督作用。

6.1.4 绩效评价指标和方法体系不完善

从各地的规定情况看，参与财政资金绩效评价监督工作的主体，涉及专家、人大、政协机构及纪检、监察、人事等部门的介入问题。在实际工作中，这些主体的参与不可避免，需要通过制度约束予以完善。首先，关于专家库的建设十分必要，各级财政部门均应当建立起自己的专家库，以便满足工作的需要；其次，关于人大、政协机构及其代表或委员的介入，应当属于外部监督力量，其作用的发挥，主要通过对绩效评价工作的督促和建议，促使这项工作的有效开展，而不应亲自参与其中，并且不能干扰评价工作独立地进行；再次，在评价结果涉及对相关项目单位及预算单位实施“问责”时，纪检、监察及人事部门介入的职责界定不清晰。为此，相关部门应通过制度建设，将参与人员的地位与作用，予以明确规范。科学的财政科技支出项目绩效评价体系，不仅需要一套完整的指标，还需要正确的权重计算方法，我国在2009年发布的《财政支出绩效评价管理暂行办法》曾设计出一套有关财政支出绩效评价的指标框架，该指标框架中多为定性指标，缺少定量指标，并且相当程度上会受到“唯GDP论英雄”的影响，过于局限在项目的本身，重视经济指标，而忽略了其他的综合因素如社会效应指标，倾向于从经济总量的角度进行考评，而非从能够反映创新、民生、环境等方面进行评价，对于一些具体问题，如指标权重的具体确定、绩效评价方法等也缺乏有针对性的处理，并没有体现出财政科技投入绩效评价的特点，再者该指标注重短期产出，不关心长期效益。由于科学研究的长期性和科技成果形成和转化的滞后性，在短期内财政科技投入的绩效往往不容易被科学、合理地评价出来。科研绩效评价指标过分重视近期数据的测量，忽视长期效益指标，会导致对科研工作的评价不够科学公正，缺乏系统全面。此外，当前某些政府部门的绩效评估工作，为了资料及数据的搜集便利，评估结果的易于掌控，往往指标设计根据经验，过于简单，让评估流于形式，无法全面、有效的反映科研经费投入的绩效。

6.1.5　责任人不明确，缺乏社会监督

对财政资金绩效评价结果的运用，从财政部门来讲，主要考虑的是如何进一步改进项目预算，使其更加合理。但是，从如何激励项目资金使用单位更好地使用好财政资金的角度讲，重在奖惩措施的有效实施。因此，必须加大对被评价项目实施单位的奖惩力度，做到奖之有效，罚之到位，只有这样，才能使绩效评价结果发挥其应有的经济与社会效果。从总体上讲，目前的财政资金绩效评价工作还是属于财政部门的内部监督，缺乏对社会的信息公开。即使公开也仅限于有限的领域。但是，我国政府依法行政的要求之一就是对全社会的信息公开。对此，财政部应通过制度建设逐步予以改进，其中，对一些重大项目的财政资金绩效评价工作，除涉及机密的以外，可以引进新闻监督机制，让新闻单位跟踪报道监督，这种监督也是对财政监督工作的宣传。从国外实践看，信息公开最大的好处是增加政府在社会上的公信度，为此，政府必须坚定不移地予以推进。

6.2　财政科技专项资金绩效评价指标体系的目标定位

国家科技计划项目作为财政支出的重要组成部分，对财政科技资金绩效进行准确可靠的评价是一项复杂的工程，构建地方财政科技支出项目绩效评价指标体系，应首先明确其绩效目标定位，设定评价对象，因为它是绩效评价系统的前提和核心，绩效评价工作的目标直接决定了评价内容及评价指标的设立。绩效评价的目标为通过构建科学的财政科技资金绩效评价体系，系统的对财政性科技资金投入产出的效益和使用效率进行评价，研究财政科技资金的使用是否合理，效果是否达到最佳，结合实际情况，找出绩效不佳的

原因，帮助政府抓住本地区科技发展的重点和关键问题，从而为政府科技管理提供决策依据和改进的思路，进而促进社会经济的全面发展。公共财政的最终目标是实现社会效益最大化，社会效益体现在不同的方面，因而对目标的描述呈现多元化的状态。具体组织财政支出绩效评价工作的部门，应制定本部门的具体工作目标，是保证顺利实施整个绩效评价工作的前提，同时保证绩效评价结果的有效性和可靠性。从宏观经济学角度看，财政支出作为一种资源配置活动应该关注和追求支出的效益和效率，其绩效考评应考虑整个社会和国民经济的整体效益，主要侧重于财政支出的经济性（Economy）、效率性（Efficiency）、效益性（Effectiveness）、公平性（Fairness），四者兼顾，不能顾此失彼（茆英娥，2006）。

财政科技支出项目投入经济性：指以最低费用取得一定的资源。主要用来评价国家科技计划项目实施过程中资金投入及使用情况，考察的是成本与投入之间的关系，即在科技支出项目投入规模一定的前提条件下，尽可能降低成本或充分使用已有的资源以获得最大或最佳比例的产出，达到投入成本的最小化，即完成国家科技计划项目目标的同时实现项目支出最小化。其核心为使得财政科技支出项目投入内部各构成要素应当符合社会共同需求，且各构成要素的比例应当满足协调、合理的要求，并且能够对财政科技支出项目资金投入的优先排序机制及决策机制的建立起到促进作用。其目标为追求的是充分利用现有资源获得最大或最佳比例的产出。

财政科技支出项目投入的效率性：效率性是指以最小的投入取得一定的产出或以一定的投入取得最大的产出。主要看中的是科技项目财政支出资金的使用环节，重点考察财政科技支出项目的支出活动的产出与其所消耗的人力、物力、财力等要素的比率关系。主要用来评价国家科技计划项目是否有效运用公共资源达到了既定的产出。科技项目财政支出的高效率意味着用最小的财政科技支出使项目达到既定的目标或者是科技支出项目财政投入既定情况下的最大化产出。

财政科技支出项目投入的效益性：是国家科技计划项目的结果对实现社会、经济预期目标的影响效果和程度，即多大程度上达到目标和预期结果。

可以衡量国家科技计划项目的影响和质量，它关心的是目标和结果，即国家科技计划项目是否达到预期目的，是否产生经济效益和社会效益，财政科技支出项目资金投入的效益可以从财政科技支出项目资金投入的诸如经济效益与社会效益、直接效益与间接效益，近期效益与远期效益等不同领域的多个方面体现出来（申书海，2003）。

公平性是指在国家科技计划项目工作行为中应该充分公平，避免寻租现象的发生，提高工作的透明度，公平、公正地处理经济资源。平等对待所有申请承担单位，提高公众满意度。

政府能够对公平性、经济性、效率性和效益性之间关系的分析，应与具体评价工作相结合，不能片面地、孤立地分析其中的某一方面，而是要进行综合考虑和辩证分析，才能得出客观、公正的结论。同时应该指出的是，通常情况下，公平性、经济性、效率性和效果性四者是一致的，在支出评价的实际操作中也没有明显的区分，更难把四者完全割裂开来，四者作为一个统一的整体更具现实意义。在财政资源配置的实际工作中，忽视支出的最终目标而单纯追求经济和节约，或不顾效果单纯追求效率，或为了追求所谓的“效果”而不顾资源情况，最终都会影响支出的综合绩效。

6.3　财政科技专项资金绩效评价指标体系的构建原则

6.3.1　重要性原则

虽然绩效评价指标体系针对评价对象全过程，指标取自立项目标、投入、运作、产出乃至结果的构成部分，但不是说要事无巨细、面面俱到，囊括全部信息，而是根据指标在整个体系的地位和作用，综合考虑实证分析方法、评价目标、指标的兼容性问题及其他因素，在构建地方财政科技投入绩效评价指标体系中筛选出最具代表性、最能反映评价所需的重要信息的核心指标，这样做可以降低数据收集统计的复杂程度，使得工作人员只要分析地方财政科技投入绩效评价指标体系的内容就可以了解重要的内容，从而提高工作人员效率。

6.3.2 经济性原则

科技项目管理是一项大量的、经常的、长期的活动，往往具有范围广、内容复杂，支出的效益涉及多个方面的特点，科技项目绩效评价又是科技管理的一项主要内容，因此在设计指标体系时不仅要考虑支出对象的层次性，还要考虑支出内容的多样性；不仅反映支出的直接效益，还要反映间接效益；不仅反映支出的短期效益，还要反映支出的长期效益，这要求指标的设计应尽可能从不同侧面反映事物的全貌。但评价工作是一项复杂的工程，因此为了保证绩效评价管理的有效实施，指标的选取要考虑实现条件及可操作性，指标体系的构建在满足评价目标的前提下应符合成本效益原则，在合理成本的基础上收集信息。一方面要减少指标之间的信息重复，尽量消除指标间的相互影响，选定的指标应承载尽可能大的信息量，力求做到指标体系简繁适中。另一方面评价指标所需的数据要易于采集，从而降低指标信息收集的成本，与此同时数据采集要适应目前的科技管理水平，指标统计口径尽可能与计划口径、统计口径、会计核算口径相一致；各项评价指标及其相应的计算方法、各项数据能够标准化、规范化，力求使计算方法简便易行。另外，地方财政科技投入绩效评价指标体系的价值是被应用到实践中。因此，要求绩效评价要充分考虑财政科技资金的特点和运作过程，以真实反映和衡量不同单位在管理和使用财政科技资方面的能力。评价指标的数据获取必须具有可采集性，能够被有效测度和统计，这样才能发挥指标体系在实践中的应用。

6.3.3 系统性原则

财政科技投入绩效评价的对象包括从立项到结项、从投入到产出的全部过程，是一项非常复杂的系统工作。系统性原则要求在系统考虑国家科技计划项目的目标设定、过程评价和结果评价的相互关系，并系统设计各阶段工作的彼此衔接的基础之上，评价主体应当从整体出发统观全局，明确项目的前期消耗、实施过程中的问题与最后成效之间的相互关系，系统、全面地分析计划项目，分清主从层次，从而清晰地梳理出项目绩效的总目标以及项目与各单项目标之间的系统关系，以此构建相互联系、相互补充的指标体系，最终达到保证评价结果的综合性、全面性的目标。

6.3.4　定性与定量相结合

国家科技计划项目绩效评价既有定性的评价指标也有定量的评价指标。定性分析是评价者运用自身的知识，参照有关标准，对国家科技计划项目的状况进行评定和判断，其易于反映对象的本质和总体情况，但是从客观的角度来说，定性指标没有一个统一的确切观念，在规定定性指标时，要通过权威规定，也要经得起检验。定量分析是指通过一些实地的测量和调查，选择一系列的数量指标，按照统一的计算方法和标准，获取国家科技计划项目的相关数据，评定财政支出的效益状况，定量指标是一些明确的数据，具有很强的客观性，但是对于事物的反映程度却无法像定性指标那么详尽，比较片面。另外具有较强的客观性，但缺乏综合性，同时一些定量指标数据也很难获得。定性分析与定量分析具有内在的统一性，定性分析是定量分析的基本前提，定量分析使定性分析更加科学、准确，它可以促使定性分析得出广泛而深入的结论。在实际的国家科技计划项目绩效评价过程中，支出执行的结果有的可以直接用定量化的指标和标准来计算衡量，如经济效益状况，有的则不能用定量指标、标准来计算衡量，如公众的满意度。单纯使用定量或定性的方法进行支出绩效评价，势必会影响评价结果的客观性、公正性，如一些对国民经济和社会发展具有重大推动作用的支出由于投资数额大，时间和运行周期长，绩效的发挥具有明显的滞后性；有的支出项目直接经济效益不明显，但外溢效益显著，如果仅用定量指标和标准来衡量，显然不能反映支出绩效的真实情况。所以，在进行评价时，更多的是采取定性评价和定量评价相结合的原则。定量分析可以具体地反映财政支出效益的大小，定性分析可以反映财政支出与产出在因果关系，以及同其他因素的相关性。定性分析是定量分析的前提和基础，财政支出绩效评价时首先要作定性分析，以确定财政支出的性质、特点及各种因素之间的相关性，在此基础上设置变量、建立模型、处理数据，进行定量分析。定量分析是定性分析的深化，它将定性的内容数量化，二者存在密切的联系。因此，在对财政支出效益进行评价时，必须将定量分析与定性分析相结合，定性分析通过对项目支出的全面、综合因素分析，结合相关专家的意见，确定国家科技计划项目的总体状况，同时利用定量评价方法对定性评价的结论进行验证和检验，进而获得对国家科技计划项目的全面而有效的评价结果，确保评价结果客观、公正。

6.3.5 可比性原则

在构建财政科技支出项目绩效评价指标体系时应当注意评价指标在口径、范围等方面具有的一致性，以保证创新性研究类项目之间的可比性。此外，评价体系中的指标所用的数据应该既满足可作纵向比较要求，也同时满足可作横向比较的要求。并且评价体系中所选取的指标还要与不同时期、不同统计方法、不同评价内容所选取的指标尽量能够保持一致。保证相似目的的项目之间有共同的指标，不同项目之间的衡量结果可以相互比较。

6.3.6 导向性原则

任何指标体系的设计都要为一定的目的和需要服务，在筛选确定每一个单项指标时需要考虑该项指标在整个指标体系中的地位和作用，根据它所反映的特定研究主体和研究对象的性质和特征，确定指标的口径、范围和含义。地方财政科技投入绩效评价最终目的是对科研成果的投入及产出的效率进行全面的评价，将结果进行考评，比较绩效的高低。因此指评价体系的设置应与经济体制转轨、财政改革的战略目标一致，要考虑财政支出的外在性特点，即财政支出活动对社会发展产生的积极的或消极的影响。注重指标体系的导向作用和激励作用，所谓导向作用是指评价指标的设立和运用可以引导评价主体和客体重视评价内容，并努力朝评价标准的方向发展；所谓激励作用是指评价的结果会对评估客体产生巨大的影响，从而产生激励作用，使财政支出工作朝设定的目标发展，政府部门通过评估指标体系以可操作、可量化的形式注重财政投入成本与效益，确定优先资助领域或项目，引导和鼓励科技项目承担单位重视项目的投入产出绩效。对于社会需求度低的项目，除了基础学科外，财政部门应少投入资金或不投入资金，从而让科技转化率提高。所以，国家科技计划项目绩效评价指标体系应有利于发挥财政资金宏观调控的导向性和贯彻相关政策的激励性和导向性，应适应国家、地方科技发展需求，与科技目标一致，即政府宏观调控的导向性和贯彻相关政策的激励性必须在指标体系中体现出来。

6.3.7　客观性原则

指导管理与决策工作的进行是财政科技支出项目绩效评价的最终目的，而管理与决策工作能否有序地进行则直接取决于科技项目绩效评价的最终结果，所以，在科技项目绩效评价指标的选取与制定时应当尽量采用客观尺度，力求评价指标能客观地反映评价对象的实际情况。同时指标体系对于建立数学模型、采集数据与综合分析等都是可行的，要尽可能有利于将评价过程建立在客观的数据资料基础上，为了增强评估结果的确定性，需要尽可能地将定性指标转化为定量指标。以保证评价结果的真实性与准确性，从而得以有效减小评价主观性对绩效评价结果产生的影响。

6.4　财政科技专项资金绩效评价指标体系的具体设计

财政科技专项资金绩效评价指标体系是反映财政支出绩效总体现象的特定概念和具体数值，是衡量、监测和评价财政支出经济性、效率性和有效性，揭示财政支出存在问题的重要量化手段，是根据财政支出绩效评价工作的要求，按照一定的分类标准，对财政支出内容和评价对象进行科学合理、层次清晰、实用可行的分类形成的指标体系。

财政科技专项资金绩效评价指标体系包括定量指标和定性指标两大类。它是动态的，开放的，可扩充的，所选用的指标既可从每类指标和备选指标库中选取，也可以根据评价对象的特性设置指标，从而保证评价结果的科学性和准确性。

参考广东省财政厅发布的《关于印发广东省财政支出绩效评价试行方案的通知》（粤财评〔2004〕1 号），基于前述指标构建体系构建的目标及原则，根据数据获得途径，本文从定性和定量两个方面构建了财政科技专项资金绩效评价的指标体系。其中定量指标根据财政科技资金的使用特点分为基本指标和个性指标，定性指标主要包含战略规划、人员素质、满意度等方面。

6.4.1　定量指标

定量指标指通过收集的各种报表数据进行计算分析，以数量结果来说明评价对象的情况，包括基本（通用）指标和个性（选定）指标。

6.4.1.1　基本指标

基本指标是被广泛应用在综合性绩效评价以及公共支出项目绩效评价的指标，包括基本财务指标、国家（国际）通行指标、公众关注指标等。主要用于评价财政支出绩效的共性方面，它是每个评价对象都必须采用的指标，由资金到位率、资金使用率和支出效果三项子指标构成。

资金到位率指相对于计划使用资金，实际拨付的资金量，用于衡量财政科技资金的到位及时程度，其计算方式为实际拨付财政科技资金除以计划使用的财政科技资金。

资金使用率指相对于实际拨付的财政科技资金，财政科技资金的实际使用量，用于衡量财政科技资金的实际使用程度以及使用的及时性，从而追踪资金实际投入进度，保证科技项目资金及时足量投入，其计算方式为实际使用金额除以实际拨付金额。

支出效果为相对于目标效益，资金投入后项目实际达到的效果，其中目标效益是指项目申报时，可行性分析报告中明确提出所要达到的效益。实际达到的效果是指项目完成后实际获得的效益。当效益是可以量化的数额时，采用相应的数额，实际达到的效果除以目标效益；当效益不可量化时，可采用专家评议、委托中介机构问卷调查、涉及对象评议等方法，将评议分为优、良、中、低、差五等，目标效益为100，以此为基础得出结论。

6.4.1.2　个性指标

个性（选定）指标是在确定具体评价对象后，通过了解、收集相关信息、资料，结合评价对象不同特点和财政支出具体目标来设置（选定）的特定指标，包括绩效指标和修正指标，其中绩效指标按照财政支出的功能划分为九大类指标。

（1）绩效指标。绩效指标，是财政支出绩效评价的核心指标。按照财政支出的功能分为九类指标，每一类指标又由若干明细指标构成。其中科技支出涉及的财政支出科目包括科学事业费等，科技支出指标由投入资金分析、财政资金产出效益、财政资金利用效率和发展潜力四类组成，每类又包括若干指标。为了能够体现绩效评价的动态性，主管部门可以根据实施单位的自身业务特点加入一些其他指标，以此构成一个相对较为系统的指标体系。本章借鉴柳成洋和丁日佳（2009）和《广东省财政支出绩效评价指标体系》的研究方法，对广东省财政科技专项资金绩效评价指标体系提出了构想，具体如图 6-1 和图 6-2 所示。

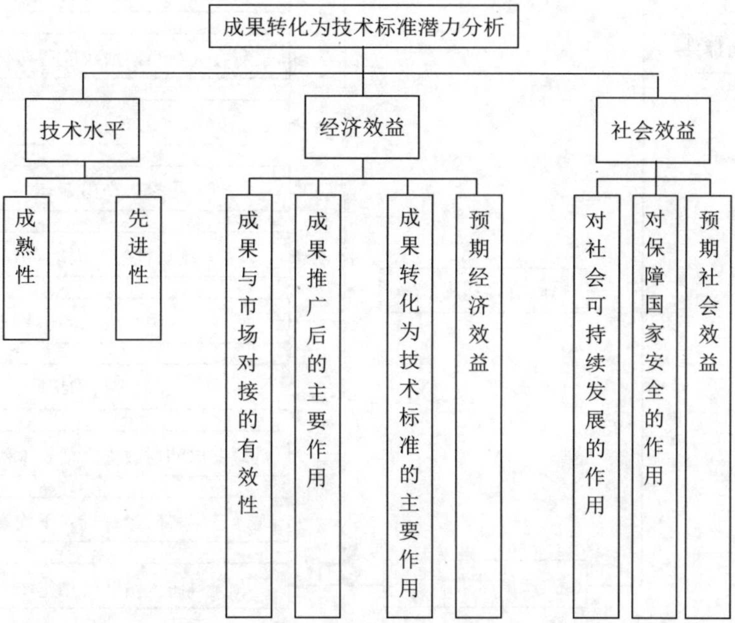

图 6-1 国家科技计划成果转化为技术标准评价指标总体框架

注：该体系适用于评价装备制造业、信息产业化、新材料、生物技术领域的科技成果项目。

资料来源：柳成洋，丁日佳．科技成果转化为技术标准理论及方法［M］．北京：中国标准出版社，2009.

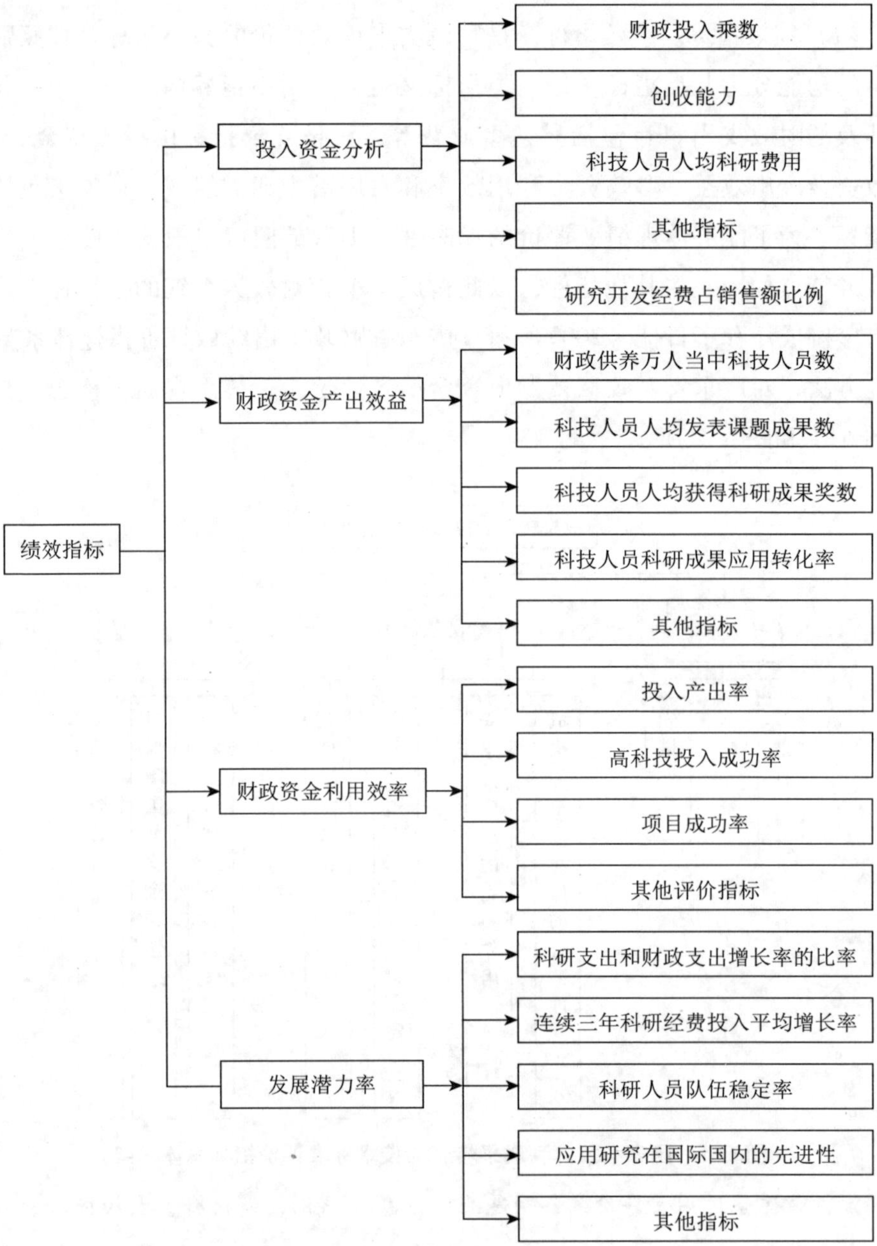

图 6-2　财政科技资金绩效评价绩效指标体系框架

投资资金分析包括财政投入乘数、创收能力、科技人员人均科研费用。其中财政投入乘数是指政府财政投资支出的每 1 元，通过市场可以形成大于 1 元的对物品和劳务的总需求，也就是说财政科技资金投入能够引导其他资金投入的程度，该比率越高，说明财政资金的导向作用越大；在本书后续实证部分，由于数据难以获取，因此本书用定性指标来替代，评议分为优、良、中、低、差五等。创收能力指科技人员人均创造利润的水平；科研人员人均科研费用指科研人员平均占有的财政科技资金水平。

财政资金产出效益主要包括研究开发经费占销售额比例、财政供养万人当中科技人员数、科技人员人均发表课题成果数、科技人员人均获得科研成果奖数及科技人员科研成果应用转化率。其中研究开发经费占销售额比例，指企业每 1 元销售收入中投入研发的资金，用来衡量企业自身经营业务对科技创新的支持力度；财政供养万人当中科技人员数指企业中企业科研人员中由财政科技资金对人才培养专项计划中招进的科研人员数量，衡量科技人员培养力度；科技人员人均发表课题成果数用于衡量人均产出效果，其计算方式为企业利用企业通过科研活动获得取得的成果数，包括专利或者发表的论文课题等除以科研人员数量；科技人员人均获科研成果奖数旨在衡量人均优秀成果产出率，其计算方式为企业通过科研活动获得的成果在省级或国家级项目评比中获得奖项除以科研人员数量；科技人员科研成果应用转化率则衡量企业科研成果最终的应用情况，是衡量科研成果应用价值程度的重要指标，其计算方式为企业通过科研成果最终取得投入实际应用的科研成果量除以科研成果总数。

财政资金利用效率主要包括投入产出率、高科技投入成功率、项目成功率三个子指标。其中投入产出率衡量财政资金投入的效率，其计算方式为通过科研活动获得的产出成果除以在科研活动中投入的总成本；高科技投入成功率指高科技投入项目中成功项目的比例，该指标用来衡量科技资金投入后高科项目的效益大小；项目成功率指财政投入项目中成功的项目比例，用来衡量财政资金的总体产出效果。

发展潜力指标主要包括连续三年科研经费投入平均增长率、科研支出和财政支出增长率的比率、科研人员队伍稳定率和应用研究在国际国内的先进性。其中连续三年科研经费投入平均增长率指连续三年科研经费投入的增长率的平均值，用来衡量较长期间内科技资金投入增长的平均水平；科研支出和财政支出增长率的比率指财政科技资金每增长 1 个百分点，企业投入的科研支出增长的百分比，该指标用来衡量财政资金对企业研发支出的影响程度大小。科研人员队伍稳定率用来衡量企业吸引及培养科研人员的能力，由于创新的主体是驱动创新的重要因素之一，较为稳定的科研团队，在一定程度上能够降低企业研发风险，因此该指标能够较好地衡量企业的在科研方面的发展能力，其计算方式为年初科研人员剔除本年度非客观因素离开的人数比例。应用研究在国际国内的先进性指衡量研发产出的持续影响力，该指标由专家评议确定，评议分为优、良、中、低、差五等。

其他指标主要包括科技投入新增加产值、科技投入新增加销售额、科技投入新增加利税额、科技投入新增加社会就业人数、科技投入新增加出口创汇及出口贸易总额、成果转让项次等指标、各个指标计算方式如表 6-1 所示。

表 6-1　财政科技专项资金定量指标计算方式汇总

一级指标	二级指标	三级指标名称	计算公式
基本指标	资金到位率	实际拨付资金到位率	（实际拨付资金/计划使用资金）×100%
	资金使用率	资金实际使用率	（实际使用金额/实际拨付金额）×100%
	支出效果	实际资金支出达到的效果	（实际达到的效果/目标效益）×100%
绩效指标	投入资金分析	财政投入乘数	财政科技资金投入后带动其他科技资金投入总额/财政科技投入金额
		创收能力	由于科技资金投入获得的收入/科研人员数
		科技人员人均科研费用	研发费用/科技人员数量

续表

一级指标	二级指标	三级指标名称	计算公式
绩效指标	财政资金产出效益	财政供养万人当中科技人员数	科技人员数量/财政供养人员数（万人）
		研究开发经费占销售额比例	研究开发经费/销售总额
		科技人员人均发表课题、成果数	课题成果数/科技人员数
		科技人员人均获得科研成果奖数	获科研成果奖数/科技人员数
		科技人员科研成果应用转化率	已成功运用的科研成果数/科研成果总数
	财政资金利用效率	投入产出率	产出成果/投入成本
		高科技投入成功率	高科技投入项目成功数/高科技投入项目数
		项目成功率	财政投入项目成功数/财政投入项目总数
	发展潜力	连续三年科研经费投入平均增长率	三年科研经费投入增长率之和/3
		科研支出和财政支出增长率的比率	科研支出增长率/财政支出增长率
		科研人员队伍稳定率	（年初科研人数-本年非客观因素离开人数）/年初科研人数
		应用研究在国际国内的先进性	专家评议
	其他指标	科技投入新增加产值	由于科技资金投入增加的产值
		科技投入新增加销售额	由于科技资金投入增加的销售额
		科技投入新增加利税额	由于科技资金投入增加的税收
		科技投入新增加出口创汇及出口贸易总额	由于科技资金投入增加的外汇及贸易额
		科技投入新增加社会就业人	由于新增科技投入就业人口增加数

（2）修正指标。企业战略相关理论表明，企业战略决策受到外部环境影响，因此本章在个性指标的基础上将企业所处的外部环境对企业科技创新的

影响纳入指标体系框架中，主要包括对所处行业特点、环境、社会发展、长期效益的影响来对评价结果作出进一步修正，如图 6-3 所示。其中除了通货膨胀因素、地区经济发展水平因素用定量指标衡量外，其他指标采用定性指标，评议分为优、良、中、低、差五等。

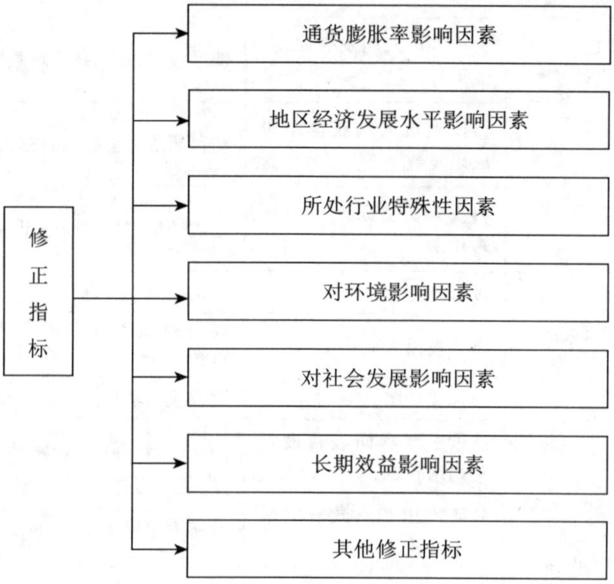

图 6-3　财政科技专项资金修正指标体系

6.4.2　定性指标

定性指标难以通过数量计算分析，而采取对评价对象进行客观描述和分析来反映评价结果的指标。定性指标是对定量指标的进一步补充，主要由财政支出项目预定目标规划、执行情况，公务员（在岗职工）素质，项目管理水平，发展创新能力与战略，服务硬环境与服务满意度，综合社会贡献等 6 项非定量指标构成。通过对定性指标各项定性因素的分析判断，对定量指标评价结果进行全面的校验、修正和完善，形成财政支出项目绩效定量与定性评价相结合的综合评价结论。定性指标在财政支出绩效评价中具有独特的地位。

6.4.2.1　定性指标的内容

定性指标主要包含战略规划、人员素质及满意度等方面。具体包括项目预定目标规划、执行情况，项目参与人员素质，项目管理水平，发展创新能力与战略，服务硬环境与服务满意度以及综合社会贡献。

项目预定目标规划、执行情况：指项目单位申请财政支出项目时，预定目标设定、规划是否合理，能否体现支出绩效的经济性、效率性和有效性，以及单位的组织能力、科学决策水平和执行基本情况是否合理等因素。

项目参与人员素质：指项目参与人员的文化水平、道德水准、专业技能、组织纪律、参与社会事业建设的积极性、爱岗敬业精神等方面的综合因素。

项目管理水平：指部门（单位）按照国家法规政策规定和本单位实际情况，在事业建设、发展过程中形成和运用的维系单位正常运作及生存发展的组织结构、管理模式、各项基础管理制度、激励与约束机制、信息支持系统、依法行政、精神文明等方面的建设及贯彻执行状况。

发展创新能力与战略：发展创新能力指部门（单位）在市场经济条件下，围绕经济建设中心和目标，不断根据外部环境变化进行的结构调整和创新的能力。包括制度创新、管理创新、技术创新、服务创新、观念创新等方面的意识和能力。在发展战略方面包括科技投入、市场开拓、项目规划、资源配置、资金筹措、人力资源等方面的谋划及策略。

服务硬环境与服务满意度：服务硬环境指部门（单位）办公条件和主要专用设备的先进程度，以及适用性、技术水平、使用及闲置、更新改造、技术投入水平和采用环保技术措施等情况。服务满意度指在推动事业改革和发展中，服务的种类、速度、方便程度、服务态度和质量，以及群众接受服务的心理满足程度等。

综合社会贡献：指部门（单位）对经济增长、社会发展、环境保护等方面的综合影响。主要包括对国民经济及区域经济增长的贡献、提供就业和再就业机会、履行社会责任与义务、信用操守情况、对财政税收的贡献、对环境保护的影响等。

6.4.2.2 定性指标设定方法

定性指标的设定主要从以下方面取得判断基础或依据：一是专家经验判断。专家根据经验，综合当前社会经济发展形势，以及以前年度同类项目（部门或单位）使用同类资金所产生的经济效益和社会效益，对该项财政资金的支出绩效作出经验判断。二是问卷测试。对于一些涉及公众满意度、应达到的支出目标等指标，通过公众评判的方式建立定性标准。三是横向比较。综合比较同类财政支出绩效所达到的结果作出判断。四是"一票否决"法。通常运用在项目（或单位）使用财政资金的行为违法违规时，评价采取"一票否决"法作出评判，确认该资金的使用绩效为最差。

定性指标设定通常是上述四种方法的综合运用，采取模糊学的隶属因子赋予法对不同的等级赋予相应的等级参数，形成若干个从高到低有档次的评语。

6.4.2.3 定性指标权重

一般而言，财政支出绩效评价依据层次分析法设定不同层次指标的权重，然后采用综合指数法根据各项指标的权数进行加权汇总得出量化的评价结果。其实，指标权重的确定有主观法和客观法两大类。主观法主要有专家调查法（Delphi）、层次分析法（AHP）等；客观法主要有主成分分析法、熵值法等。一般采用专家调查法（Delphi）和层次分析法（AHP）。

专家调查法的步骤：①选定专家，给出赋权要求，且保证权数归一化。②由各位专家对各项指标进行打分，即给指标赋权。③汇总各专家的赋权结果，并将结果反馈给各位专家。④专家参考反馈意见修改其初次赋权结果。⑤重复"反馈"与"修改"，直到达到符合要求的精度。⑥以各位专家最终赋权值的平均值作为组合权重结果。

层次分析法的步骤：①建构指标体系的递阶层次结构；②建立总目标层元素 A 与下层元素 B_1，B_2，…，B_n的两两判断矩阵，由专家给判断矩阵赋值（一般采用比率标度法）；③计算层次因素单排序值；④一致性检验；⑤建立 B 层各元素与其下层元素 C 之间的两两判断矩阵，并完成第三、第四个步骤

（如果 C 还有下层元素，则按照上述方法继续）；⑥层次总排序，计算各层指标的组合权重；⑦层次总排序的一致性检验。

上述两种做法比较规范，形式上比较严谨，但工作量很大，而且也不一定符合实际。在实际工作中，一般多采用专家集体商议的办法确定权重。比如，在财政科技专项资金评价时，我们可采用 6 项定性指标的权重，具体如表 6-2 所示：

表 6-2　财政科技专项资金绩效评价定性指标权重

项目	定性指标	权重	比例（%）
1	项目预定目标规划、执行情况	20	20
2	公务员（在岗职工）素质	15	15
3	项目管理水平	15	15
4	发展创新能力与战略	17	17
5	服务硬环境与服务满意度	17	17
6	综合社会贡献	16	16
7	合计	100	100

6.4.3　指标体系

在前述分析基础之上，本文将定性指标和定量指标综合起来，构建出最终的评价体系，以综合评价财政科技资金绩效水平。

整个指标体系中，首先确定定量指标和定性指标权重，定量指标占 80%，定性指标（W）占 20%，体现出以定量为主、定性为辅的特点，尽可能减少评价主观性。其次对定量指标各个子指标赋予不同权重，表现为基本指标（A）占 20%，绩效指标（B）占 60%，修正指标（C）占 20%，以此突出绩效指标的核心地位。接着以每项指标值及权重为基础计算综合加权平均数。即：每类指标总分设定为 100 分，根据其明细指标的得分（Pi）和设定的权重（Ii）计算出得分（也可以采用平均分），再将每类指标的得分与权重的乘积加总，得出评价分数（S）。用公式表示为：

$$S=(A\times20\%+B\times60\%+C\times20\%)\times80\%+W\times20\% \tag{1}$$

其中 $A = \sum_{i=1}^{n} p_i \times I_i$ ，p_i 为每项指标算出的结果转化成相应的分值；I_i 根据评定对象的性质，对所选指标设定相应的权重；B、C、W 的计算方法同上，由此构建广东省财政科技专项资金绩效评价指标体系，如图 6-4 所示。

最后根据计算结果的分值 S 对财政科技资金绩效作出综合判断，将其评价结果分为优、良、中、低、差五个级别，具体如表 6-3 所示。

表 6-3　财政科技专项资金绩效综合评价对照表

级别	优	良	中	低	差
分值	≥90	[80~90)	[70~80)	[60~70)	<60

另外，为了更好地说明综合评价指标体系的运用，我们简单地列举一个例子。表 6-4 是财政科技专项资金中的科技攻关类财政科技项目的绩效评价指标体系。该指标体系由业务绩效和财务管理两个状态层（一级指标）构成。业务绩效由项目组织管理、项目完成情况、项目技术成果、项目经济效益、项目社会效益和项目生态环境效益等六个元素层（二级指标）构成，每个元素层由 1~3 个具体指标（三级指标）构成。财务管理由资金落实情况、实际支出情况、财务信息质量和财务管理状况等四个元素层（二级指标）组成，每个元素层由 1~2 个具体指标（三级指标）构成，整个评价指标体系共 18 个指标。

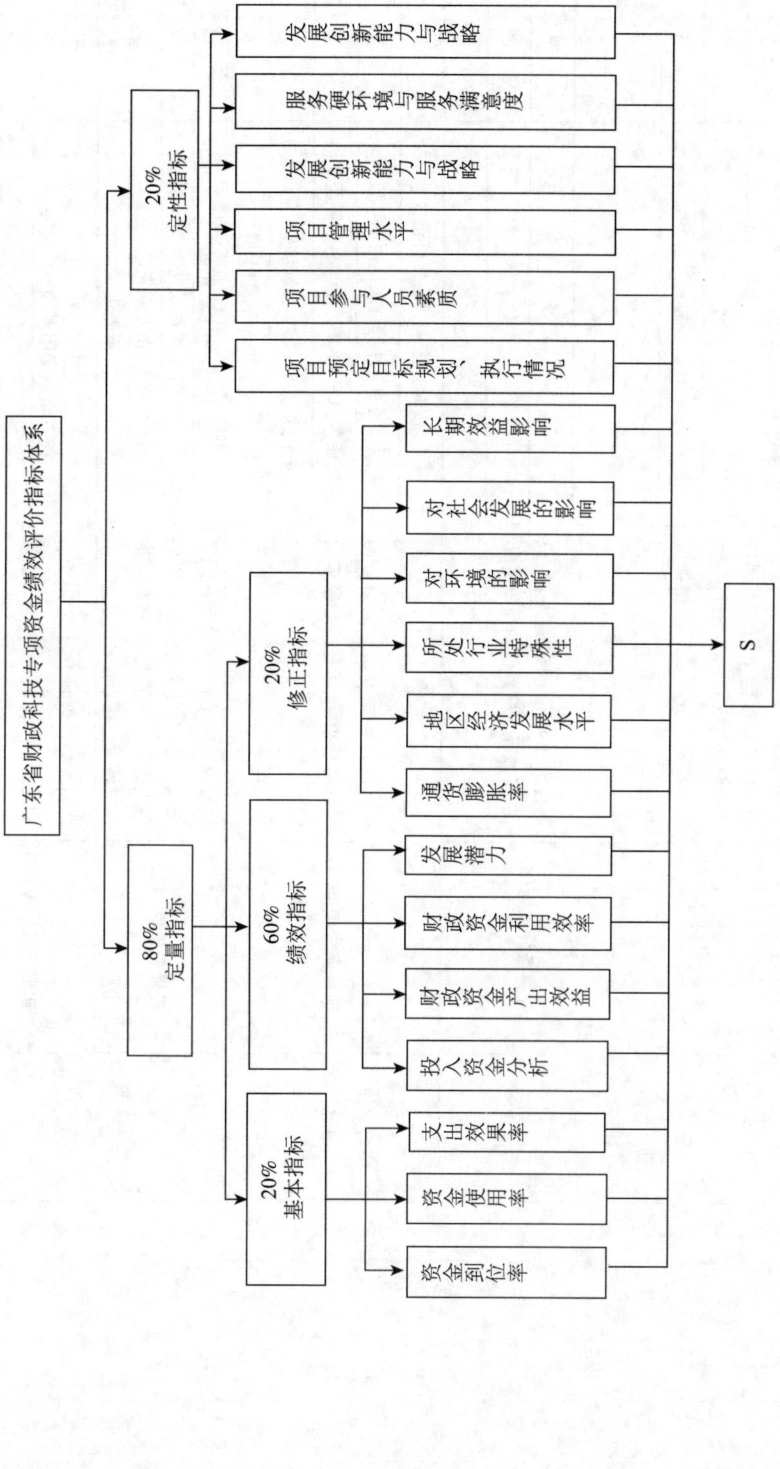

图 6-3　广东省财政科技专项资金绩效评价指标体系框架

表 6-4　科技攻关类财政科技项目绩效评价指标体系

一级指标（权重）	二级指标（权重）	三级指标			
		指标名称	指标含义	评分标准	得分
业务绩效（80）	项目组织管理（10）	1. 规章制度保障（5）	相关规章制度健全和实施到位的情况；项目合同书、验收报告、技术鉴定等资料及时归档保管的情况	好	5
				较好	4
				一般	3
				差	0
		2. 支撑条件保障（5）	项目承担单位承诺的人员、设备、场地等支撑条件的保障情况	好	5
				较好	4
				一般	3
				差	0
	项目完成情况（15）	3. 项目完成程度（15）	完成项目合同书规定的研究内容和考核指标、课题按时完成的情况	按时完成项目研发任务	15
				完成任务 85%以上；或延期半年以内	12
				完成任务 70%~84%；或延期半年至 1 年	9
				完成任务 50%~69%；或延期 1 年以上	6
				完成任务 49%以下	0
	项目技术成果（25）	4. 成果先进性（15）	项目成果的技术水平达到国际领先或先进、国内领先或先进、省内领先或先进的情况；突破和掌握关键技术或核心技术的状况	国际领先或先进	15
				国内领先或先进	12
				省内领先或先进	9
				不先进	0
		5. 知识产权情况（10）	项目取得的发明专利、实用新型和外观设计专利、专利申请或技术成果登记的情况	拥有发明专利	10
				拥有新型实用或外观设计专利	8
				进行了专利申请或技术成果登记	6
				无专利申请或技术成果登记	0

续表

一级指标（权重）	二级指标（权重）	三级指标			
		指标名称	指标含义	评分标准	得分
业务绩效（80）	项目经济效益（10）	6. 投入利税率（5）	项目新增利税与项目科技投入的比率（只计算项目范围内的投入和利税）	≥100%	5
				80%≤X<100%	4
				50%≤X<80%	3
				<50%	0
		7. 创汇节汇率（5）	项目新增出口创汇（节汇）与项目科技投入的比率（只计算项目范围内的投入和创汇或节汇）	≥30%	5
				30%≤X<20%	4
				20%≤X<10%	3
				<10%	0
	项目社会效益（15）	8. 科学技术进步（5）	对区域科学技术进步、科技创新能力提升以及人才培养方面的作用	作用很大	5
				作用较大	4
				作用一般	3
				没有作用	0
		9. 产业结构优化（5）	对区域产业结构优化以及在高技术产业、新兴产业、区域特色优势经济形成中的作用	作用很大	5
				作用较大	4
				作用一般	3
				没有作用	0
		10. 就业收入增加（5）	对区域就业机会增加和居民收入提高的作用	作用很大	5
				作用较大	4
				作用一般	3
				没有作用	0

续表

一级指标（权重）	二级指标（权重）	三级指标			
		指标名称	指标含义	评分标准	得分
业务绩效（80）	生态环境效益（5）	11. 生态环境效益（5）	对综合开发利用和节约资源、保护环境和生态建设的作用	作用很大	5
				作用较大	4
				作用一般	3
				没有作用	0
财务管理（20）	资金落实情况（5）	12. 配套资金到位率（5）	项目合同确定的其他资金（货币资金）及时到位的情况	≥100%	5
				80%≤X<100%	3
				50%≤X<80%	1
				<50%	0
	实际支出情况（5）	13. 支出相符性（2.5）	项目实际支出与合同规定的经费用途的相符情况，项目经费收支平衡的情况。（只计算财政拨款部分）	相符	2.5
				基本相符	1.5
				出入较大	0
		14. 支出合规性（2.5）	项目实际支出符合国家财政法规和财务管理制度以及科技专项资金管理办法的情况	合规	2.5
				基本合规	1.5
				不合规	0

续表

一级指标（权重）	二级指标（权重）	三级指标			
		指标名称	指标含义	评分标准	得分
财务管理（20）	财务信息质量（5）	15. 信息真实性（2.5）	项目经费核算根据实际发生的经济业务进行真实、准确登记的情况；项目形成的固定资产登记入账的情况	真实	2.5
				基本真实	1.5
				不真实	0
		16. 信息完整性（2.5）	项目资金收入、支出、资产等财务资料的完整性；已完成的项目是否及时决算	完整	2.5
				基本完整	1.5
				不完整	0
	财务管理状况（5）	17. 制度健全性（2.5）	项目单位的内部财务制度、资产管理制度、会计核算制度的完整性和合法性；是否有专门的科技项目资金管理办法，并符合有关科技经费管理的规定	健全	2.5
				一般	1.5
				较差	0
		18. 管理有效性（2.5）	项目中的重大开支是否经过评估论证；项目承担单位是否严格执行财务制度	有效	2.5
				一般	1.5
				较差	0

注：①该指标体系中没有设置“绩效目标设定情况”的内容；②业务绩效与财务管理的权重不是《广东省财政支出绩效评价试行方案》中要求的60：40，而是80：20。

6.5 本章小结

财政科技专项资金绩效评价制度是我国公共财政体制改革的重要内容，它是市场经济条件下政府管理模式发展到一定阶段，进一步加强公共支出管理，提高财政资金有效性的一种制度选择，使财政资金管理的关注点从投入转向支出效果。本章围绕财政科技专项资金绩效评价的现实问题，提出了财政科技专项资金绩效评价的四个目标，即公平性、经济性、效率性和效益性，并且要遵循重要性、经济性、可比性、定量定性相结合、导向性及客观性的原则，主要从定量和定性两个维度，从通用指标和个性指标两个层次出发，细化出若干个子指标，然后基于通货膨胀、地区经济发展水平等宏观因素进行调整，对相关指标进行修正，最后根据获得的数据运用加权平均计算出综合得分的思想建立了相对完整的广东省财政科技专项资金绩效评价指标体系。

第7章　广东省财政科技专项资金绩效评价体系的应用

7.1　财政科技专项资金绩效的测度标准

在一般的财政支出绩效评价体系中，财政支出绩效评价的测度标准是其体系的重要组成部分。同样地，在本项目中，财政科技专项资金绩效测度标准是财政科技专项资金绩效评价体系的重要组成部分。因为一个合理、科学的测度标准是正确评价财政科技专项资金绩效的重要前提之一。评价指标、评价标准、测度方法等都是财政绩效评价体系的基本要素，各要素之间相互联系、相互影响、相辅相成。

测度标准的制定有利于对财政科技专项资金绩效评价的客观性、公正性、科学性。它是一把标尺，通过将指标实际值与评价标准值比较，以此来评价优劣。通常来说，评价标准是一个数值范围，而具体评价对象的指标实际值或最终的评价得分是一个数值。因此，往往会通过比较指标实际值是否处于标准范围内来评价被评价对象的绩效优劣。若被评价对象的指标实际值或最终得分位于标准范围之内，说明它达到了预定的绩效预期；若被评价对象的指标实际值或最终得分超出了制定或选定的标准范围的上限，则表明被评价对象所达成的绩效超出了目标预期；若被评价对象的指标实际值或最终得分低于制定或选定的标准范围的下限，则表明被评价对象未能实现预期的目标值，效果不佳，需要进一步改善其经营或资金的运用情况。

测度标准直接关系到评价的合理性、准确性、公正性，也关系到财政科技专项资金支出体系的权威性、准确性、科学性。不同的地区、不同的项目、不同时间等，评价标准也会因其差异而有所不同。

7.1.1 财政支出绩效评价标准的分类

目前而言，关于财政支出绩效的评价标准大致可分为定量标准、定性标准两大类。而定量标准、定性标准会因其选取的基础不同而有所差异。从国内外评价研究成果来看，可分为行业标准、计划标准、经验标准、历史标准等四种类型。

（1）行业标准。所谓行业标准，也称之为经费标准，指的是以一定行业许多群体或某项财政经费的相关指标数据为样本，运用数理统计方法，计算和制定出的该行业评价标准。采用该类标准，有利于财政管理部门对各类支出项目的绩效水平进行历史及横向的比较分析。通过评价结果总结出一定时期内，同类支出项目应达到的经济或效率或有效水平，并为加强支出管理提供科学的评价依据。

行业标准因其权威性、易取得性，在评价工作中得到广泛的使用。但是，若要取得或得到较为准确的行业标准，需要以强大的数据库资料提供所需要的数据才能得以应用。目前，我国的财政管理数据所披露的相关信息尚不足够支撑，使得我国获得具有参考意义的行业标准较为困难。

（2）计划标准。所谓计划标准，也称之为目标或预算标准，指的是事先制定的目标、计划、预算、定额等预定数据作为评价财政支出绩效的标准。如财政部在《关于 2018 年中央和地方预算执行情况与 2019 年中央和地方预算草案的报告》中提出 2019 年重要财政收支相抵后，赤字为中央财政赤字 18300 亿元，比 2018 年增加 2800 亿元，中央预算稳定调节基金余额 963.99 亿元。这一预算既明确了 2019 年中央财政的计划收支，也提出了 2019 年财政收支完成情况的计划标准。

通过比较实际的完成值与预期的计划标准，得到相应的差异值，评价差异值并进行分析评价。例如每一年各级财政部门向人大所提交的预算草案报告，其中每年的支出预算规模，就可以作为判断预算执行情况的计划标准。又如公司中，每一部门的经费预算，就可以作为下一年度相应部门经费支出评价的一个预期标准值。

但这样制定的指标，缺乏客观性、公正性，因为计划指标通常会受到主观因素的影响，其制定受到制定标准人员的主观性影响较大，缺乏客观性。但若计划指标制定得较为科学、合理，会具有较好的激励作用；相反，若计划标准制定得不够合理、不够科学，激励的效果将受到较大的影响。计划标准过高，会导致执行人员压力过大、目标难以达成，从而挫伤执行人员积极性；若计划标准过低，激励的作用达不到。

（3）历史标准。所谓历史标准，指的是以本地区、本部门、本单位或同类部门、单位、项目的绩效评价指标的历史数据作为样本，运用一定的统计学方法，计算出的各类指标的平均历史水平。如上年同期的实际数据、历史最好水平等。但历史标准的基本假设是被评价对象当前所处的环境与历史标准所涉及的时期大致一样。因此，当被评价对象所处的环境发生了较大的变化或持续不稳定的时候，不太适宜使用历史标准对被评价对象进行评价。若要运用，需要根据环境的变化，对被评价对象相应的评价指标体系进行及时的修订和完成，尤其要注意剔除价格的变动、数据统计口径不一致和核算方法改变所导致的不可比因素，以保证历史标准也符合被评价对象的实际情况。

（4）经验标准。所谓经验标准，是指根据长期的财政经济活动发展规律和管理实践，由在财政管理领域有丰富经验的专家学者，在经过严密分析研究后得出的有关指标标准或惯例。比如国际上通常采用财政赤字占国民生产总值的比例（赤字率）来衡量一个国家财政赤字规模是否适度，一般公认的赤字率为不超过 3%。

经验标准适用于缺乏同业比较资料，尤其是缺乏行业标准时的绩效评价。即便两种标准同时可供使用，当行业标准不如经验标准权威性高时，为保证评价结果得到评价对象和其他公众的认可，会选择经验标准而不是行业标准。

综合而言，无论是行业标准、计划标准、历史标准还是经验标准，均可作为财政科技专项资金绩效评价的测度标准。在实际评价中究竟具体选用哪一种标准作为评价标准，需要根据评价的目标、目的、被评价对象的特征、数据可得性、项目可行性等做出选择，而并非仅仅只是简单地进行选择某一种。一般而言，满足评价目的是选择评价标准时的主要选择依据。科学规范的测度标准，需要满足以下条件：①标准应该是分为不同档次的，具有先进性，有利于对照先进水平，发现差距，改善管理；②测度标准是客观的，是被评价方认同的；③测度标准是可靠的，经过努力是可以实现的；④测度标准是透明的，且广为人知；⑤测度标准是尽可能量化的，不能量化则具体明确；⑥测度标准是分层次、分行业、分类别的，使同类评价具有可比性；⑦测度标准是动态的、变化的，而不是固定不变，应当定期更新。

7.1.2 财政支出绩效评价标准的档次划分

财政支出绩效评价标准的划分档次由三部分组成：

（1）确定五档分类。一般将状态分为“好”“差”来区分，但是这样的状态划分，过于简单，难以满足对状态的客观性评价。而采用“好”“中”“差”三种状态作为评价标准的情况下，也没有办法很客观、很准确地对被评价对象的状态进行评价。为了使评价标准更符合实际情况，在通常的三种状态中间，插入“较好”“较差”两种状态评价，从而形成了“好”“较好”“一般”“较差”“差”五种评价状态。经过科学的论证，学术界认为这五种状态的划分对财政支出绩效评价是比较符合实际的。

（2）确定指标临界区间。对应上述评价标准中的五种划分状态，指标有五种基准区间，即：“优秀区间”“良好区间”“中间区间”“较低区间”“较差区间”。指标确定之后，需要根据每个指标的一般状态值、历史数据值、政策趋向值、特殊规定值和横向比较值，确定不同基准区间的临界值。

其中递进平均法是一种计算多档次标准值的常用方法，是将递进与平均的思想结合起来确定绩效评价标准值。递进要反映出绩效标准值档次的变化，平均要反映出每一档标准值都是对应数据范围的平均数。首先，计算所有测算指标样本的平均值，将其作为评价标准值的“平均值”。其次，在所有的测度数据中挑选出数值大于“平均值”的样本数据，计算出这些样本数据的平均值，作为评价标准中的“良好值”。再者，在所有的测度数据中筛选出数值大于“良好值”的观测数据，计算其平均值，作为评价标准中的“优秀值”。

同理，可得到评价标准中的“较低值”“较差值”。

（3）状态区间标准化。状态区间标准化是为了满足将评价指标值转化为指标得分的需要，即分别用量化分值区间代表上述五种状态。其中，（90~100）为“优”的区间，（80~90）为“良”的区间，（70~80）为“中”的区间，（60~70）为“低”的区间，（0~60）为“差”的区间。通过一定的统计方法计算得到被评价对象评价指标相应的得分值，从而得到相应的评价结论。

7.2　财政科技专项资金绩效的测度方法

在评价财政科技专项资金绩效的过程中，不仅需要选定较为科学、合理的测度标准，还需要选择适用的、合理的测度方法。在评价指标体系中，一个整体的指标体系由多个指标构成。不同的指标均能在一定的程度影响评价对象的绩效评定。在这种情况下，如何能够客观地、科学地确定每一指标对评价对象绩效评价的影响显得尤为重要。其中，为指标体系中的每个指标确定相应的客观科学的权重是较为准确地进行绩效评价的重要基础之一。

指标权重又称为“指标权数”，它是指在一个指标集合体中各个指标所占的比重。当一个评价体系中由多项指标构成时，指标权重的合理与否在很大程度上影响了其评价结果的准确性、科学性、客观性。因此，指标权重的确定对于多项指标构成下的评价体系的实践可行性而言至关重要。指标权重是对评价内容重要程度的认定标志，具有重要的导向作用，在指标体系一定的情况下，权重的变化直接影响评价结果。在多项指标构成的评价指标体系中，由于不同因素对结果影响的程度不同，有的指标影响程度较大，有的指标影响程度较小。因此，为了更好地识别、计算某一指标对评价结果的影响，对所有的指标进行权重赋值处理，权数大表明指标的影响或作用大。指标权数反映评价指标对评价结果的贡献程度，它的确定取决于指标所反映的评价内容的重要性和指标本身信息的可信赖程度。一般而言，在多层次、多指标评价体系中，权重设置方法很多，如德尔菲法、层次分析法、熵权法等。

本章将采用熵权法方式确定指标的权重，并对被评价对象相应指标体系进行打分评价。再者，可利用综合因子排序分析方法，选取影响财政科技专项资金绩效评价的主要影响因子，并对其进行分析。

7.2.1 熵权法

熵（Entropy）原本是个热力学概念，由申农（Shannon）引入信息论，现已广泛应用于工程技术、社会经济等领域。根据信息论的基本原理，信息是系统有序程序的一个度量，而熵是系统无序程序的一个度量，二者的绝对值相等，但符号相反。熵值法是用于多对象、多指标体系的综合评价方法，是根据各项观测值所提供的信息量的大小来确定指标权重，能够深刻反映指标信息熵值的效用价值。

7.2.1.1 基本原理

在信息论中，熵是对不确定性的一种度量。信息量越大，不确定性就越小，熵也就越小；信息量越小，不确定性越大，熵也越大。根据熵的特性，可以通过计算熵值来判断一个事件的随机性及无序程度，也可以用熵值来判断某个指标的离散程度，指标的离散程度越大，该指标对综合评价的影响越大。

7.2.1.2 熵值法步骤

（1）选取 n 个样本，m 个指标，则 x_{ij} 为第 i 个样本的第 j 个指标的数值。（$i=1, 2\cdots, n$；$j=1, 2, \cdots, m$）

（2）指标的标准化处理：异质指标同质化。由于各项指标的计量单位并不统一，因此在用它们计算综合指标前，先要对它们进行标准化处理，即把指标的绝对值转化为相对值，并令 $x_{ij}=|x_{ij}|$，从而解决各项不同质指标值的同质化问题。而且，由于正向指标和负向指标数值代表的含义不同（正向指标数值越高越好，负向指标数值越低越好），因此，对于高低指标用不同的算法进行数据标准化处理。其具体方法如下：

$$\text{正向指标：} x'_{ij}=\left[\frac{x_{ij}-\min(x_{1j}, x_{2j}, \cdots, x_{nj})}{\max(x_{1j}, x_{2j}, \cdots, x_{nj})-\min(x_{1j}, x_{2j}, \cdots, x_{nj})}\right]\times 100$$

负向指标：$x'_{ij}=\left[\frac{max(x_{1j},\ x_{2j},\ \cdots,\ x_{nj})}{\max(x_{1j},\ x_{2j},\ \cdots,\ x_{nj})-\min(x_{1j},\ x_{2j},\ \cdots,\ x_{nj})}\right]\times 100$

则 x'_{ij}为第 i 个样本的第 j 个指标的数值。$(i=1,\ 2\cdots,\ n;\ j=1,\ 2,\ \cdots,\ m)$。为了方便起见，仍记数据 $x'_{ij}=x_{ij}$。

（3）计算第 j 项指标下第 i 个样本占该指标的比重：

$$p_{ij}=\frac{X_{ij}}{\sum_{i=1}^{n}X_{ij}},\ (i=1,\ 2\cdots,\ n,\ j=1,\ 2\cdots,\ m)$$

（4）计算第 j 项指标的熵值：

$$e_j=-k\sum_{i=1}^{n}p_{ij}\ln(p_{ij})$$

其中，$k>0$，$k=1/\ln(n)$，$e_j\geqslant 0$

（5）计算第 j 项指标的差异系数。对第 j 项指标，指标值的差异越大，对方案评价的左右就越大，熵值就越小，定义差异系数：

$$g_j=\frac{1-e_j}{m-E_g}$$

式中，$E_g=\sum_{j=1}^{m}e_j$，$0\leqslant g_i\leqslant 1$，$\sum_{j=1}^{m}g_j=1$

（6）求权值：

$$w_j=\frac{g_j}{\sum_{j=1}^{m}g_j}\qquad(1\leqslant j\leqslant m)$$

（7）计算各样本的综合得分：

$$s_i=\sum_{j=1}^{m}w_j\cdot p_{ij}\qquad(i=1,\ 2,\ \cdots n)$$

按照信息论基本原理的解释，信息是系统有序程度的一个度量，熵是系统无序程度的一个度量。熵最先由申农引入信息论，目前在社会经济等领域得到了非常广泛的应用。熵权法的基本思路是根据指标变异性的大小来确定客观权重。一般来说，当某个指标的信息熵指标权重确定方法之熵权法越小，表明指标值的变异程度越大，提供的信息量越多，在综合评价中所能起到的作用也越大，其权重也就越大。相反，当某个指标的信息熵指标权重确定方法之熵权法越大，表明指标值的变异程度越小，提供的信息量也越少，在综合评价中所起到的作用也越小，其权重也就越小。熵权法是一种客观赋权方法。在具体使用过程中，熵权法根据各指标的变异程度，利用信息熵计算出各指标的熵权，再通过熵权对各指标的权重进行修正，从而得出较为客观的指标权重。

7.2.1.3 熵权法的优缺点

熵权法是一种较为客观的决定指标权重的方法。相对于主观赋值法，精度较高、客观性更强，能够更好地解释所得到的结果。同时，熵权法可用于任何需要确定权重的过程，也可以结合其他一些方法共同使用。但熵权法的使用范围有限，目前只在确定权重的过程中使用，能够解决的问题范围较为狭隘。

7.2.2 主成分分析法

在综合因子排序分析法中，本章选择主成分分析方法进行分析。主成分分析方法也是常用的评价指标体系测度方法之一。所谓主成分分析方法，也称为主分量分析法，其主要的思想是降维。在实证问题中，为了全面、系统地分析问题，必须考虑众多影响因素，这些涉及的因素一般称为指标，在多元统计分析中也称为变量。因为每个变量都在不同程度上反映了所研究问题的某些信息，并且指标之间彼此有一定的相关性，因而所得的统计数据反映的信息在一定程度上有重叠。在用统计方法研究多元变量问题时，变量太多会增加计算量和增加分析问题的复杂性，因此希望在进行定量分析的过程中，涉及的变量较少，得到的信息较多。主成分分析法就能够达到这一目标。

主成分分析法是一种降维的统计方法，它借助于一个正交变换，将其分量相关的原随机变量转化为其分量不相关的新随机变量。在统计学中，主成分分析是一种简化数据集的技术。它是一个线性变换。这个变换把数据变换到一个新的坐标系统中，使得任何数据投影的第一大方差在第一个坐标（称为第一主成分）上，第二大方差在第二个坐标（第二主成分）上，依此类推。

主成分分析经常减少数据集的维数，同时保持数据集对方差贡献最大的特征。

7.2.2.1 主成分分析法的优缺点

（1）主成分分析法的优点。

①可消除评估指标之间的相关影响。因为主成分分析法在对原始数据指标变量进行变换后形成了彼此相互独立的主成分，而且实践证明指标间相关程度越高，主成分分析效果越好。

②可减少指标选择的工作量，对于其他评估方法，由于难以消除评估指标间的相关影响，所以选择指标时要花费不少精力，而主成分分析法由于可以消除这种相关影响，所以在指标选择上相对容易些。

③主成分分析法中各主成分是按方差大小依次排列顺序的，在分析问题时，可以舍弃一部分主成分，只取前面方差较大的几个主成分来代表原变量，从而减少了计算工作量。用主成分分析法作综合评估时，由于选择的原则是累计贡献率≥85%，不至于因为节省了工作量却把关键指标漏掉而影响评估结果。

（2）主成分分析法的缺点。

①在主成分分析法中，我们首先应保证所提取的前几个主成分的累计贡献率达到一个较高的水平（即变量降维后的信息量须保持在一个较高水平上），其次对这些被提取的主成分必须都能够给出符合实际背景和意义的解释（否则主成分将空有信息量而无实际含义）。

②主成分的解释其含义一般多少带有点模糊性，不像原始变量的含义那么清楚、确切，这是变量降维过程中不得不付出的代价。因此，提取的主成分个数 m 通常应明显小于原始变量个数 p（除非 p 本身较小），否则维数降低的“利”可能抵不过主成分含义不如原始变量清楚的“弊”。

③当主成分的因子负荷的符号有正有负时，综合评价函数意义就不明确。

7.2.2.2 主成分分析法的计算步骤

（1）原始指标数据的标准化。

采集 p 维随机向量 $x=(x_1, X_2, \cdots, X_p)^T$，n 个样品 $x_i=(x_{i1}, x_{i2}, \cdots,$

$x_{ip})^T$，i=1，2，…，n，n>p，构造样本阵，对样本阵元进行如下标准化变换：

$$Z_{ij} = \frac{x_{ij} - \bar{x}_j}{s_j},\ i = 1,\ 2,\ \cdots,\ n;\ j = 1,\ 2,\ \cdots,\ p$$

其中 $\bar{x}_j = \frac{\sum_{i=1}^{n} x_{ij}}{n}$，$s_j^2 = \frac{\sum_{i=1}^{n} (x_ij - \bar{x}_i)^2}{n-1}$ 得标准化阵 Z。

（2）对标准化阵 Z 求相关系数矩阵。

$$R = | r_{ij} |_p xp = \frac{Z^T Z}{n-1}$$

其中，$r_{ij} = \frac{\sum z_{kj} \cdot z_{kj}}{n-1}$，$i,\ j = 1,\ 2,\ \cdots,\ p$。

（3）解样本相关矩阵。

R 的特征方程 $| R - \lambda I_p | = 0$ 得 p 个特征根，确定主成分，

按 $\frac{\sum_{j=1}^{m} \lambda_j}{\sum_{j=1}^{p} \lambda_j} \geqslant 0.85$ 确定 m 值，使信息的利用率达到 85%以上，对每个 λj，j=1，2，…，m，解方程组 $Rb = \lambda j b$ 得单位特征向量 b_j^o。

（4）将标准化后的指标变量转换为主成分。

$$U_{ij} = z_i^T b_j^o,\ j = 1,\ 2,\ \cdots,\ m$$

U_1称为第一主成分，U_2称为第二主成分，…，U_p称为第 p 主成分。

（5）对 m 个主成分进行综合评价。

对 m 个主成分进行加权求和，即得最终评价值，权数为每个主成分的方差贡献率。

7.2.3 相关的指标体系得分计算

在广东省财政科技专项资金绩效评价体系实践中，评价指标体系中同时考虑了定量指标和定性指标，并根据定性指标、定量指标自身的特征，采用不同的方法对其进行评价。针对定性指标，其具体的评价方法如下：

财政支出绩效评价依据层次分析法设定不同层次指标权重，然后采用综合指数法根据各项指标的权数进行加权汇总得出量化的评价结果。如上章所述，

定性指标采用专家打分法得到每一指标的相应分值后，再利用上述的定性指标权重表计算各指标的加权得分并汇总。同时也可以考虑利用熵权法等确定相应的定性指标的权重，从而计算定性指标的综合性权重值（见图 7-1）。

在整个绩效评价指标体系中，定量指标占 80%，定性指标（W）占 20%。定量指标中的权重又细分为：基本指标（A）占 20%，绩效指标（B）占 60%，修正指标（C）占 20%。每类指标总分都为 100 分，根据其明细指标的得分（Pi）和设定的权重（Ii）计算出得分（也可以采用平均分），再将每类指标的得分与权重的乘积加总，得出评价分数（S）。然后，根据上述的计算结果得到最终的评价结论。财政科技专项资金绩效评价的评价结果分为优、良、中、低、差五个级别，根据计算结果的分值，确定评价对象最后达到的级别。

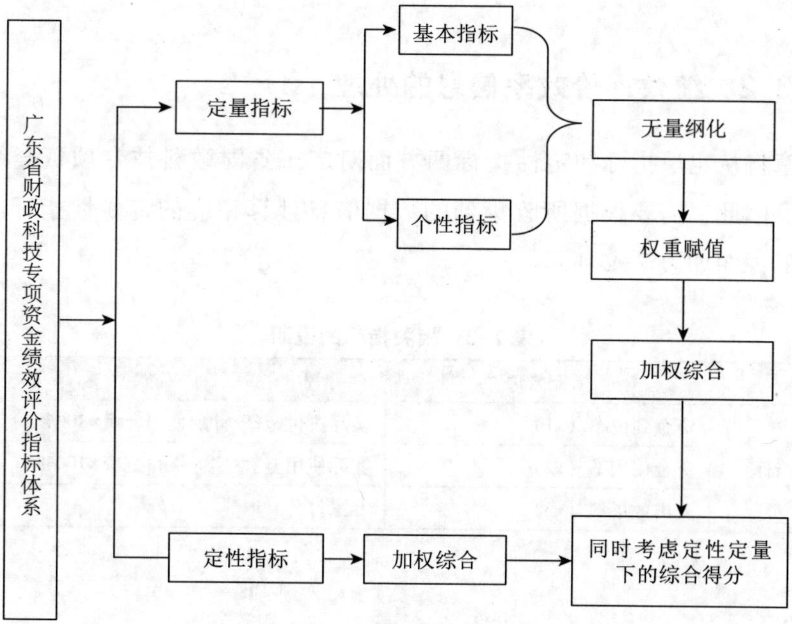

图 7-1　广东省财政科技专项资金绩效评价指标体系设计框架

7.3 绩效评价数据信息的收集及处理

7.3.1 绩效评价效率信息的采集

研究所需要的相关信息的采集大部分来自手工收集的数据，部分来自问卷调查、数据库等，收集了2015—2018年共103家获得财政科技专项资金补助的企业相关信息。相关的公司信息如表7-1所示：

表7-1 相关公司信息的分布

项目	2015年	2016年	2017年	2018年
样本量	25	31	31	16
样本量合计	103			

数据来源：根据所收集的企业数据整理。

7.3.2 绩效评价效率信息的处理

本章将从定量指标和定性指标两方面对广东省财政科技专项资金绩效进行评价。因此，需要根据所收集到的数据信息计算相应的定量性指标。其相关指标的说明如表7-2所示：

表7-2 相关指标的说明

指标	指标名称	公式
基本指标	资金到位率（x1）	实际拨付金额/计划使用金额×100%
	资金使用率（x2）	实际使用金额/实际拨付金额×100%
	支出效果率（x3）	专家打分

续表

指标	指标名称	公式
个性指标-绩效指标	财政投入乘数（x4）	专家打分
	创收能力（x5）	人均利润额
	科技人员人均科研费用（x6）	科研费用/科技人员
	财政供养万人当中科技人员数（x7）	科技人员数/财政供养人员数（科研人员占比）
	科技人员人均发表课题、成果数（x8）	专利申请/研发人员
	科技人员人均获科研成果奖数（x9）	专利授权/研发人员
	科技人员科研成果应用转化率（x10）	专利授权/专利申请
	投入产出率（x11）	专利申请数/log（研发费用）
	高科技投入成功率（x12）	高科技投入项目成功数/高科技投入项目数×100%
	项目成功率（x13）	资本化支出/研发费用总额
	科研支出和财政支出增长率的比率（x14）	研发费用增长率/政府补助增长率
	连续三年科研经费投入平均增长率（x15）	三年研发费用增长率之和/3
	科研人员队伍稳定率（x16）	1-（本年科研人员-上年科研人员）/上年科研人员
	应用研究在国际国内的先进性（x17）	由专家评议确定
	研究开发经费占销售额比例（x18）	研究开发费用/销售额×100%
	科技投入新增加产值（x19）	—
	科技投入新增加销售额（x20）	—
	科技投入新增加利税额（x21）	—
	科技投入新增加社会就业人数（x22）	—
	科技投入新增加出口创汇及出口贸易总额（x23）	—
	成果转让项次（x24）	—

续表

指标	指标名称	公式
个性指标-修正指标	通货膨胀率（x25）	（现期 CPI-基期 CPI）/基期 CPI
	地区经济发展水平（x26）	人均 GDP（人/元）
	所处行业特殊性因素（x27）	专家打分
	对环境的影响（x28）	专家打分
	对社会发展影响（x29）	专家打分
	长期效益影响（x30）	专家打分
	其他修正指标（x31）	专家打分
定性指标	项目预定目标规划、执行情况（x32）	专家打分
	公务员（在岗职工）素质（x33）	专家打分
	项目管理水平（x34）	专家打分
	发展创新能力与战略（x35）	专家打分
	服务硬环境与服务满意度（x36）	专家打分
	综合社会贡献（x37）	专家打分

根据所收集到的数据，进行以下的数据处理过程：①剔除缺失值的样本量；②根据上述表 7-2 中相应指标的计算公式计算相应指标的数值；③为了避免数值的量纲化影响，对数值进行标准化处理。若某一指标与绩效评价呈正相关关系，则标准化过程为：$x_s=(x_i-x_{min})/(x_{max}-x_{min})$；若某一指标与绩效评价呈负相关关系，则标准化过程为：$x_s=(x_{max}-x_i)/(x_{max}-x_{min})$。其中 x_s 表示标准化后的对应的指标值；x_i 表示指标 x_i 的原始数值；x_{max} 表示的是指标 x_i 的最大值；x_{min} 表示的是指标 x_i 的最小值。

表 7-3　经过标准化处理后相关数据的描述性统计结果

变量	均值	中位数	P25	P75	标准差	最小值	最大值	N
x1	0.974	1.000	1.000	1.000	0.153	0	1	103
x2	0.818	1.000	0.625	1.000	0.270	0	1	103
x3	0.653	0.700	0.550	0.850	0.278	0	1	103
x4	0.527	0.550	0.300	0.750	0.288	0	1	103
x5	0.248	0.193	0.105	0.320	0.198	0	1	103

续表

变量	均值	中位数	P25	P75	标准差	最小值	最大值	N
x6	0. 271	0. 219	0. 108	0. 326	0. 220	0	1	103
x7	0. 157	0. 119	0. 071	0. 166	0. 166	0	1	103
x8	0. 160	0. 128	0. 054	0. 232	0. 160	0	1	103
x9	0. 105	0. 061	0. 021	0. 142	0. 142	0	1	103
x10	0. 434	0. 455	0. 253	0. 612	0. 222	0	1	103
x11	0. 134	0. 048	0. 016	0. 141	0. 199	0	1	103
x12	0. 566	0. 571	0. 381	0. 762	0. 261	0	1	103
x13	0. 585	0. 658	0. 409	0. 790	0. 252	0	1	103
x14	0. 210	0. 196	0. 187	0. 205	0. 095	0	1	103
x15	0. 089	0. 071	0. 060	0. 092	0. 098	0	1	103
x16	0. 761	0. 801	0. 699	0. 910	0. 211	0	1	103
x17	0. 451	0. 400	0. 150	0. 750	0. 317	0	1	103
x18	0. 108	0. 088	0. 075	0. 115	0. 109	0	1	103
x19	0. 138	0. 033	0. 003	0. 233	0. 188	0	1	103
x20	0. 096	0. 019	0. 002	0. 100	0. 185	0	1	103
x21	0. 096	0. 019	0. 002	0. 100	0. 185	0	1	103
x22	0. 138	0. 033	0. 003	0. 233	0. 188	0	1	103
x23	0. 096	0. 019	0. 002	0. 100	0. 185	0	1	103
x24	0. 475	0. 444	0. 222	0. 667	0. 250	0	1	103
x25	0. 757	1. 000	1. 000	1. 000	0. 431	0	1	103
x26	0. 473	0. 344	0. 344	0. 710	0. 347	0	1	103
x27	0. 589	0. 567	0. 433	0. 800	0. 245	0	1	103
x28	0. 627	0. 667	0. 400	0. 800	0. 246	0	1	103
x29	0. 613	0. 621	0. 448	0. 828	0. 240	0	1	103
x30	0. 503	0. 500	0. 250	0. 800	0. 300	0	1	103
x31	0. 434	0. 400	0. 200	0. 700	0. 296	0	1	103
x32	0. 460	0. 450	0. 150	0. 750	0. 325	0	1	103
x33	0. 440	0. 400	0. 150	0. 700	0. 319	0	1	103
x34	0. 457	0. 450	0. 250	0. 700	0. 267	0	1	103
x35	0. 479	0. 450	0. 250	0. 750	0. 312	0	1	103
x36	0. 456	0. 450	0. 200	0. 700	0. 281	0	1	103

续表

变量	均值	中位数	P25	P75	标准差	最小值	最大值	N
x37	0.464	0.400	0.200	0.750	0.305	0	1	103

数据来源：经过标准化处理后的相关指标的描述性统计。

如表7-3所示，x1至x31（其具体的定义如表7-2所示）均为定量性指标经过标准化处理后的描述性结果。表7-3中x1至x31标准差所显示的结果中表明，其标准差的值最大为x25的标准差0.431，其他指标的标准差值均不大于0.3。这表明，经过标准化处理后的数据并不存在较大的显著差异，便于后续的分析研究。而x32至x37是定性指标的得分标准化后的描述性统计结果。同样地，其描述性统计结果显示，经过标准化处理后的定性指标数值之间不存在较大的差异，其标准差均较小，有利于后续采用熵权法对定性指标确定权重的计算。

7.4 财政科技专项资金绩效评价得分计算过程及结果

7.4.1 熵权法下的绩效评价过程

为了更好地检验绩效评价体系的实践性、可行性，本章将利用上述收集到的信息对该体系进行一个实践应用，对受到财政科技专项资金补助的不同主体的绩效进行评价。在评价的过程中，利用熵权法确定不同指标的相应权重，随后根据不同指标相应的权重计算加权得分即可。

熵权法的具体实施步骤及过程如下：

（1）根据熵权法，计算得出定量指标中基本指标（x1 ~x3）的各个指标的信息熵及权重；

（2）根据熵权法，计算得出定量指标中个性指标的绩效指标中各指标的信息熵及权重；

（3）根据熵权法，计算得出定量指标中个性指标的修正指标中各指标的信息熵及权重；

（4）根据熵权法，计算定性指标中各指标的信息熵及权重或根据熵权法所得权重以及上述给定的权重得到综合权重；

（5）根据各指标对应的权重计算相应的加权得分，分别得到公式（1）中的 A、B、C、W 值；

（6）最后将步骤（5）所得的 A、B、C、W 值代入公式（1）中得到综合评分 S，最后根据相应的得分评定等级“优”“良”“中”“低”“差”。根据熵权法所得各指标的信息熵及权重如表 7-4 所示。

如表 7-4 所示，Panel A 显示的是各指标的信息熵值，而 Panel B 显示的是各指标的权重值。其中，Panel B 中 x32 至 x37 是定性指标根据熵权法所得的权重值，分别是 0.196、0.2081、0.1283、0.162、0.1423、0.1633，上述已有的根据层次分析法确定的绩效评价定性指标权重值比大部分权重接近。但为了得到更客观、更科学的评价结果，可以对定性指标的权重进行综合考虑。即根据已给定的权重值与根据熵权法得到的权重值进行加权综合考虑。

表 7-4　各指标的信息熵值与权重值

Panel A：各指标的信息熵值											
指标	**x1**	**x2**	**x3**	**x4**	**x5**	**x6**	**x7**	**x8**	**x9**	**x10**	**x11**
信息熵	0.995	0.985	0.974	0.962	0.941	0.937	0.924	0.908	0.869	0.968	0.832
指标	**x12**	**x13**	**x14**	**x15**	**x16**	**x17**	**x18**	**x19**	**x20**	**x21**	**x22**
信息熵	0.974	0.974	0.985	0.947	0.988	0.941	0.940	0.834	0.764	0.764	0.834
指标	**x23**	**x24**	**x25**	**x26**	**x27**	**x28**	**x29**	**x30**	**x31**	**x32**	**x33**
信息熵	0.764	0.967	0.940	0.922	0.978	0.980	0.980	0.956	0.943	0.935	0.931
指标	**x34**	**x35**	**x36**	**x37**							
信息熵	0.958	0.946	0.953	0.946							
Panel B：各指标的权重值											
指标	**x1**	**x2**	**x3**	**x4**	**x5**	**x6**	**x7**	**x8**	**x9**	**x10**	**x11**
权重	0.1052	0.3275	0.5673	0.0193	0.0299	0.0316	0.0384	0.0466	0.0663	0.0161	0.0846
指标	**x12**	**x13**	**x14**	**x15**	**x16**	**x17**	**x18**	**x19**	**x20**	**x21**	**x22**
信息熵	0.0131	0.0132	0.0073	0.0267	0.0058	0.0299	0.0303	0.0837	0.1190	0.1190	0.0837
指标	**x23**	**x24**	**x25**	**x26**	**x27**	**x28**	**x29**	**x30**	**x31**	**x32**	**x33**
信息熵	0.1190	0.0165	0.1990	0.2583	0.0734	0.0671	0.0658	0.1474	0.1890	0.1960	0.2081

续表

Panel B：各指标的权重值										
指标	x34	x35	x36	x37						
信息熵	0.1283	0.1620	0.1423	0.1633						

表 7-5　综合考虑定性指标各指标对应的给定权重和熵权法权重下的综合权重

定性指标	给定权重	熵权法所得权重	乘积值	综合权重值
项目预定目标规划、执行情况（x32）	0.2	0.196	0.0392	0.234
公务员（在岗职工）素质（x33）	0.15	0.2081	0.031215	0.1863
项目管理水平（x34）	0.15	0.1283	0.019245	0.1149
发展创新能力与战略（x35）	0.17	0.162	0.02754	0.1644
服务硬环境与服务满意度（x36）	0.17	0.1423	0.024191	0.1444
综合社会贡献（x37）	0.16	0.1633	0.026128	0.156
合　计	100%	100%	0.167519	100%

如表 7-5 所示，综合考虑两个权重值下的各定性指标（x32～x37）的权重值分别为 0.234、0.1863、0.1149、0.1644、0.1444、0.156，合计权重和为 100%。根据所得的综合权重值与熵权法下所得权重值之间的比较可得，综合所得的权重值与熵权法下所得的权重值较为接近。下面的绩效评价分析中，对应定性指标，将采用综合权重值对其进行得分计算。

根据上述所得的结果，可得熵权法下确定的各指标的权重值如表 7-6 所示：

表 7-6　熵权法下各指标的权重值

基本指标各指标的权重值								
指标	x1			x2		x3		
权重	0.1052			0.3275		0.5673		
合计	100%							
个性指标中绩效指标的各指标权重值								
指标	x4	x5	x6	x7	x8	x9	x10	x11
权重	0.0193	0.0299	0.0316	0.0384	0.0466	0.0663	0.0161	0.0846

续表

个性指标中绩效指标的各指标权重值								
指标	x12	x13	x14	x15	x16	x17	x18	x19
权重	0. 0131	0. 0132	0. 0073	0. 0267	0. 0058	0. 0299	0. 0303	0. 0837
指标	x20	x21	x22	x23	x24			
权重	0. 1190	0. 1190	0. 0837	0. 1190	0. 0165			
合计	100%							
个性指标中修正指标的各指标权重值								
指标	x25	x26	x27	x28	x29	x30	x31	
权重	0. 1990	0. 2583	0. 0734	0. 0671	0. 0658	0. 1474	0. 1890	
合计	100%							
定性指标中各指标的权重值								
指标	x32	x33	x34	x35	x36	x37		
权重	0. 234	0. 1863	0. 1149	0. 1644	0. 1444	0. 156		
合计	100%							

7. 4. 2　熵权法计算所得结果

根据上述所得的各指标的权重值计算不同主体的绩效评价得分值。对于定性指标而言，因其标准化时已将数值范围过程限定在 0~1，因此，通过对应指标与对应权重相乘后得到的值乘以 100 即可得到相应的分值。根据公式：

$$A\ (B/C/W) = (\sum_{i=1}^{n} xi \times P_i) \times 100 \qquad 公式（2）$$

说明：A 表示的是基本指标的得分值、B 表示的是个性指标中绩效指标的得分值、C 表示的是个性指标中修正指标的得分值、W 表示的是定性指标的得分值；x_i 为对应的各指标标准化后的数值；P_i 为对应指标的权重值；n 为对应的个体系指标内的指标数量，如 A 对应的基本指标中的指标体系共 3 个指标，那么计算 A 得分时，$n=3$。

根据公式（2）计算出 A、B、C、W 的值后，代入到公式（1）中即可得到不同绩效评价主体的分数。

根据上述方式计算所得的 A、B、C、W 值的描述性统计结果如表 7–7 所示：

表 7-7　A、B、C、W 描述性统计结果

得　分	平均值	中位数	标准差	最大值	最小值	N
A	74.10	82.98	23.08	100	14.62	103
B	17.01	13.77	9.730	55.14	5.470	103
C	55.46	57.79	20.01	93.66	9.580	103
W	45.91	33.66	25.82	83.50	8.790	103

从表 7-7 中的标准差的描述性统计结果可以看到，不同主体之间的 A、B、C、W 值存在着较大的差异。

进一步根据所得 A、B、C、W 根据公式（1）计算不同主体的综合性绩效评价得分 S。对所得 S 值进行描述性统计所得的结果如表 7-8 所示：

表 7-8　综合性得分 S 的描述性统计结果

综合得分	平均值	中位数	标准差	最大值	最小值	N
S	38.08	38.80	9.320	54.02	13.79	103

由表 7-8 中所得的统计结果可得，S 的最大值约为 54.02，最小值仅为 13.79。造成所得的 S 值结果普遍偏低，以至于在研究的主体中没有一个主体的绩效评价达到较高分数，如 90 分，是因为 B 值在所评价的主体中均较低，从表 7-7 中可得，B 的描述性统计结果显示，B 的最大值仅为 55.14，最小值为 5.47，较 A、C、W 的最大值、最小值均较低，同时 B 在最终得分中所占的比重为最大（0.6×0.8=0.48=48%）。

如需要对这 103 家企业进行等级评定，可通过改变其评价标准或依据最大得分值进行调整重新得到分数即可。通过最大值调整后的各主体的得分值如表 7-9 所示：

表 7-9　所得的 103 家企业的综合得分值 S

25.53	47.53	52.94	58.63	62.22	67.55	74.62	79.97	82.90	86.51	90.72	98.96
27.94	48.37	53.06	58.73	62.32	67.87	74.92	80.55	83.17	86.73	91.21	99.00
32.05	48.50	53.10	58.73	62.60	68.51	75.23	80.64	84.38	86.79	91.60	99.20
42.30	50.17	53.35	59.99	63.91	70.16	76.68	80.90	84.79	87.02	92.00	100.00

续表

43.01	50.72	54.37	60.02	64.76	70.16	76.86	81.46	85.01	87.14	92.38	—
43.44	51.56	55.18	61.44	65.22	70.18	77.13	81.54	85.08	88.07	92.49	—
44.31	51.84	56.09	61.83	65.44	71.82	78.31	82.19	85.51	89.39	92.80	—
45.72	51.85	57.18	61.90	66.22	72.04	78.73	82.70	85.65	89.50	94.18	—
47.44	52.36	57.60	62.10	67.53	74.10	79.35	82.71	86.35	89.55	94.46	—

注：限于公司的保密性，本书未列具体企业名称（下同）。

根据上述所得分值，并根据级别评定方式可得，103家企业中有13家企业被评定为“优”、被评定为“良”的有26家企业、被评定为“中”的有16家企业、被评定为“低”的有17家企业、被评定为“差”的有31家企业（见表7-10）。

表7-10　样本中103家企业的得分对应的评定级别情况统计

	优 ≥90	良 [80~90)	中 [70~80)	低 [60~70)	差 <60
数量	13	26	16	17	31
合计	103				

7.4.3　主成分分析法下的绩效评价过程及结果

主成分分析法主要的思想是通过降维的思路，将多个影响变量转化为几个主要的互不相关的影响变量的过程。通过主成分分析方法同样是为了确定相关指标的权重。具体的操作过程如下：

（1）对经过标准化的同类指标进行主成分分析，得到相应的特征值；选择主成分的原则是：当特征值大于1的因子累计方差贡献率达到70%及以上即可。若特征值大于1的因子累计方差贡献率低于70%，那么可优先考虑使得累计方差贡献率达到70%及以上的因子作为主成分因子进行后续计量。

（2）根据相关的主成分分析，计算其kmo、smc值，以检验主成分分析的合理性。Kmo、smc 值越高表明主成分分析法越适用。

（3）通过对载荷矩阵进行旋转，得到相应的特征向量，并形成相应的特征向量矩阵。

（4）通过特征向量矩阵与方差贡献向量相乘，得到对应变量的权重系数。

（5）因根据步骤（4）计算所得权重系数之和不一定等于 100%，因此需要根据所得的权重值进行调整，使得同一体系内的指标权重之和等于 100%。

通过以上五个步骤即可计算得出相应变量的权重系数。

7.4.3.1 利用主成分分析法确定基本指标中各指标的权重系数

（1）根据标准化后的基本指标各指标的标准化值进行主成分分析得到的特征值和特征向量如下：

表 7-11 主成分分析法下所得特征值及贡献率

主成分	特征值	方差贡献率	累计方差贡献率
1	1.741	0.5803	0.5803
2	0.9993	0.3331	0.9134
3	0.2597	0.0866	1.0000

从表 7-11 中可以看出，只有第一个主成分特征值大于 1，但其方差贡献率低于 70%；第二个主成分其特征值几乎接近于 1。同时，前两个特征值的累计方差贡献率达到 91.34%。因此，选取前两个特征值。

（2）通过载荷矩阵，可得到相应的特征向量，如表 7-12 所示：

表 7-12 特征向量

指标	第一特征值向量	第二特征值向量
x1	-0.0494	0.998
x2	0.7069	0.075
x3	0.7056	0.0623

（3）通过对上述主成分因子的方差贡献率及特征向量可计算得到相应各指标的权重值（见表 7-13）。

表 7-13　各指标对应的权重值

指标	对应的权重值	调整后的权重值
x1	0. 304	0. 260
x2	0. 435	0. 372
x3	0. 430	0. 368

7. 4. 3. 2　利用主成分分析法确定个性指标中绩效指标各指标的权重系数

（1）根据标准化后的个性指标中绩效指标各指标的标准化值进行主成分分析得到的特征值和特征向量如下（由于绩效指标数量较多，此处不一一列出相应的特征值，此处挑选前 10 个特征值进行列示）：

表 7-14　主成分分析法下所得特征值及贡献率

主成分	特征值	方差贡献率	累计方差贡献率
1	4. 6672	0. 2222	0. 2222
2	2. 7985	0. 1333	0. 3555
3	2. 2662	0. 1079	0. 4634
4	1. 8278	0. 0870	0. 5505
5	1. 6776	0. 0799	0. 6303
6	1. 3359	0. 0636	0. 6940
7	1. 0672	0. 0508	0. 7448
8	0. 9366	0. 0446	0. 7894
9	0. 8480	0. 0404	0. 8298
10	0. 7625	0. 0363	0. 8661

从表 7-14 中可以看到，前 7 个主成分特征值均大于 1，其累计方差贡献率大于 70%，达到 74. 48%；而其他的主成分其特征值均小于 1。在累计方差贡献率能达到 70%及以上的考虑后，此处选取前 7 个主成分作为主成分分析的主因子。

（2）通过载荷矩阵，可得到相应的特征向量，如表 7-15 所示：

表 7-15 特征向量

指标	第一特征值向量	第二特征值向量	第三特征值向量	第四特征值向量	第五特征值向量	第六特征值向量	第七特征值向量
x4	-0.0897	0.2038	0.2017	0.3722	0.3463	0.1210	0.2816
x5	-0.0383	-0.1755	0.2301	0.4740	-0.2060	0.1489	-0.2414
x6	-0.0039	0.0364	0.3138	0.4354	-0.2881	0.0113	-0.2615
x7	0.0721	0.4641	0.0155	-0.1386	-0.0683	-0.0767	-0.1067
x8	-0.0887	-0.0465	0.5534	-0.2610	-0.0273	-0.0017	-0.0393
x9	-0.1037	-0.1233	0.4902	-0.3323	0.1058	-0.0255	-0.1152
x10	-0.0393	-0.2274	0.0722	-0.0864	0.4257	-0.1272	-0.3224
x11	-0.0557	0.0501	0.3931	-0.0600	-0.1656	-0.2743	0.0915
x12	-0.0010	0.1228	0.1292	-0.0597	0.0257	0.5999	0.1971
x13	0.0795	-0.1833	0.0254	-0.2479	-0.1213	-0.1476	0.4431
x14	0.0094	0.0689	0.0856	0.2003	0.0454	-0.6237	0.2616
x15	0.0534	0.4553	0.0344	-0.1106	0.0591	-0.0096	-0.2161
x16	0.0062	0.0264	0.1522	-0.0995	-0.3025	0.2558	0.4051
x17	-0.0762	0.2235	0.1432	0.2646	0.4530	-0.0144	0.3180
x18	0.0922	0.5282	0.0425	-0.1640	0.0005	-0.0078	-0.1797
x19	0.4193	-0.0370	0.0752	0.0445	-0.0265	-0.0174	0.0189
x20	0.4420	-0.0425	0.0693	0.0151	0.0815	0.0228	-0.0032
x21	0.4420	-0.0425	0.0693	0.0151	0.0815	0.0228	-0.0032
x22	0.4193	-0.0370	0.0752	0.0445	-0.0265	-0.0174	0.0189
x23	0.4420	-0.0425	0.0693	0.0151	0.0815	0.0228	-0.0032
x24	0.0000	-0.2021	0.0693	-0.0979	0.4363	0.1630	-0.0835

（3）通过对上述主成分因子的方差贡献率及特征向量可计算得到各相应指标的权重值（见表 7-16）。

表 7-16 各指标对应的权重值

指标	x4	x5	x6	x7	x8	x9	x10	x11	x12
权重值	0.1111	0.0149	0.0401	0.0517	0.0068	0.0145	0.0292	0.0055	0.0751
调整后的权重值	0.094	0.013	0.034	0.044	0.006	0.012	0.025	0.005	0.064

续表

指标	x13	x14	x15	x16	x17	x18	x19	x20	x21
权重值	0.0222	0.0152	0.0598	0.0253	0.1028	0.0716	0.0980	0.1091	0.1091
调整后的权重值	0.019	0.013	0.051	0.021	0.087	0.061	0.083	0.092	0.092
指标	x22	x23	x24						
权重值	0.0980	0.1091	0.0130						
调整后的权重值	0.083	0.092	0.011						

7.4.3.3　利用主成分分析法确定个性指标中修正指标各指标的权重系数

（1）根据标准化后的个性指标中修正指标各指标的标准化值进行主成分分析得到的特征值和特征向量如表 7-17 所示：

表 7-17　主成分分析法下所得特征值及贡献率

主成分	特征值	方差贡献率	累计方差贡献率
1	3.0344	0.4335	0.4335
2	1.7738	0.2534	0.6869
3	0.6761	0.0966	0.7835
4	0.6107	0.0872	0.8707
5	0.3823	0.0546	0.9253
6	0.3118	0.0445	0.9699
7	0.2108	0.0301	1.0000

从表 7-17 中可以看到，只有前两个主成分特征值大于 1，但其方差贡献率低于 70%，为 68.69%；第三个主成分其特征值小于 1。但考虑到前三个特征值的累计方差贡献率达到 78.35%，高于 70%。因此，选取前三个特征值。

（2）通过载荷矩阵，可得到相应的特征向量，如表 7-18 所示：

表 7-18　特征向量

指标	第一特征值向量	第二特征值向量	第三特征值向量
x25	−0.0382	0.7051	0.0051
x26	−0.0557	0.7033	0.0160

续表

指标	第一特征值向量	第二特征值向量	第三特征值向量
x27	0. 4150	−0. 0020	−0. 5112
x28	0. 4743	0. 0350	−0. 1160
x29	0. 4839	0. 0494	−0. 2139
x30	0. 3798	−0. 0126	0. 8131
x31	0. 4689	0. 0668	0. 1343

（3）通过对上述主成分因子的方差贡献率及特征向量可计算得到相应指标的权重值（如表 7−19 所示）。

表 7−19　各指标对应的权重值

指标	对应的权重值	调整后的权重值
x25	0. 1626	0. 123
x26	0. 1556	0. 117
x27	0. 1300	0. 098
x28	0. 2033	0. 153
x29	0. 2016	0. 152
x30	0. 2400	0. 181
x31	0. 2332	0. 176

7. 4. 3. 4　利用主成分分析法确定定性指标各指标的权重系数

（1）根据标准化后的定性指标各指标的标准化值进行主成分分析得到的特征值和特征向量如表 7−20 所示：

表 7−20　主成分分析法下所得特征值及贡献率

主成分	特征值	方差贡献率	累计方差贡献率
1	4. 2037	0. 7006	0. 7006
2	0. 4515	0. 0752	0. 7759
3	0. 4075	0. 0679	0. 8438
4	0. 3717	0. 0619	0. 9057
5	0. 3568	0. 0595	0. 9652
6	0. 2088	0. 0348	1. 0000

从表 7-20 中可以看到，只有第一个主成分特征值大于 1，其方差贡献率不低于 70%，为 70.06%。考虑到累计方差贡献率已达到 70.06%，且其他成分因子的特征值均小于 1。因此，选取第一个特征值。

（2）通过载荷矩阵，可得到，相应的特征向量，如表 7-21 所示：

表 7-21　特征向量

指标	第一特征值向量
x32	0.4352
x33	0.4043
x34	0.3957
x35	0.4109
x36	0.4071
x37	0.3950

（3）通过对上述主成分因子的方差贡献率及特征向量可计算得到相应指标的权重值（如表 7-22 所示）。

表 7-22　各指标对应的权重值

指标	对应的权重值	调整后的权重值
x32	0.3049	0.1778
x33	0.2833	0.1651
x34	0.2772	0.1616
x35	0.2879	0.1678
x36	0.2852	0.1663
x37	0.2767	0.1613

同样地，如表 7-23 所示，对于定性指标，也可以使用综合性权重进行计算以增强其客观性、公正性。即同时考虑给定的定性指标权重与主成分分析所得权重，利用公式（3）计算综合性权重。

$$W_i = pi \times qi / \left(\sum_{i=1}^{n} pi \times qi \right) \qquad \text{公式（3）}$$

说明：W_i 表示的是同时考虑定性指标的给定权重与主成分分析所得权重

下的综合性权重；P_i表示的是第 i 个指标的给定权重；q_i表示的是第 i 个指标使用主成分分析法计算所得权重值；n 表示的是指标的个数。

表 7-23 定性指标的综合性权重值

定性指标	给定权重	主成分分析法所得权重	乘积值	综合权重值
项目预定目标规划、执行情况（x32）	0. 2	0. 1778	0. 036	0. 213
公务员（在岗职工）素质（x33）	0. 15	0. 1651	0. 025	0. 148
项目管理水平（x34）	0. 15	0. 1616	0. 024	0. 145
发展创新能力与战略（x35）	0. 17	0. 1678	0. 029	0. 171
服务硬环境与服务满意度（x36）	0. 17	0. 1663	0. 028	0. 169
综合社会贡献（x37）	0. 16	0. 1613	0. 026	0. 154
合计	100%	100%	0. 167	100%

由上述可得主成分分析法下，各指标对应的权重值。具体的如表 7-24 所示：

表 7-24 主成分分析法下各指标的权重值

基本指标各指标的权重值			
指标	x1	x2	x3
权重	0. 260	0. 372	0. 368
合计	100%		

个性指标中绩效指标的各指标权重值								
指标	x4	x5	x6	x7	x8	x9	x10	x11
权重	0. 094	0. 013	0. 034	0. 044	0. 006	0. 012	0. 025	0. 005
指标	x12	x13	x14	x15	x16	x17	x18	x19
权重	0. 064	0. 019	0. 013	0. 051	0. 021	0. 087	0. 061	0. 083
指标	x20	x21	x22	x23	x24			
权重	0. 092	0. 092	0. 083	0. 092	0. 011			
合计	100%							

个性指标中修正指标的各指标权重值								
指标	x25	x26	x27	x28	x29	x30	x31	
权重	0. 123	0. 117	0. 098	0. 153	0. 152	0. 181	0. 176	
合计	100%							

续表

定性指标中各指标的权重值								
指标	x32	x33	x34	x35	x36	x37		
权重	0.213	0.148	0.145	0.171	0.169	0.154		
合计	100%							

7.4.4　主成分分析法计算所得结果

根据上述所得的各指标的权重值计算不同主体的绩效评价得分值。对于定性指标而言，因其标准化时已将数值范围过程限定在 0~1，因此，通过对应指标与对应权重相乘后得到的值乘以 100 即可得到相应的分值。同样根据公式（2）：

$$A\ (B/C/W)\ =\ (\sum_{i=1}^{n} xi \times Pi)\ \times 100 \qquad \text{公式（2）}$$

说明：A 表示的是基本指标的得分值、B 表示的是个性指标中绩效指标的得分值、C 表示的是个性指标中修正指标的得分值、W 表示的是定性指标的得分值。xi 为对应的各指标标准化后的数值；Pi 为对应指标的权重值 n 为对应的个体系指标内的指标数量，如 A 对应的基本指标中的指标体系共 3 个指标，那么计算 A 得分时，n=3。

根据公式（2）计算出 A、B、C、W 的值后，代入到公式（1）中即可得到不同绩效评价主体的分数。根据上述方式计算所得的 A、B、C、W 值的描述性统计结果如表 7-25 所示：

表 7-25　A、B、C、W 描述性统计结果

得分	平均值	中位数	标准差	最小值	最大值	N
A	79.80	87.12	19.19	29.68	100	103
B	25.35	24.20	9.560	10.11	55.12	103
C	56.27	53.22	17.97	17.87	89.23	103
W	45.98	33.51	25.51	9.190	83.73	103

从表 7-25 中的标准差的描述性统计结果可以看到，不同主体之间的 A、

B、C、W 值存在着较大的差异。其中，与熵权法一样，B 即个性指标中的绩效指标，其计算所得分值表明，其均值、最小值、最大值普遍均低于其他几个指标体系的数值。

进一步根据所得 A、B、C、W 根据公式（1）计算不同主体的综合性绩效评价得分 S。对所得 S 值进行描述性统计所得的结果如表 7-26 所示：

表 7-26　综合性得分 S 的描述性统计结果

综合得分	平均值	中位数	标准差	最小值	最大值	N
S	43.13	44.84	10.54	22.20	63.50	103

由表 7-26 中所得的统计结果可得，S 的最大值为 63.5，最小值仅为 22.20，这与熵权法下计算所得最大值（54.02）、最小值（13.79）接近。同样地，从表 7-26 的数据统计结果可得造成所得的 S 值结果普遍偏低，以至于在研究的主体中没有一个主体的绩效评价达到较高分数（90 分），是因为 B 值在所评价的主体中均较低，从表 7-25 中可得，B 的描述性统计结果显示，B 的最大值仅为 55.12，最小值为 10.11，较 A、C、W 的最大值、最小值普遍较低，同时 B 在最终得分中所占的比重为最大（0.6＊0.8=0.48=48%）。

如需要对这 103 家企业进行等级评定，可通过改变其评价标准或依据最大得分值进行调整重新得到分数即可。通过最大值调整后的各主体的得分值如表 7-27 所示：

表 7-27　所得的 103 家企业的综合得分值 S

34.97	46.25	50.64	53.48	56.50	64.69	72.04	76.43	79.48	84.53	87.62	92.96
35.30	46.39	50.81	54.31	57.67	68.83	72.52	77.45	80.09	85.20	88.62	93.53
38.33	46.55	50.86	54.51	58.30	69.46	72.88	78.04	80.76	85.26	88.69	94.40
41.69	47.58	50.87	54.56	59.14	69.90	73.36	78.23	81.78	85.52	89.22	100.00
41.97	48.61	50.91	54.66	59.93	70.27	73.42	79.02	82.77	86.39	89.57	
43.88	48.64	51.18	54.73	59.99	70.31	73.56	79.09	82.78	86.44	89.78	
44.41	49.64	51.34	55.75	62.81	70.61	73.63	79.10	83.09	86.46	90.46	
45.33	50.00	51.72	56.04	63.17	70.72	74.63	79.13	83.13	87.26	90.85	
46.10	50.02	52.58	56.32	63.85	71.13	75.25	79.26	84.16	87.34	92.87	

根据上述所得分值，并根据级别评定方式可得，103 家企业中有 7 家企业被评定为“优”、被评定为“良”的有 23 家企业、被评定为“中”的有 24 家企业、被评定为“低”的有 7 家企业、被评定为“差”的有 42 家企业（如表 7-28 所示）。

表 7-28　样本中 103 家企业的得分对应的评定级别情况统计

	优 ≥90	良 [80~90)	中 [70~80)	低 [60~70)	差 <60
数量	7	23	24	7	42
合计	103				

7.4.5　两种方法计算得分下的结果比较

上述所得的不同主体的财政绩效评级结果，在使用不同的测度方法时，其评级结果会有所差异。总体而言，使用熵权法测度权重情况下所得到的评级普遍会比使用主成分分析方法测度权重情况下所得到的评级要更好。但经过检验发现，有 68.93%（71/103＝0.68932）个评级结果在不同的测度方法下得到了同样的评级结果。总体而言，不同方法下不同主体得到的绩效评级结果如表 7-29 所示。

表 7-29　不同测度方法下的绩效评级结果对比

评价对象序号	年份	评级 1	评级 2	评价对象序号	年份	评级 1	评级 2	评价对象序号	年份	评级 1	评级 2
1	2016	中	中	36	2015	优	优	70	2016	优	优
2	2017	良	中	37	2015	良	良	71	2017	中	中
3	2018	低	差	38	2016	差	差	72	2017	中	中
4	2016	低	差	39	2017	良	中	73	2017	良	中
5	2017	低	低	40	2018	良	良	74	2018	低	差
6	2018	良	良	41	2017	良	良	75	2017	优	良
7	2016	低	差	42	2018	低	差	76	2015	良	良
8	2016	差	差	43	2017	优	优	77	2016	差	差

续表

评价对象序号	年份	评级 1	评级 2	评价对象序号	年份	评级 1	评级 2	评价对象序号	年份	评级 1	评级 2
9	2017	差	差	44	2015	中	中	78	2017	中	低
10	2015	良	良	45	2016	中	低	79	2015	差	差
11	2016	优	良	46	2017	中	中	80	2017	差	差
12	2015	差	差	47	2018	良	良	81	2016	良	良
13	2016	良	良	48	2016	良	良	82	2015	低	低
14	2018	优	优	49	2017	差	差	83	2016	中	低
15	2015	差	差	50	2016	差	差	84	2015	差	差
16	2016	差	差	51	2017	中	中	85	2016	低	中
17	2017	差	差	52	2017	差	差	86	2018	低	差
18	2015	差	差	53	2018	优	良	87	2015	低	中
19	2016	良	中	54	2015	中	中	88	2016	差	差
20	2015	低	中	55	2016	良	良	89	2015	差	差
21	2016	低	差	56	2017	优	良	90	2016	优	优
22	2017	良	良	57	2018	差	差	91	2017	差	差
23	2018	低	差	58	2015	差	差	92	2015	良	良
24	2016	差	差	59	2016	良	良	93	2016	良	中
25	2017	差	差	60	2017	差	差	94	2018	中	中
26	2018	良	中	61	2015	优	优	95	2017	良	良
27	2017	良	良	62	2016	良	中	96	2015	优	优
28	2015	良	中	63	2017	中	低	97	2016	低	差
29	2016	差	差	64	2018	中	中	98	2015	差	差
30	2017	良	良	65	2017	低	差	99	2016	优	中
31	2015	差	差	66	2018	良	良	100	2017	低	差
32	2016	优	良	67	2015	中	中	101	2015	差	差
33	2015	差	差	68	2016	低	低	102	2017	中	中
34	2016	中	中	69	2017	差	差	103	2018	差	差
35	2017	差	差								

注：评级 1 为熵权法下所得的评级结果；评级 2 为主成分分析法下测度所得的评级结果。

7.5　本章小结

本章从财政科技专项资金的有效性和投入产出水平两方面来考察广东省财政科技专项资金的绩效情况，选取适量的指标，构建熵技术法灰色分析和综合因子排序的复合评价模型，对广东省财政科技专项资金的有效性和科技产出水平进行定性和定量研究。结合前面的综合评价模型，对评价结果进行最终的考察和检验。研究发现：在使用不同的测度方法时，其评级结果会有所差异。总体而言，使用熵权法测度权重情况下所得到的评级普遍会比使用主成分分析方法测度权重情况下所得到的评级要更好。但经过检验发现，不同的测度方法得到了同样的评级结果。

第 8 章　广东省财政科技专项资金绩效评价体系的实践

8.1　高等院校财政科技专项资金绩效的评价基础

党的十九大报告强调了科教兴国战略、人才强国战略和各层次创新型人才对引领经济高质量发展的重要意义。习近平总书记在广东代表团参加审议政府工作报告时也指出："发展是第一要务，人才是第一资源，创新是第一动力。"随着我国高等院校办学规模的不断扩大，全国高等院校财经管理工作也出现了一些新的情况和问题。比如，资产规模快速扩大、支出总量不断增加、收入结构趋于多元、债务风险持续聚集、财务管理现状不能适应发展了的形势要求。与此同时，在高等院校财务预算的应用方面，也逐渐引入绩效评价体系，以合理保证高等院校的正常运作，使高等院校的各类开支进行合理控制与分配。但是各高等院校之间的发展模式不同，传统模式的财务预算与绩效评价体系的结合运用程度也各不相同，这也就造成了绩效评价的决算与财务的预算脱节，给高等院校的统一规划带来了很大的不便。2010 年 7 月，《国家中长期教育改革和发展规划纲要（2010—2020 年）》明确提出，2012 年国家财政性教育经费支出达到国内生产总值的 4%。随着国家财政对教育事业经费投入的不断增加，财政预算执行进度问题备受关注。为了使高校财务管理与此相适应，2013 年 12 月 19 日，财政部和教育部对《高等学校财务制度》进行了修订，完善了预算管理制度，并于 2013 年 12 月 30 日印发了《高等学校会计制度》，规定自 2014 年 1 月 1 日起施行。新制度对预算编制的依据、原则、程序和预算调整等提出了更加具体的要求，重点增加了决算管理的有关规定。因此，需要高等院校针对自身的财务预算进行绩效评价，努力提高高等院校的整体预算管理水平。另外，《广东省中长期教育改革和发展规划纲要（2010—2020 年）》的推出也进一步落实相关政策，随着国家“双一流建设”战略的实施和我国高等教育事业的快速发展，国家必然加大对高校的全面投资，而高校管理者对于如何管好、用好这些资金，使其发挥最大的效益也日益关注。本章结合现实需求，探讨符合高校自身管理需求的财政科技专项资金绩效评价的可行方案，进而为提高高校财政科技专项资金绩效管理水平提出建议。与此同时，教育部门也正在紧紧围绕着这一工作热点进行深入改革研究，并积极地要求高等院校建立适合自身发展的财务预算绩效评价体系。

2019 年，广东省财政厅印发了《关于优化财政科研资金管理提升科研资金绩效的通知》（以下简称《通知》）。《通知》主要从放权“再加力”、管理“再优化”、服务“再提升”等方面优化财政科研资金管理，围绕建立以信任为前提的财政科研资金管理机制，赋予高校及科研机构更多自主权，提升科研资金使用绩效。《通知》明确，将建立以信任为前提的财政科研资金管理机制，赋予高校和科研机构科研项目立项和经费管理自主权，赋予高校和科研机构科技成果自主处置权，赋予高校和科研机构自行采购科研仪器设备、选择评审专家等采购自主权。将科研经费中包括设备费在内的所有直接费用调剂权全部下放给项目承担单位，将科研学术助理和财务助理等专业服务支出纳入科研项目经费直接费用开支。对高等院校和科研院所的科技成果使用、处置和收益分配，财政部门不再进行审批或备案，高校和科研院所可自主决定。对高校和科研机构采购进口仪器设备实行备案制管理。此外，减少监督检查频次。基础研究项目和实施周期三年（含）以下的项目以项目承担单位自我管理为主，一般不开展过程检查。在项目实施期末进行一次性综合绩效评价，不再分别开展单独的财务验收和技术验收。

另外，《通知》也提出，从两个方面强化主体责任落实及资金使用绩效导向，推动管理“再优化”。一方面，明晰了科研项目承担单位是科研资金管理的责任主体，对资金使用的真实性、合法性、规范性负责，对已履行勤勉尽责义务但因技术路线选择失误导致未能完成预定目标的单位和项目负责人予以免责；另一方面，对违背科研诚信的项目单位和项目负责人实行终身追究、联合惩戒。《通知》明确，科研项目主管部门是科研项目的主管责任主体，要明确设定整体绩效目标和阶段性绩效目标，并选择可衡量的绩效指标；制定统一的定期跟踪监督计划并进行日常绩效目标运行跟踪。财政部门加强绩效管理顶层制度设计，坚持以结果为导向的创新绩效管理模式。在强化绩效导向方面，将绩效评价结果作为项目调整、后续安排，以及有关单位和人员业绩考核的参考依据。对预算支出进度较低、项目实施进度严重滞后或难以达到预期绩效目标的，分类采取收回、撤销、压减、调整等措施。此外，《通知》通过改革财政科研经费投入方式、建立科研资金绿色拨付通道、简化科研仪器设备政府采购流程等三大举措，推动服务“再提升”，切实增强科研人员改革获得感。一方面，从区别研究机构类别、加大高层次人才激励等方面探索差异化的财政保障机制。其中，对从事基础前沿研究、公益性研究的科研机构，加大经常性经费等方面支持力度；另一方面，对高层次科研人才，通过明确“科研项目间接费用中的绩效支出应向承担任务的中青年科研骨干倾斜”给予激励。同时，将资金直接拨付至单位基本账户或相关账户的做法推广至全省。符合条件的科研经费可通过国库集中支付方式拨付到主管部门基本账户或通过相关账户转拨至境外机构。此外，对科研急需的设备和耗材，建立特事特办、随到随办的政府采购机制。

财政科技专项资金是高校财政拨款的重要组成部分。近年来，高校获得的财政科技专项资金在总经费中所占的比重逐年增加，如何优化资源配置、加强资金管理、提高资金使用效益，成为财政部门及高校关注的重点，关于财政科技专项资金绩效管理的研究和实践也日趋活跃。因此，本章在广东省高校调研的基础上，以绩效评价管理体系为导向，将高等院校财政科技专项资金绩效管理模式与财务预算管理进行结合，重新构造出一套适合高等院校的财政科技专项资金绩效考评体系，以解决高等院校在财务预算管理中出现的问题，进一步提高高等院校的财务预算管理能力。

8.2 财政科技专项资金绩效评价的意义与作用

8.2.1 必要性分析

高等院校发展需求是预算绩效评价的内因。社会资源的稀缺性使得所有者必须对资源进行有效配置，提高高等学校资源的配置效率是市场经济条件下高等院校发展的核心内容。随着我国高等教育管理体制改革的日益深化，高等院校办学规模和办学层次的扩大，带来了对教育经费需求的激增，而我国教育资源在总量上远低于世界平均水平，大多只是维持性的，高等院校发展的经费需求与有限教育资源供给的矛盾十分突出；另外受到教育机制和管理体制等因素的制约，教育经费又存在着一定程度上的低效率配置，尤其在高等院校内部的资源配置方面问题突出。国家通过部门预算配置高等院校教育资源，高等院校通过校级预算配置内部教育资源。因此，建立旨在提高教育资金配置绩效的预算绩效评价体系是优化高等院校资源配置和加快高等院校事业发展的必由之路。

8.2.2 可行性分析

近年来，随着我国高等教育事业的改革和发展，高等学校办学活力有所增强，学校财务也面临着更加复杂的局面。特别是事业单位新会计制度的颁布与实施，会计核算日益复杂，会计数据也日益丰富。这就为进行高等学校财务预算绩效评价提供了现实基础。计算机技术的普及，促使高等院校会计用科学合理的方法对教育资源的成本和价值进行确认和计量，这有助于解决高等院校预算绩效运用的资料缺乏和计量问题。为了与时俱进，我国逐步开展了各种形式的职业教育和成人教育，优化教育结构，合理配置教育资源，这一系列活动过程中的各方都要求高等院校会计能够提供相应的信息，这些信息可以成为预算绩效指标的基础资料，也就为高等院校财务预算绩效评价体系的构建创造了客观的条件。

8.2.3 意义和作用

一般来说，高校科研专项经费是由国家相关部门经过审批核实，再经由财政部门拨款给高校的专项费用。首先，要投入到指定项目上，必须是专款专用，不能挪作他用，并要在财务上单独核算，项目完成后要结题上报。其次，科研项目的实施不但是为了满足规定项目研究方向的需要，还要综合考虑高校教学、科研及总体平衡发展的利益；同时还要按照项目申报的要求，圆满完成规定的研究任务。最后，科研专项经费还要接受国家相关监察部门一定的监督。“十三五”以来，高校的科研事业迅速发展，取得了重大成就。例如，承担的科研项目大幅增加，囊括了一半以上国家重大科学研究计划，为社会生产力和综合国力提升提供了重要支撑，高校科研队伍持续壮大、优秀成果大量产出、获得约三分之二的国家级奖项等。科研所取得的成就是人尽皆知的，若能对科研专项经费实行科学、有效的管理，建立客观、公正的绩效评价体系，有利于科研人员注重项目研究效益，即时调整研究方向，提升科研项目研究的进度与准确度，创造更优秀的科研成果。同时，完善的科研专项经费绩效评价体系，还有助于平衡科研专项资金投入与产出效益，促动高校事业的快速、稳健发展，推动人才队伍建设、专业建设、学科建设等的全方位发展。财政科技专项绩效评价对高等院校有着重要的意义与作用，主要体现在以下方面：

（1）有利于提高教育经费的使用效率。高等教育的产出与效果主要从高等院校毕业生质量、科研成果、社会效果等方面来评价。通过科学有效的绩效评价，可以发现哪些投入是必要的，哪些投入是不必要的，哪些投入是高效的，哪些投入是低效甚至无效的，这样可以不断提升高等院校的管理水平，降低成本，提高办学效益。

（2）有利于提高学校财务管理水平。科学的财务综合评价是财务管理达到较高水准的象征。学校依据财务综合情况制定的发展规划，根据发展规划制定的预算方案及按照预算方案做出的收支计划便能环环相扣，即使调整也能做到持之有据。另外，随着财政体制改革的不断深化，收支两条线、部门预算、工资发放、国库集中收付等方案的执行，学校资金使用的自由度大大减少，客观要求本章务必尽快改变粗放型的预算管理模式。也就是说务必使学校明了综合财力的实际水平，从而制定出与财政改革相适应的预算方案。同时，通过正确评价高等院校财务运行和管理状况，可以帮助高等院校总结经验，找准不足，为改善管理、提高效益提供依据，帮助高等学校内的相关负责人将重心转移到预算投入的运营效率上。

（3）有利于政府逐步建立财政绩效拨款制度、优化资源配置。由于我国公立高等院校的经费投入仍然主要依靠国家财政拨款，政府财政拨款的多少将直接影响着高等教育的发展程度，因此拨款机制的改革也将影响着高等学校的办学效率和效益。如何把有限的教育资金，合理分配到绩效搞的院校中去，使有限的教育资源发挥最大的效能，始终是教育主管部门工作研究的重点。而自20世纪80年代中期以来，我国的高等教育拨款方式一致是采用生均定额加专项补助的方式，即高等学校获得政府教育经费的主要依据是在校学生数和学校类型。这一方式并没有引入绩效的因子，无法激励高等学校追求效率，责任观念也并不明确。绩效拨款始于美国，是政府部门将拨款建立在可衡量的绩效基础上，即“干多少事、拨多少钱”。绩效拨款机制作为当前世界高等教育拨款方式的一个发展趋势，受到许多国家的大学利益相关者的欢迎。目前，我国政府财政对高等院校投入实行绩效拨款的趋势也正在逐步推进。绩效拨款的关键是确定高等院校资金使用的绩效。绩效审计评价可以给绩效拨款提供有关数据，为政府的拨款决策提供依据，使教育资源流向效益最好的学校，从而也促进了高等院校提高财政资金绩效的积极性。

8.3　我国高等院校财政科技专项资金的现状与问题

8.3.1　我国高等院校财务预算的现状分析

不管是政府审计还是高校的内部审计，都主要关注高校的财政支出行为是否符合现行的财务政策和财务制度，而对于高校的投入产出绩效问题很少涉及①。

8.3.1.1 预算管理体制

高等院校预算管理体制是高等院校财务管理体制的核心，是财务管理体制的主导环节，在资源配置中发挥着主导作用。我国《高等学校财务管理制度》规定：高等学校实行“统一领导、集中管理”的财务管理体制；规模较大的学校实行“统一领导、分级管理”的财务管理体制。与此相对应，我国高等院校预算管理体制大致有三种：一是学校统一领导，集中管理，院系基本没有预算自主权；二是学校统一领导，集中与分组管理相结合，院系享有较大预算自主权；三是学校统一领导，分级管理，院系享有完全预算自主权。

8.3.1.2 预算管理模式

从机构设置方面来看，目前只有半数高等院校设有专门的预算委员会或财经委员会进行预算论证，近一半高等院校未设置专门的预算编制机构，由学校财务部门编制，收支预算编制缺乏量化分析和科学论证；从编制方法来看，大部分高等院校没有运用“零基预算法”，仍采用传统的、相对落后的“增量预算法”，即在预算编制中参考以前年度预算执行情况，以上年度收支为基础，根据预算年度事业发展计划和任务大小，以及当年收支增减因素来确定年度预算。这种预算编制方法打压了各部门创收节支的积极性，从源头上抑制了预算管理机制发挥其对收支控制机制指引方向的作用，影响高等院校各项事业的均衡发展。

8.3.1.3 预算管理控制

我国高等院校一般都建立了预算管理控制制度，财务部门对各单位实行

---

① 例如，在广东省 2013 年度省级预算执行和其他财政收支的审计工作报告中，仅涉及对 20 所省属高校在 2011 年至 2013 年省属高等院校合作办学和大学生奖助进行审计调查。该调查所发现的 4 个问题为：“有 16 所高校的 249 个成教校外教学点未经批准备案”“有 11 所高校的 172 个成教教学点合作方分成收入 9762 万元未按收支两条线规定上缴”“有 4 所高校未及时催缴合作方欠费 1783. 5 万元”“有 7 所高校的 1906. 8 万元奖助学经费超范围用于学生活动、学生处办公经费等方面”。这 4 个问题都是财政支出合规性方面的问题，没有提及绩效评价问题。

预算指标总额包干，即控制各单位经费总额。但从预算执行过程来看，高等院校基本没有建立相应的跟踪、分析和评价制度，也很少对各单位预算资金的使用效益进行正确、完整的评价。

8.3.1.4　预算管理考核

预算管理考核是对预算执行效果的评价过程，是高等院校对预算执行人实行的一种有效的激励和约束形式。大部分高等院校在预算管理方面只注重预算的编制和执行，对预算下达后的执行情况和进度缺乏监督；他们往往只关注预算的投入与分配，往往预算执行后就不闻不问，不管资金是否落到实处，资金是否挪作他用，资金是否有浪费低效的现象。由此，形成了高等院校缺乏成本意识和效率意识，存在着预算管理和绩效管理相脱节的现象。

8.3.2　我国高等院校财务预算存在的问题

目前高校科研专项资金管理特别是绩效考核评价还处在探索阶段，不可避免的存有着重投入、轻管理，重表面、轻效益，重微观、轻宏观的问题，高校往往重视科研经费的申报，不严格按照批复的预算范围执行，使用目标不明确，缺少对项目预算执行的追踪问效和绩效考评体系，造成了专项科研经费所体现的效益不能很好鉴别。我们通过调研发现，在预算支出绩效考评的实践中，许多高校进行绩效考评仅仅是为了应付上级检查。检查的目标是什么，有关管理部门就将绩效考评的目标定为什么，以至于绩效考评变成“为了考评而考评”。因此，由于绩效目标的不明确及绩效考评缺乏计划性，绩效考评往往流于形式。还有许多高校认为绩效考评的最终目的在于防止腐败、节约财政资金，将绩效考评的结果与工作目的相混同。其实，防腐、节约资金仅仅是其中一环，绩效评价的最终目标应当是提高教育的产出、提升教育的质量，也就是提高财政支出的经济性、效率性与效果性。

8.3.2.1　预算管理认识不够，观念淡薄

高等院校财务预算编制通常是在上一个年度结束前，由下属各级部门向学校财务部门申报下一个年度本部门的预算，由财务部门汇总并核定预算的

金额，报到校长办公会议、校党委常委会审批。但长期以来，高等院校对预算管理并不重视，关于预算的学习和传播力度不足，内部预算管理机制不完善，部门申报预算的程序不明确，导致很多部门对预算存在误解或认识不足，没有充分地认识到预算的重要性，不能很好地配合财务部门进行预算编制。另外，每年高校通过对科研项目的成功申报，上级财政部门要下拨大量的资金，用于完成科研课题。但是很多高校对于这些科研专项资金的管理、监督不到位，科研专项资金绩效评价观点不明确，项目预算与结算审核严重脱节，甚至出现了部分经费被当成了科研人员福利费的现象，有些科研项目已经完成任务，但因为经费有结余，不即时结题而导致经费的浪费等。不但造成专项资金管理不规范、不科学，使用效益低下，还给腐败行为有漏洞和空子可钻。当前高校对科研专项经费的绩效考核观点比较模糊，评价的标准主要停留在专项资金的配置状况，科研人员在科研工作中的表现，科研的学术成果完成情况等水平上，忽视科研项目绩效考核管理对学校整体发展壮大所起到的重大作用。

8.3.2.2 预算执行缺乏有效的考核与激励机制

在年度预算执行完毕后，大部分高等院校对各部门的经费项目执行情况缺乏必要的考核，教职员工的预算执行情况未与其个人利益相联系，缺乏必要的奖惩措施。预算管理人员默认部门与个人按照预算合理使用经费是应该的，对按照预算合理使用经费的部门和个人缺少必要的激励，不能很好地调动部门和个人合理使用经费的积极性。对违规使用经费的部门和相关责任人，没有进行必要的惩罚，间接地放任其违规使用经费，随意改变预算。在经费使用完毕后，财务部门没有对相关经费的经济效益进行考核，或考核后没有建立相应的奖惩措施，激励机制落后，使考核工作流于形式。比如，科研人员使用科研专项经费会形成很多种成果，一般有科研发明、科研奖项、学术报告、论文、专著、专利等。高校专项预算管理存有涉及多学科、多部门的情况，面对如此复杂的预算管理和经费使用情况，种类丰富的成果，往往采用完成其中一项指标任务，作为统一的绩效衡量标准。用这种简单的单一指标对不同的项目执行效益实行评价，忽略了各学科在教学形式、教学内容及教学方法研究上的不同，以及同一单位不同部门在教学模式、行政管理上的不同职能特点，形成的评价结果不够客观、全面。所以，要准确评定科研专项资金的使用效益，必须对不同科研成果区分对待，采用公正科学的手段实行绩效评价，才能持续提升专项科研经费的使用效益。

8.3.2.3　绩效考核机制不健全

从现状来看，很多高等学校缺少一套科学、健全的基本财政专项经费绩效考评体制，绩效考核目标随机而定，或仅仅被动应付上级部门下达考评目标和要求的检查为目的，不能对学校预算管理执行情况实行完整的反映，更谈不到发挥专项经费考评在高校教学及科研中应有的作用。绩效考评结果并未与单位拨款和职称考核等具体情况挂钩，这就逐步淡化了绩效考评的重要性，从而降低了科研人员参与绩效评价的主动性与积极性。此外绩效评价体系不完善，还会影响高校教学质量，也不利于高校培养尖端科研人才，更不利于国家科学技术水平的发展。

8.4　高等院校财政科技专项资金绩效评价的机制构建

8.4.1　评价的目标定位

高等院校财务预算绩效评价的目标是整个财务预算绩效评价体系的基础，也是评价指标设置的依据。绩效评价目标的界定和系统化，是科学地设置指标体系的前提。高等院校的目标具有多元性和模糊性，但是在大体上，高等院校的职能是一致的。国际主流普遍认同高等院校的职能主要有三个方面：培养人才、科学研究、社会服务，只是各高等院校侧重点不同。所以高等院校财务预算绩效评价的目标是可以在一定程度上界定的。

公共机构的绩效评价目标通常被归为对“3E”的评价，即对经济性、效率性和效果性的评价。高等院校作为非营利组织，属于广义的公共机构，其一般目标与公共机构的绩效评价目标是一致的，只是在具体目标上有其特殊性。因此，可以认为高等院校的一般绩效评价目标是评价高等院校财务预算教育经费使用的经济性、效率性和效果性。

（1）经济性。经济性是指在保证提供的产品（服务）质量合格的前提下以最低的成本取得所需要的人力资源和物力资源，它是从获取资源的角度来说的，主要关注的是投入和整个过程成本的节省程度，只有以较低的成本获得同等质量的资源时才能够实现经济性。对于高等院校财务预算来说，经济性的问题即在所处环境下，高等教育资源的获取是否经济。

（2）效率性。效率性是指投入资源和获得的产出（产品、服务或其他成果）之间的关系，以一定量的资源投入获得最大的产出，或者说以最小的资源投入获得一定量的产出都可以称之为效率性。效率性强调的是产出与投入的比，追求产出投入比的最大化。对于高等院校财务预算来说，效率性就是高等教育资源利用效率，即在一定条件下为取得同等的教育产出，高等教育资源占用和消耗的程度。取得同样教育产出，高等教育资源占用和消耗的越少，效率就越高。

（3）效果性。效果性是指项目、计划或其他活动实现目标的程度，产生的影响和效果。其强调的实际效果与预期目标之间的关系，追求效果的最优化。评价高等院校财务预算的效果性，就是要评价利用财务预算支出进行活动产生的成果或影响及其符合目标的程度。高等院校财务预算支出的效果性可以从不同的方面体现出来，如可以表现为经济效益和社会效益，也可以表现为直接效益和间接效益，还可以表现为近期效益和长期效益，等等。

总的说来，高等院校财务预算绩效评价就是要对高等院校财务预算的经济性、效率性和效果性进行评价。应该指出的是，经济性、效率性和效果性这三者之间，并没有明显的界线，实务中很难把三者完全割裂开来。另外，如果达不到效果，经济学和效率性再高也是毫无意义的。也就是说，不能撇开效果性单独谈经济性或效率性，也不能孤立地评价它们，而需要综合考虑。根据上面的陈述，本章把高等院校财务预算绩效评价分为三个模块——财务预算资金耗费情况、财务预算资金利用效率和财务预算资金产出效益。

8.4.2 评价内容的界定

任何财政支出活动过程都包括财政的投入、财政的支出过程、财政支出的产出和财政支出的效果四个方面的内容。分析高等院校财政支出活动过程，有助于本章界定具体目标。具体说来，高等院校利用财政支出获取一定的资源，然后经过管理、运用产出一定数量和质量的“产品”，并产生一定的效果。

高等院校的“投入”就是高等院校运作所需要的而且可以获得的资源，包括人力、物力和财力资源。根据经济学，投入要素的边际替代率是递减的，即在成本一定的情况下，各要素之间要形成一定的比例才能使产量最大。所以本章不能一味追求成本最低，还要考虑购买资源的支出结构。据此，本章把“投入”的具体目标界定为“以较少的财政性教育经费获取高等院校所需的财力、人力和物力资源”及“经费支出结构合理”。高等院校的投入经过支出过程产出一定量的“产品”。世界高等教育理论界普遍接受的高等院校职能是培养人才、发展科学、社会服务。所以，高等院校财政支出的产品也就是人才、科研、知识咨询和参与合作项目等向社会提供各种服务。财政支出的效果就是产出的成果或影响及其符合目标的程度。高等院校的职能决定了高等院校财政支出的效果性目标。我国将培养人才和发展科学作为高等院校的主要职能。据此，效果性目标重点应放在“培养人才的效果性”和“发展科学的效果性”上。如前所述，高等院校财政支出的过程、一般目标可以用下图 8-1 来表示：

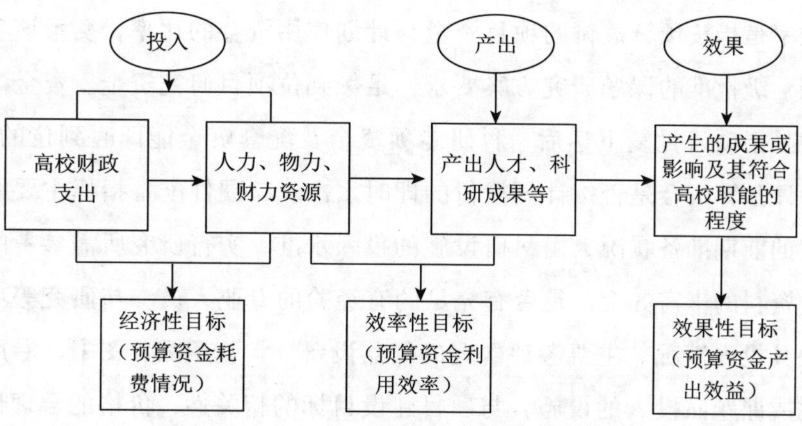

图 8-1　我国高等院校财政支出过程关系

8.5 广东高校财政科技专项资金绩效评价体系的构建

8.5.1 绩效考核指标的构建设想

按照《教育部财政部关于增强中央部门所属高校科研经费管理的意见》"要建立健全鼓励创新、体现实绩的科研绩效管理机制"的要求，对科研专项经费的绩效考核，必须遵循"公开、公平、公正"的原则，由科研、人事、财务、审计等部门相互配合组建科研绩效考评小组，对科研项目执行的质量、进度，科研成果的大小，人才培养的质量和数量，所产生的经济效益和社会效益等，均以科学合理的绩效评估方式实行相对客观量化的估计，同时还要参照科研专家、权威学者的系统考评意见，综合确定量化的科研专项绩效评估指标体系，绩效考核的量化指标从投入、产出、效益三方面，建立三级指标体系实行考评。

8.5.1.1 科研投入主要考核人财物的前期投入情况

一般是通过对科研获得的财务预算数据和科研所需的前期软硬件配备状况，实行逐项分析得到的评价指标。项目预算资金的投入主要通过在上级对申报的项目层层审批下达后，资金到位率和资金下拨的即时水准来反映。资金到位率是指按预算拨付的项目资金与计划使用资金的比率，衡量该项目是否按照上级批准的课题研究方案要求，足额到位项目研究资金。资金下拨的即时性是指项目批复下达后，科研专项资金及配套资金能即时到位的指标，用于考评预算资金是否按计划拨付的即时水准。软硬件配备指标主要衡量项目建设的前期准备状况，由科研设施的投入水准，实行研究所需参考的图书及专业资料的丰富齐全，是否有充足的有经验的专业人员参与研究等项指标来反映其投入情况。主要考评购置的仪器设备，实验用品、图书、专用资料等为完成课题而投入的设施，与项目建设目标的相关性，价格的合理性、专业实验档次的高低以及满足提升教学、科研质量的实用性，配备科研人员结构的合理性。

8.5.1.2 科研产出主要考核预算支出的情况和项目完成的质量

一般是通过预算执行的有效性和科研产出产品的质量和数量等指标来反映科研的绩效。考评预算执行与上级批复下达的经费预算是否相符，财务资料是否完整合法及会计核算是否准确，即会计核算方法与会计制度要求的符合水准，以及财务数据和报销资料的真实水准。考评科研产出的产品，主要包括发表的论文的质量，根据科研课题成效出版的著作及教材的权威性，取得的课题专利权及科研成果获奖的等级等。

8.5.1.3 科研效果主要考核通过项目的科学研究而产生的经济效益和社会效益的影响

这项指标是考核的重点，所占分值最大。①项目的经济效益包括：教学科研经费逐渐增加和课题的深入研究，促进了学科建设壮大和研究水平的提升；通过实验室研究技能的开放及设施资源共享，减少了重复研究的浪费和设施的闲置；科研成果转化为高校带来的经济效益；通过对课题研究的试点实施，扩大了科研实验的影响，提升了本专业学生的实践水平，壮大了科研队伍，对于同类型实验起到的示范和促动作用等。②项目的社会效益包括：通过研究成果的推广应用，对相对应区域经济和社会发展的贡献，主要是走出去对与研究相关或相似的目标实行技术指导和传授经验等；通过多种科研服务的形式，对经济的发展起到促动作用；通过科研成果转化为社会生产力，带动相对应地区的经济持续发展强盛，为社会发展与进步创造更大的效益。

8.5.2 评价指标的设计原则

高等院校的财务管理具备一定的特殊性，也具备一定的复杂性，而这两者都决定了在高等院校的财务绩效评价指标构建的过程中需要考虑到高等院校的个性特征与共性特征，所以应该坚持以下原则：

8.5.2.1 科学性、准确性与可比性原则

构建高等院校财务预算绩效评价指标需要全面、客观地对高等院校的财务管理情况进行评价，以现有的会计数据为基础，并且这些数据需要具备准确性、连续性与可比性。因此，在高等院校的财务预算绩效评价指标构建中需要从理论上注意指标的完整性与科学性。

8.5.2.2 整体性原则

在高等院校财务预算绩效评价指标构建中，财务预算评价体系是一个具备多样性的复杂系统，评价的目标也是多元化的，不能仅仅以单一的某种指标进行评价，所以要具备一个有联系性、有侧重点的指标体系，以及时有效的反映出高等院校的总体绩效。

8.5.2.3 总体性原则

高等院校作为一个与社会高度链接的小社会群体，具备一定的复杂性与综合性，其需要与社会的发展步调相一致，也需要逐渐适应全球经济化的高度发展，必须在整体上将高等院校财务模式进行统一。在高等院校财务预算绩效评价指标构建中也需要考虑到高等院校的整体发展需求，不能单一地从某一方面进行分析，这样不利于对整体的掌握。

8.5.2.4 通用性原则

高等院校的财务预算绩效评价指标的设计需要结合会计核算与统计核算两种。在设计中需要考虑到各项项目的核算设计的联系性与统一性；要注意几种不同的指标在一起时的稳定性与兼容性，保证其在系统中的资源共享性；要可以满足不同需要者的信息需求，使高等院校财务预算绩效评价指标的设计具备扩展性与组合性，在功能上也要保证评价指标的准确性。

8.5.2.5 动态原则

高等院校财务预算绩效评价指标的构建应该充分地考虑到评价的未来发展趋势，并且还需要在排除各类偶然发生的因素的影响下，按照动态完善的

原则不断地进行修订，科学地构建一套合理、客观、科学的高等院校的财务绩效评价指标体系。而在构建中需要不断地弥补设计中可能存在的问题，对其进行完善与修订，以及时、有效地反映出高等院校的总体绩效。

8.5.2.6　定量与定性评价相结合的原则

由于高等院校的财务绩效评价指标的构建内容较为丰富，而对其进行评价的状况也有很多种，例如可以在高等院校财务状况的具体分析指导下，选用定量与定性评价相结合的方式，以较为直接、简单的方式将重要的数据信息与内在的联系进行结合，构建高等院校的财务绩效评价指标体系。

8.5.3　评价指标体系的具体设计

8.5.3.1　评价指标体系的设计

高等院校的财务管理具备一定的特殊性，也具备一定的复杂性，国内各个高等院校的情况不同，采用完全统一的评价指标对其进行评价是不准确的，有失公允，影响评价质量，所以在建立高等院校的财务绩效评价指标的时候，需要考虑到高等院校的个性特征与共性特征，建立一个具备相对性与可比性的多项预算绩效评价指标的系统，再根据不同学校的规模与特性重点抽取评价指标进行评价。本章在高等院校财务绩效评价指标的设计中将其分为以下几个流程：①目标层，即高等院校财务绩效总体评价。②构成层，是构成高等院校的财务绩效评价指标的子系统层，即财务类指标与非财务类指标。③主体层，为指标提供各类支持，其中财务指标包括财务综合实力、财务运行绩效、财务发展潜力。非财务指标包括高等院校规模、人力资源、科研能力、教学能力和对外交流等五个指标类别。④指标层，选取具备代表性与全面性的指标构成进行分析。

8.5.3.2　评价指标体系的内容

（1）财务指标。在财务指标选择中，本章主要考虑三个方面：综合实力、运行绩效和发展潜力（见表 8-1）。

表 8-1 高等院校财务预算绩效评价指标体系

目标层	子系统层	主体层	指标层	指标代码
高等院校财务预算绩效总体评价	财务指标	综合实力	资产总额	A1
			年收入	A2
			资产负债率	A3
			收入负债倍数	A4
			流动比率	A5
			经费自给比率	A6
			现实支付能力	A7
			潜在支付能力	A8
		运行绩效	万元财政投入培养学生数	A9
			万元科研经费产出科研成果数	A10
			公用支出占事业支出比例	A11
			业务费和设备购置费占公用经费比	A12
			自筹收入能力	A13
			固定资产增长比率	A14
			资产收入比率	A15
		发展潜力	净资产增长率	A16
			收入增长率	A17
			现金净额增长率	A18
			自有资金动用比率	A19
			财政投入乘数	A20

综合实力是在国家政策下获得的经费筹集与自身筹集的经费，并以此作为一种证明高等院校实力的综合能力，其可以在一定程度上反映出一所院校的综合财务状况及办学条件。财务运行绩效是指按照资金的投入比例而进行的理论设计，其间，需要对高等院校在财务运行方面的效益、效率，以及成绩等多种产出形式进行综合评定。高等院校财务运行绩效反映的是高等院校合理利用教育资源完成预期目标的一种能力。财务发展潜力反映了高等院校在面对各类财务风险时所需要具备的承受能力，以及各项项目的财务发展运作能力。表 8-1 主要从财务综合实力、财务运行绩效和财务发展潜力三个方面列举了 20 个财务指标。

指标 1：资产总额与年收入两个绝对指标可以粗略说明高等院校的规模以及经济实力。我国高等院校在经济实力上差别很大，经济实力强的高等院校年收入能达到数十亿元，而经济实力弱的高等院校年收入只有几千万元。规模级别不同的高等院校不具有太大的可比性。

指标 2：资产负债率和收入利息倍数分别反映了高等院校的长期偿债能力和短期偿债能力。资产负债率 = 负债/资产，收入利息倍数 = 年收入/年利息。

指标 3：万元财政投入培养学生数 = 平均在校学生数/预算内教育事业费拨款×10000。在校学生包括研究生、本科生、专科生、函授夜大生、来华留学生，不包括各种培训班学生数。由于教育的层次、形式不同，需将各种学生换算成可以比较的标准在校生，即当量学生。该指标反映了预算内教育事业经费的利用效率。该指标值高，表示能用较少的预算内教育事业经费培养出更多的学生，也就表明了经费的利用效率高。

指标 4：万元科研经费产出科研成果数 = 科研成果数/科研经费总额×10000。科研成果数包括发表的论文数、出版的专著数和知识产权授权数。

指标 5：公用支出占事业费支出的比例 = 预算内公用支出/预算内教育事业费支出×100%。预算内教育事业费支出分为个人部分支出和公用部分支出，其中个人部分支出指用于人员经费方面的支出，公用部分支出指用于公务费、业务费、设备购置费、修缮费及其他属于公用性质的经费支出。该指标说明预算内事业性经费的使用情况，反映了预算内事业性经费使用的合理性。我国高等院校预算内经费的个人部分挤占公用部分的现象日益严重，考核此指标可促使高等院校缩减人员费用。

指标 6：业务费、设备购置费占公用经费的比例 = （业务费+设备购置费）/预算内公用支出×100%。业务费是指开展教学、科研活动所发生的各项费用，包括教学日常运行支出、实验实习费等。这些费用与教学、科研活动直接相关，而其他费用如公务费、业务招待费等与教学、科研活动关系不是很密切。设备购置费指为满足高等院校正常运转需要购入的仪器设备、实验器材等。该指标说明预算内公用事业性经费的使用情况，反映了预算内公用事业性经费使用的合理性。该指标值越高，说明高等院校将资金更多地使用在能够产生效益的地方。

指标7：净资产增长率=（当年净资产-上年净资产）/上年净资产，反映了高等院校资产保全与增长的能力。

指标8：收入增长率=（当年收入-上年收入）/上年收入，反映高等院校通过各种渠道吸收资金，增加收入的能力。

指标9：财政投入乘数=教育经费收入/国家财政性教育经费。该指标反映的是财政性教育经费投入后所能带动的全部教育经费的倍数。

（2）非财务指标。相对于财务指标，高等院校的非财务指标更加关键。但因为每所院校的类型和培养目标不同且各有特色，所以，在非财务指标的选取上应更加具有弹性。在非财务指标选择中，本章主要考虑五个方面：院校规模、人力资源、科研能力、教学能力和对外交流（见表8-2）。

表8-2　高等院校财务预算绩效非财务评价指标

目标层	子系统层	主体层	指标层	指标代码
高等院校财务预算绩效总体评价	非财务指标	院校规模	成人在校生人数	A21
			本科生在校人数	A22
			研究生在校人数	A23
			留学生招生数量	A24
			图书馆藏书量	A25
			实验室数量	A26
			校舍总面积	A27
		人力资源	科研机构人员数量	A28
			工勤人员数量	A29
			教辅人员数量	A30
			行政人员数量	A31
			专任教师数量	A32
			教授数量	A33
			硕士学位教师数量	A34
			博士学位教师数量	A35

续表

目标层	子系统层	主体层	指标层	指标代码
高等院校财务预算绩效总体评价	非财务指标	科研能力	科技成果数量	A36
			获奖情况	A37
			发表论文数量	A38
			科研经费	A39
		教学能力	课时数	A40
			教授课时数	A41
			选修课时数	A42
			必修课时数	A43
			学生满意度	A44
			应届毕业生就业率	A45
			获奖情况	A46
		对外交流	学术交流参加人数（国内）	A47
			学术交流参加人数（国外）	A48

8.5.3.3　分析方法

（1）比率分析法。比率分析法是将企业同一时期的财务报表中的相关项目进行对比，得出一系列财务比率，以此来揭示企业财务状况的分析方法。财务比率主要包括构成比率、效率比率和相关比率三大类。构成比率，又称结构比率，是反映某项经济指标的各个组成部分与总体之间关系的比率，如专任教师占教职工数量之比、行政人员占教职工数量之比，分别反映了学校教职工中专任教师和行政人员所占的比例。如果专任教师占比低，行政人员占比高，可以说明学校人力资源管理效率低。效率比率，是反映某项经济活动投入与产出之间关系的比率，如万元财政投入培养学生数、万元科研经费产出科研成果数，这两个比率分别反映了学校在教学和科研两个方面的效率。万元财政培养学生数越多则教学效率越高，万元科研经费产出科研成果数越多则科研效率越高。相关比率，是反映经济活动中某两个或两个以上相关项目比值的比率。如资产负债率、生师比。利用相关比率可以考察各项经济活动之间的相互关系。

（2）比较分析法。比较分析法是将同一单位不同时期的状况或不同单位之间的状况进行比较，从而揭示单位财务、经营状况存在的差异的分析方法。比较分析法可分为纵向分析法和横向分析法两种。纵向分析法，又称趋势分析法，是将同一单位连续若干期的状况进行比较，确定其增减变动的方向、数额和幅度，以此来揭示单位财务、经营状况的发展趋势的分析方法。横向比较分析法，是将本单位的财务经营状况与其他单位的同期状况进行比较，确定其存在的差异及其程度，以此来揭示单位财务经营状况中所存在的问题的分析方法。利用上述两种分析法，本章根据高等院校的特点及需要设计出很多有用的比率并进行比较，具体如表 8-3 所示：

表 8-3　高等院校财务预算绩效指标分析方法

目标层	准则层	指标层
经济性	办学条件（人力）	生师比、专任教师占全体教职工比、具有高级职务教师占专任教师比、具有研究生学位以上教师占专任教师比
	办学条件（物力）	生均教学行政用房、生均教学科研设备
效率性	运行效率（人力）	专任教师人均课时数、教授人均课时数
	运行效率（物力）	生均图书借阅率、房屋利用率、仪器设备使用率
效果性	培养人才的效果	应届毕业生就业深造率、学生满意度（定性）、用人单位满意度（定性）
	发展科学的效果	教师人均发表论文数
	社会服务	科研投资收益率

上述指标分别从经济性、效率性和效果性来考察高等院校在办学条件、运行效率、培养人才、发展科学和社会服务等方面的财务预算绩效。

第一，经济性。经济性是指在保证提供的产品（服务）质量合规的前提下以最低的成本取得所需要的人力和物力资源。表 8-3 主要从人力、物力两个方面列举了 6 个相关指标。

指标 1：生师比。生师比主要是从数量上反映高等院校在人力资源方面的投入。生师比 = 学生数/专任教师数，生师比是一个适量性指标，不能过高也不宜过低。过高影响教育的质量，太低又降低了高等院校教师资源的利用率。

指标 2：专任教师占全体教职工比。专任教师占全体教职工比 = 专任教师数/全体教职工数×100%。专任教师指专门从事教学、科研工作的教师。全体教职工包括专任教师、教辅人员、管理和后勤服务人员。该指标反映了高等院校人力资源的结构情况，从质量上反映高等院校在人力资源方面的投入。

指标 3：具有高级职务教师占专任教师比＝具有高级职务教师数/专任教师数。

指标 4：具有研究生学位以上教师占专任教师比＝具有研究生学位以上教师数/专任教师数。该指标反映了专任教师中学历的结构，同时也是专任教师质量的一个体现。

指标 5：生均教学行政用房＝教学行政用房总面积/学生数。该指标越高，表明高等院校人均占用的房屋面积越多。该指标不宜过高，过高表明存在浪费的现象。

指标 6：生均教学科研设备＝教学科研设备总值/学生数。该指标反映高等院校在教学教研设备上对学生的投入。该指标值越大，表明高等院校在设备方面对学生的投入越高。

第二，效率性。对于高等院校财政支出来说，效率性就是高等教育资源利用效率。表 8-3 主要从人力和物力两个方面列举了高等院校在管理与运行效率上的 5 个相关指标。

指标 1：专任教师人均课时数＝总课时/专任教师数。该指标反映了高等院校对专任教师宝贵资源的利用效率。该指标在一定范围内越高，表明高等院校在人力资源方面的利用率越高。但该指标过高会导致高等院校专任教师负担过重。

指标 2：教授人均课时数＝教授上课总课时/教授人数。一方面，该指标反映高等院校教授在教学方面的参与程度；另一方面，也反映了高等院校对教授这一稀缺资源的利用效率。

指标 3：生均图书借阅率＝平均图书借出册数/平均在校学生数＝生均纸质图书册数×图书借阅率。生均纸质图书册数越高，表明有越丰富的图书供学生选择。

指标 4：房屋利用率＝投入使用的房屋建筑面积/可使用的房屋建筑面积

存量。房屋包括教学楼、行政办公楼、宿舍楼、图书馆、实验室等。我国高等院校的基建情况是：一方面，高等院校利用国家的基建拨款极力扩张其建设规模，高等院校的豪华建筑物拔地而起；另一方面，在我国高等院校中，由于建设规模过大造成闲置率较高，大量教师、实验室、图书馆资源等使用效率明显偏低。

指标 5：仪器设备使用率=实际使用小时数/充分使用时可使用数。设备重复购买、使用效率低下是我国教育资源浪费的表现之一。该指标反映了高等院校仪器设备的利用效率，也从另一方面反映了设备购置费的利用效率。该指标值高，表明高等院校一起设备的利用效率高。

第三，效果性。效益性是指项目、计划或其他活动实现目标的程度，产生的影响和效果。效益性指标共 5 个。

指标 1：毕业生就业深造率=（毕业生总人数-未就业毕业生人数）/毕业生总人数×100%。该指标反映了高等院校培养的学生质量满足社会需求的程度。指标值越高，表明高等院校培养的学生质量越高。

指标 2：学生满意度。这是一个定性指标，从教育的直接受益者——学生的角度来评价高等院校。由学生通过网上评教系统给任课教师逐项打分评价教学质量。该指标共分为优、良、中、差 4 个档次，档次越高，表明学生对高等院校学习的满意度越高。

指标 3：教师人均发表论文数=发表论文数/专任教师数。该指标反映了高等院校教师进行学术研究的能力，指标值越高，表明高等院校教师学术研究能力越强。

指标 4：科研投资收益率=技术转让合同金额/科研经费总额。技术是研究成果之一。技术通过转让转化为生产力。该指标反映了科研经费投入给高等院校带来的经济效益，反映了科研经费的使用效果。该指标值越高，表明科研成果转化为生产力的能力越高，科研经费的产出效益也就越高。

指标 5：用人单位满意度。这也是一个定性指标，从“客户”的角度来对高等院校的教育进行评价，具有很强的综合性。该指标分为非常满意、满意、基本满意、不满意 4 个档次，档次越高，表明高等院校培养出的学生素质越高，越符合市场的需求。

8.6　广东高校财政科技专项资金绩效评价体系的实践

8.6.1　专项资金绩效评价的方法

评价方法是绩效评价的具体手段，为了实现评价目标，应选择恰当的评价方法。目前绩效评价方法主要有成本效益分析法、比较分析法、因素分析法、因子分析法、最低成本法、公众评判法等，但在实践中最常用的方法为比较分析法、因素分析法和因子分析法。

8.6.1.1　比较分析法

它是指通过对绩效目标与实施效果、历史与当期情况、不同部门和地区同类支出的比较，综合分析绩效目标实现程度。在使用比较分析法进行评价时，可采用基于同类高等院校平均水平的横向比较方法和基于自身历史平均水平的纵向比较方法，利用横向分析法分析评价结果，可以给高等院校定位，明确工作重点；纵向比较法又称为趋势分析法，即通过对比两期或连续几期相同指标，确定其增减变动方向、数额和幅度，用以反映高等院校的发展趋势及各方面工作的进展状况。利用纵向比较分析法分析评价结果，可以找到引起变化的主要原因、变动的性质，预测未来的发展前景，进而制定改进措施，达到提高经费的支出效率和使用效益的目的。

8.6.1.2　因素分析法

它是指通过综合分析影响绩效目标实现、实施效果的内外因素，评价绩效目标实现程度。其出发点是，当有若干因素对分析指标产生影响作用时，假定其他各因素不变，从而确定每一因素单独变化所产生的影响，通过绩效评价，可清晰地看出各因素对绩效水平的影响程度和方向（增加或减少），有利于高等院校发现自身发展的薄弱环节，为领导者制定合理的发展目标和规划提供决策依据。

8.6.1.3　因子分析法

因子分析的目的就在于使用较少的因子对所需要的数据进行具体的连接

与描述，也就是将几个关系较为密切的变量因子统一归为一类，每一类统称为一个因子（之所以将其称之为因子，就是因为其不具备具体的形态，属于在试验中被预测得知），少量的因子反应的信息量则是巨大的。因子分析法是一种降维的思维模式，将复杂的事情简单化，使其可以综合变危机中数量较少的随机变量因子，用较少的因子去描述更多的指标。这种方法可以有效地实现高等院校财务预算绩效评价体系的降维，有效的分析其中存在的主要矛盾点，是一种较为有效的评价方法。

（1）因子分析法的基本思想。高等院校的绩效评价财务预算指标是包括财务指标和非财务指标中的各项指标，这些指标也是从高等院校的不同角度进行衡量和分析其财务绩效的运行状况看，所以也就包含了各种不同的指标变量。但是，在这些指标变量中却很难有一个可以得到综合的结论，所以需要对其进行综合分析。就像在某个指标中，其与其他指标就含有很强的关联性，这也说明这些指标所反映的信息具备重叠性。所以，需要运用加权平均法进行绩效模式的运作，这样不仅可以减少信息的重复存储，还可以加快财务绩效状况反应的正确性，而因子分析法正是可以在此基础上保留原始的信息量，使其数据进行合理规划。

（2）因子分析法的基本步骤。

步骤一：对需要进行分析的指标的变量因子进行相关性的检验；

步骤二：运用方差，提炼具备代表性的公因子；通过因子的系统整合，寻找每个整合后的因子所需要描述的评价指标变量；

步骤三：运用回归模型，确定因子得分系数矩阵，并以此求出各因子的得分；

步骤四：综合因子，运用各因子在总方差中的比重得出综合评价值。

从因子分析法的基本思想和步骤可以分析得知，因子分析法通过对高等院校的财务绩效评价指标变量进行有效降维，可以集中地反映出高等院校的财政科技专项资金管理的绩效变量，并直接对其进行分类与评价，并明确其中可能存在影响指标的因素。与此同时，因子分析法是一种可以客观进行绩效水平评价的方式。所以，在本章中采用的因子分析法可以进行高等院校的财务绩效评价指标的分类与评价，并提出有利于高等院校财务预算改革的建议与措施，解决高等院校在财务管理中出现的问题，进一步提高高等院校的财务预算管理能力。

(3) 因子分析法的基本模型。

原始变量：$A1$、$A2$、$A3$、……、Am

因子：$Y1$、$Y2$、$Y3$、……、Yn

各因子与原始变量之间的关系表示为：

$$A1=G11Y1+G12Y2+G13Y3+\cdots\cdots+GlnYn+C1$$

$$A2=G21Y1+G22Y2+G23Y3+\cdots\cdots+G2nYn+C2$$

$$A3=G31Y1+G32Y2+G33Y3+\cdots\cdots+G3nYn+C3$$

……

$$Am=Gm1Y1+Gm2Y2+Gm3Y3+\cdots\cdots+GmnYn+Cm$$

矩阵形式为：$A=GY+C$

其中，A 为原始变量向量，G 为公因子负荷系数矩阵，Y 为公因子向量，C 为残差向量。

8.6.2　评价信息的采集与处理

8.6.2.1　评价信息的采集

(1) 广东省高等院校的基本情况。广东省是我国高等院校存在较多的省份，特别是在广州、深圳、珠海等地，是广东省的教育、文化中心。随着教育事业的不断发展，高等院校的招生规模也在不断扩大。截至 2018 年 7 月底，广东省拥有各类高等院校 125 所（不含独立学院），其中普通高等院校 88 所，军事院校 1 所，民办高等院校 36 所。广东省在计划经济体制下形成了新的财务管理体制，更加便于财政权力的集中，但是却没有合理的厘清关系，造成了其中问题的恶性循环。人数的快速增加也会间接造成广东省高等院校的财务紧张，以至于形成不同程度的债务风险。而高等院校按照国家规定，可以依法获得一些项目收入，但是高等院校的事也依旧不能弥补支出的消耗，这部分的消耗就需要依靠国家的财政拨款进行保证。高等院校随着规模的逐渐扩大，就需要承担一定的偿债风险，这也就造成了广东省高等院校的投资风险的产生。

（2）数据的选取。高等院校制定财务预算管理机制体系的绩效评定的使用的信息资料一般包括管理方法的改进、管理工作的调整、绩效评价结果、社会效果、实际取得的工作结果、财务报表、发展规划、高等院校工作服务与方案等。需要做到的就是相关数据的准确选取，使其可以准确地反映出需要反映的问题。由于广东省是一个教育大省，但是其中依旧存在着很多问题。而广东省高等院校存在的问题就是全国其他高等院校的一个集中写照。所以，本章在研究高等院校时也正是将广东省作为一个实验的样本，具备一定的科学性与可行性。本章在样本中选择广东省 6 家高等院校，具体包括广东财经大学、暨南大学、岭南师范学院、汕头大学、中山大学南方学院和广州市铁路职业技术学院。本章着重强调其数据之间的可比性与时效性，其间，各类数据的选择均来自广东省教育厅统计的相关资料与实地调研数据。

8.6.2.2 指标标准化处理

由于高等院校制定财务预算管理机制体系中的各个指标的统计单位不一样，所以直接进行评价就没有任何的可比性，因此需要将收集到的各类计量单位进行统一的换算，换算成为具备可比的标准化指标值。这个过程就被称之为数据的标准化或者无量纲化。一般采用以下公式进行计算：

$$GB=(Y-Y1)/SD \tag{1}$$

其中，GB 是标准指标值；Y 评价公共产品绩效的原始指标值；Y1 同一类原始指标的平均值；SD 是指标准差。

考虑到以上的计算过程中可能会出现负数，例如 $Y<Y1$，这样会增加难度，所以在上述标准指标值的基础上进行进一步的计算，将 GB 变为：

$$GB=50\pm10\times GB$$

当 Y 为正指标的时候取“+”，当 Y 为逆指标的时候取“-”，使数值可以保持在 0~100 之内，不管 Y 是正指标还是逆指标，GB 的计量分值越高就标志其所代表的高等院校制定财务预算管理机制体系的绩效越高，反之越低。

8.6.3　因子分析过程及结果

8.6.3.1　因子分子过程

首先，高等院校制定财务预算管理机制体系在进行因子分析的时候，需要将收集到的各类原有变量因子进行分析，选取适合的因子进行提取、评价。而在本次验证过程中，是从多因素变量间相关关系的数据阵看，其很大一部分都大于 0.5，这些变量之间都存在着一定共同度，并且验证的检验的统计量结果为 0.632，巴特利特球形检验值显著，这也可以说明广东省 6 所高校适合进行因子分析。

其次，在对这些数据进行处理的过程中，可以运用 SPSS14.0 统计软件进行因子分析，进行因子分析后的具体表现为以下各表：变量共同度表（见表 8-4）、总方差解释表（见表 8-5）、因子载荷矩阵（见表 8-6）、旋转后的因子载荷矩阵（见表 8-7），结果具体如下：

表 8-4　变量共同度

财务指标	A1	A2	A3	A4	A5	A6	A7	A8	A9	A10	A11	A12
Initial	1	1	1	1	1	1	1	1	1	1	1	1
Extractuon	0. 811	0. 839	0. 712	0. 715	0. 826	0. 768	0. 645	0. 579	0. 958	0. 663	0. 776	0. 788
财务指标	A13	A14	A15	A16	A17	A18	A19	A20	A21	A22	A23	A24
Initial	1	1	1	1	1	1	1	1	1	1	1	1
Extractuon	0. 621	0. 632	0. 731	0. 663	0. 751	0. 608	0. 853	0. 813	0. 786	0. 885	0. 646	0. 633
财务指标	A25	A26	A27	A28	A29	A30	A31	A32	A33	A34	A35	A36
Initial	1	1	1	1	1	1	1	1	1	1	1	1
Extractuon	0. 681	0. 824	0. 626	0. 858	0. 735	0. 725	0. 604	0. 763	0. 625	0. 646	0. 624	0. 643
财务指标	A37	A38	A39	A40	A41	A42	A43	A44	A45	A46	A47	A48
Initial	1	1	1	1	1	1	1	1	1	1	1	1
Extractuon	0. 637	0. 864	0. 654	0. 867	0. 734	0. 764	0. 656	0. 734	0. 664	0. 675	0. 689	0. 657

表 8-5　因子解释原有变量总方差解释

指标元件	初始数据	特征值的方差（%）	累积值（%）	指标元件	初始数据	特征值的方差（%）	累积值（%）
1	3. 8519	36. 3144	36. 3144	25	0. 0006	0. 0057	96. 5429
2	1. 6642	15. 6895	52. 0038	26	0. 0006	0. 0057	96. 5485
3	1. 5974	15. 0597	67. 0636	27	0. 0005	0. 0047	96. 5533
4	1. 6474	15. 5311	82. 5947	28	0. 0005	0. 0047	96. 5580
5	0. 5789	5. 4577	88. 0523	29	0. 0004	0. 0038	96. 5617
6	0. 2345	2. 2108	90. 2631	30	0. 0004	0. 0038	96. 5655
7	0. 2744	2. 5869	92. 8501	31	0. 0004	0. 0038	96. 5693
8	0. 1985	1. 8714	94. 7215	32	0. 0003	0. 0028	96. 5721
9	0. 0245	0. 2310	94. 9524	33	0. 0003	0. 0028	96. 5749
10	0. 0755	0. 7118	95. 6642	34	0. 0001	0. 0009	96. 5759
11	0. 0245	0. 2310	95. 8952	35	0. 0245	0. 2310	96. 8069
12	0. 0111	0. 1046	95. 9998	36	0. 0111	0. 1046	96. 9115
13	0. 0142	0. 1339	96. 1337	37	0. 0142	0. 1339	97. 0454
14	0. 0088	0. 0830	96. 2167	38	0. 0088	0. 0830	97. 1283
15	0. 0077	0. 0726	96. 2893	39	0. 0077	0. 0726	97. 2009
16	0. 0062	0. 0585	96. 3477	40	0. 0058	0. 0547	97. 2556
17	0. 0048	0. 0453	96. 3930	41	0. 0051	0. 0481	97. 3037
18	0. 0037	0. 0349	96. 4279	42	0. 0084	0. 0792	97. 3829
19	0. 0028	0. 0264	96. 4543	43	0. 0241	0. 2272	97. 6101
20	0. 0023	0. 0217	96. 4759	44	0. 0147	0. 1386	97. 7487
21	0. 0018	0. 0170	96. 4929	45	0. 0458	0. 4318	98. 1805
22	0. 0016	0. 0151	96. 5080	46	0. 0234	0. 2206	98. 4011
23	0. 0023	0. 0217	96. 5297	47	0. 1542	1. 4537	99. 8548
24	0. 0008	0. 0075	96. 5372	48	0. 0154	0. 1452	100. 0000

表 8-6　因子载荷矩阵

财务指标	A1	A2	A3	A4	A5	A6	A7	A8	A9	A10	A11	A12
1	0.732	0.682	-0.269	0.814	0.814	0.783	0.759	-0.657	0.625	-0.488	0.254	0.658
2	-0.485	-0.589	0.354	0.055	-0.700	0.247	0.269	0.358	0.254	-0.255	0.874	0.541
3	-0.186	0.269	0.847	0.369	0.425	0.005	-0.025	0.541	0.225	0.658	0.058	0.058
4	0.384	0.244	0.007	-0.254	0.039	-0.247	0.0068	0.058	-0.588	-0.254	0.266	0.544
财务指标	A13	A14	A15	A16	A17	A18	A19	A20	A21	A22	A23	A24
1	0.658	0.554	-0.254	0.754	0.365	0.744	0.732	-0.257	0.598	-0.478	0.268	0.524
2	-0.458	-0.652	0.265	0.115	-0.587	00158	0.415	0.368	0.226	-0.365	0.874	0.625
3	-0.748	0.254	0.752	0.268	0.425	0.005	-0.065	0.287	0.198	0.559	0.074	0.158
4	0.256	0.236	0.004	-0.140	0.126	-0.544	0.074	0.155	-0.587	-0.254	0.290	0.471
财务指标	A25	A26	A27	A28	A29	A30	A31	A32	A33	A34	A35	A36
1	0.684	0.522	-0.247	0.574	0.223	0.744	0.574	-0.571	0.654	-0.333	0.564	-0.287
2	-0.425	-0.485	0.263	0.126	-0.547	0.415	0.366	0.364	0.325	-0.158	-0.457	0.252
3	-0.047	0.226	0.752	0.262	0.421	0.006	-0.254	0.265	0.147	0.625	0.264	0.458
4	0.365	0.336	0.006	-0.125	0.116	-0.266	0.054	0.126	-0.365	-0.126	0.389	0.154
财务指标	A37	A38	A39	A40	A41	A42	A43	A44	A45	A46	A47	A48
1	0.684	0.522	-0.247	0.574	0.223	0.744	0.574	-0.571	0.654	-0.333	0.789	0.734
2	-0.425	-0.485	0.263	0.126	-0.547	0.415	0.366	0.364	0.325	-0.158	0.147	0.464
3	-0.047	0.226	0.752	0.262	0.421	0.006	-0.254	0.265	0.147	0.625	0.019	-0.121
4	0.365	0.336	0.006	-0.125	0.116	-0.266	0.054	0.126	-0.365	-0.126	-0.564	0.128

根据旋转后的因子载荷矩阵可以得到以下几个综合因子模型，其中各因子是原始指标的线性组合，表明的是提出的各因子与原始指标之间的线性关系。因子模型如下所示：

F1 = 0.724A1+0.286A2+0.228A3+0.855A4+0.812A5+0.583A6+0.497A7-0.495A8-0.425A9+0.488Al0-0.254A11+0.458A12+0.432Al3+0.514A14-

0. 254A15+0. 664A16+0. 345A17+0. 517Al8+0. 532A19+0. 216A20+0. 578A21+0. 758A22+0. 648A23+0. 524A24+0. 584A25+0. 522A26+0. 545A27+0. 504A28-0. 223A29+0. 717A30+0. 704A31+0. 701A32-0. 474A33-0. 333A34+0. 156A35+0. 314A36+0. 484A37+0. 422A38-0. 247A39+0. 474A40+0. 223A41+0. 344A42+0. 474A43-0. 471A44+0. 454A45-0. 333A46+0. 234A47+0. 453A48

F2=0. 264A1+0. 464A2+0. 364A3-0. 018A4+0. 405A5-0. 245A6+0. 247A7+0. 358A8+0. 754A9+0. 655Al0-0. 854A11+0. 541A12+0. 458Al3+0. 552A14+0. 545A15+0. 115A16+0. 485A17+0. 168Al8+0. 416A19-0. 348A20-0. 224A21-0. 346A22+0. 464A23+0. 426A24+0. 423A25+0. 483A26+0. 243A27-0. 124A28-0. 343A29-0. 413A30+0. 316A31+0. 316A32-0. 323A33-0. 138A34+0. 145A35+0. 474A36-0. 425A37-0. 485A38+0. 263A39+0. 126A40-0. 447A41+0. 415A42+0. 366A43+0. 364A44+0. 325A45-0. 158A46+0. 265A47-0. 151A48

F3=0. 091A1+0. 284A2+0. 425A3+0. 357A4-0. 225A5+0. 005A6+0. 025A7+0. 441A8+0. 225A9+0. 458Al0+0. 058A11+0. 058A12+0. 348Al3+0. 264A14+0. 162A15+0. 248A16-0. 626A17+0. 506Al8+0. 646A19+0. 285A20+0. 178A21-0. 507A22+0. 054A23+0. 158A24+0. 045A25+0. 224A26+0. 482A27+0. 242A28-0. 421A29+0. 004A30+0. 274A31+0. 247A32+0. 147A33+0. 427A34+0. 258A35-0. 477A36-0. 047A37+0. 226A38+0. 752A39+0. 262A40+0. 521A41+0. 006A42-0. 254A43+0. 265A44+0. 147A45+0. 425A46+0. 457A47+0. 224A48

F4=-0. 323A1-0. 214A2+0. 028A3+0. 256A4+0. 037A5-0. 245A6-0. 005A7+0. 058A8+0. 388A9-0. 254Al0+0. 217A11-0. 417A12-0. 254Al3-0. 234A14+0. 004A15-0. 140A16+0. 124A17-0. 417Al8-0. 054A19+0. 116A20+0. 485A21-0. 254A22+0. 270A23+0. 451A24-0. 345A25-0. 334A26+0. 004A27+0. 675A28+0. 114A29+0. 217A30+0. 074A31+0. 124A32+0. 347A33+0. 124A34-0. 134A35+0. 547A36+0. 565A37+0. 636A38+0. 006A39-0. 525A40+0. 116A41-0. 266A42+0. 054A43+0. 126A44-0. 365A45-0. 126A46+0. 578A47+0. 635A48

表 8-7　旋转后的因子载荷矩阵

财务指标	A1	A2	A3	A4	A5	A6	A7	A8	A9	A10	A11	A12
1	0. 724	0. 286	0. 228	0. 855	0. 812	0. 583	0. 497	−0. 495	−0. 425	0. 488	−0. 254	0. 458
2	0. 264	0. 464	0. 364	−0. 018	0. 405	−0. 245	0. 247	0. 358	0. 754	0. 655	0. 854	0. 541
3	0. 091	0. 284	0. 425	0. 357	−0. 225	0. 005	0. 025	0. 441	0. 225	0. 458	0. 058	0. 058
4	−0. 323	−0. 214	0. 028	0. 256	0. 037	−0. 245	−0. 005	0. 058	0. 588	−0. 254	0. 217	−0. 517
财务指标	**A13**	**A14**	**A15**	**A16**	**A17**	**A18**	**A19**	**A20**	**A21**	**A22**	**A23**	**A24**
1	0. 432	0. 514	−0. 254	0. 664	0. 345	0. 517	0. 532	0. 216	0. 578	0. 758	0. 648	0. 524
2	0. 458	0. 552	0. 545	0. 115	0. 485	0. 168	0. 416	−0. 348	−0. 224	−0. 346	0. 464	0. 426
3	0. 348	0. 264	0. 162	0. 248	−0. 626	0. 506	0. 646	0. 285	0. 178	−0. 507	0. 054	0. 158
4	−0. 254	−0. 234	0. 004	−0. 140	0. 124	−0. 417	−0. 054	0. 116	0. 485	−0. 254	0. 270	0. 451
财务指标	**A25**	**A26**	**A27**	**A28**	**A29**	**A30**	**A31**	**A32**	**A33**	**A34**	**A35**	**A36**
1	0. 584	0. 522	0. 545	0. 504	−0. 223	0. 717	0. 704	0. 701	−0. 474	−0. 333	0. 156	0. 314
2	0. 423	0. 483	0. 243	−0. 124	0. 343	−0. 413	0. 316	0. 316	−0. 323	−0. 138	0. 145	0. 474
3	0. 045	0. 224	0. 482	0. 242	−0. 421	0. 004	0. 274	0. 247	0. 147	0. 427	0. 258	−0. 477
4	−0. 345	−0. 334	0. 004	0. 675	0. 114	0. 217	0. 074	0. 124	0. 347	0. 124	−0. 134	0. 547
财务指标	**A37**	**A38**	**A39**	**A40**	**A41**	**A42**	**A43**	**A44**	**A45**	**A46**	**A47**	**A48**
1	0. 484	0. 422	−0. 247	0. 474	0. 223	0. 344	0. 474	−0. 471	0. 454	−0. 333	0. 234	0. 453
2	−0. 425	−0. 485	0. 263	0. 126	−0. 447	0. 415	0. 366	0. 364	0. 325	−0. 158	0. 265	−0. 151
3	−0. 047	0. 226	0. 752	0. 262	0. 521	0. 006	−0. 254	0. 265	0. 147	0. 425	0. 457	0. 224
4	0. 565	0. 636	0. 006	−0. 525	0. 116	−0. 266	0. 054	0. 126	−0. 365	−0. 126	0. 578	0. 635

8. 6. 3. 2　因子解释

通过与以上四个因子模型进行综合解释，这也可以根据旋转后的因子载荷矩阵中分析得知：第一公因子 F1 在绩效评价指标经费自给比率 A6，收入负债倍数 A4，潜在支付能力 A8，现实支付能力 A7，流动比率 A5，资产负债率 A3，净资产增长率 A16，本专科生在校生数 A22，研究生在校生数 A23，留学生招生数 A24，图书馆藏书量 A25，实验室数量 A26，校舍总面积 A27，行政人员数 A31，教辅人员数 A30，专任教师数 A32 上具有大的载荷，因此可称为综合实力因子。F1 对全部初始变量的方差贡献率为 39.688%。第二公因子 F2 在绩效评价指标自筹收入能力 A13，固定资产增长比率 A14，万元财政投入培养学生数 A9，万元科研经费产出科研成果数 A10，资产收入比率 A15，业务费和设备购置费占公用经费比 A12 上具有较大的载荷，因此可称为运行绩效因子。F2 对全部初始变量的方差贡献为 22.354%。第三公因子 F3 在现金净额增长率 A18，自有资金动用比率 A19，科研经费 A39，教授课时数 A41 上具有较大的载荷，因此可称为成长性因子。F3 对全部初始变量的方差贡献率为 16.257%。第四公因子 F4 在指标科研机构人员数 A28，科技成果数 A36，获奖情况 A37，发表论文数 A38，课题数 A40，学术交流参加人数（国内）A47，学术交流参加人数（国外）A48 上具有较好的解释性，因此可称为社会效益因子，F4 对全部初始变量的方差贡献率为 8.697%（见表 8-8）。

表 8-8 因子解释

因子	F1	F2	F3	F4
被解释指标	A3，A4，A5，A6，A7，A8，A13，A16，A22，A23，A24，A24，A25，A26，A27，A30，A31，A32	A9，A10，A12，A13，A14，A15	A18，A19，A39，A41	A28，A36，A37，A38，A40，A47，A48
因子命名	综合实力因子	运行绩效因子	成长性因子	社会效益因子

由样本可以分析得知，在广东省高等院校的相关数据资料上，可以影响其财务绩效的主要因素有：现金净额增长情况、偿债能力、净资产增长能力、支付能力、收入支出、自筹能力以及收益能力。以上数据的关联性通过表8-9也可以得知，并证明以上四个主因子之间不是相关的，它们所含的信息量没有重叠。

表 8-9 注因子协方差矩阵

组件	1	2	3	4
1	1.000	0.000	0.000	0.000
2	0.000	1.000	0.000	0.000

续表

组件	1	2	3	4
3	0.000	0.000	1.000	0.000
4	0.000	0.000	0.000	1.000

8.6.3.3　评价因子综合得分及排序

根据运算的结果可以得知，在保证 85%的置信度情况下，还需要运用到总方差解释表中的四个综合因子方差的贡献率，构造出高等院校制定财务预算管理机制体系的综合评价模型：

F=（39.688%F1+22.354%F2+16.257%F3+8.697%F4）/85%

=0.467F1+0.263F2+0.191F3+0.102F4

注：F 代表高等院校财务绩效综合评价得分；Fi 代表综合因子的得分（i=1，2，3，4，5）。

将经过标准化后的数据代入公式分析，就可以得出四个综合公因子的具体得分与排序；然后再利用其得分计算各自高校财务绩效评价的综合得分，并以此分析高校的排名，因子得分和排名如表 8-10 所示。

表 8-10　因子得分

高校名称	F1	排序	F2	排序	F3	排序	F4	排序	综合得分	排名
X1	22.89	1	18.13	2	22.74	3	33.00	2	23.17	1
X2	21.20	2	18.07	3	20.33	6	29.76	4	21.57	3
X3	20.18	3	20.04	1	21.16	5	36.84	1	22.49	2
X4	19.81	5	11.11	6	23.65	1	25.76	6	19.32	5
X5	18.17	6	11.81	5	23.07	2	31.89	3	19.25	6
X6	19.85	4	14.88	4	21.61	4	28.19	5	20.19	4

注：X1、X2、X3 为综合类大学，X4、X5、X6 为专业类大学（如师范类、职业技术类等）。

8.6.3.4　研究结论

通过高等院校财政科技专项资金中的财务信息与非财务信息也可以了解到，在分析广东省高等院校的因子中可以从不同的角度分析其中存在的问题。而通过因子得分的综合评价模型对其进行分析可以更为准确的对其进行评价，得出的绩效评价结果是：从因子得分表中可以看出，综合类的大学得分最高，因为这类高等院校的综合实力较强，经济基础也较为牢固，而其教学水平与科研能力也均占很大一部分比例，致使其社会绩效和运行绩效等各项指标都排在前列，具备较强的水平。这一方面反映出了该学校在自身的管理方面具备很好的管理水平，可以有效地利用自身可以利用的资源；另一方面说明其得到的投入比较大。

8.7 本章小结

财政科技专项资金管理是高等院校财务管理的主要核心与关键所在，其主要的目标就是为了合理地控制资金的收入与支出，有效地进行资源的配置，提高运行的效率，而这些目标的实现与财务预算各个阶段的有效运行是分不开的。然而，我国高等院校目前财政科技专项资金管理相对落后，资金效益不高，财政科技专项资金绩效评价还处在理论研究和实践探索阶段，还没有形成完整的高等院校绩效评价系统。因此，为了促进高等院校教育资金的优质分配，避免因为财务问题造成的财务风险，需要充分利用财务数据系统地分析高等院校的财务资源配置情况，提高我国高等院校的财务运营水平，建立完善的高等院校财政科技专项资金绩效评价体系，及时地对财政科技专项资金管理中的问题进行有效的反馈与预警。本章在已有研究成果的基础上，通过深入分析高等院校财政科技专项资金管理存在的问题，结合高等院校的共性和个性，构建了基于我国制度环境的高等院校财政科技专项资金绩效评价体系。与此同时，本章也启示我们，在高等院校财政科技专项资金绩效评价实施与执行过程中，要通过定性和定量指标相结合的方式，从不同层面来考察我国高等院校财政科技专项资金执行的效果。另外，在高等院校财政科技专项资金中广泛推行绩效考评机制，可以促使高等院校以绩效为目标导向，进一步加强财政科技专项资金管理，提升整体管理水平。

第9章　广东省财政科技专项资金绩效评价体系的挑战

9.1　研究结论

财政科技专项资金绩效评价是完善公共财政管理体制，随着政府对科技项目投入的不断增加，国家审计部门、财政部门和社会公众对科技支出的绩效也越来越关注。因此，这是加强财政支出绩效管理的内在要求。鉴于现有财政科技专项资金绩效评价指标体系所存在的问题，必须依据基于公平、公正的思想来构建科学、规范、实用的财政科技专项资金绩效评价指标体系，并对指标权重、指标内涵和评价标准给予详细界定和说明。只有这样，所构建的指标体系才具有评价全面、可操作性强、评价结果便于比较与问题挖掘特色。另外，改革开放40年来，广东省省委、省政府以改革开放的勇气和担当，一次次完善机制的顶层设计，明确创新发展的方向，打通创新路上的障碍。广东作为改革开放的排头兵、先行地、实验区，以敢为人先的精神进行了一系列科技体制改革创新，不断释放和激发科技创新活力，构建以市场为导向的、支撑区域发展的开放型科技创新体系，从一个科技资源相对缺乏的省份发展到创新能力跃居全国前列，技术自给率达到72.5%，科技进步贡献率达到58%。

本课题组在广东省珠三角地区深入开展的财政科技专项资金绩效管理实践，紧紧抓住绩效评价的核心理念，以先进的理论为支撑，立足于各地财政管理水平现状，设计简单使用的操作方式，注重提高资金使用效果和部门单位的管理水平，取得了明显的效果。本书具体从理论、实务和技术层面分别探讨了我国财政科技专项资金绩效评价的发展历程及现状问题，并以广东省为例，分别从企业和高校两个具体应用对象分析了财政科技专项资金绩效评价指标体系的构建和综合效果。我们得出以下研究结论：

（1）随着“创新推动发展”的战略的实施，财政科技资金的投入逐步加大，如何客观评价财政科技专项资金的使用成为社会公众越来越关注的问题。然而，从财政科技资金绩效评价的整体情况来看，我国公共财政支出体制尚在建设中，财政管理理念和管理方式也有待改善，财政科技资金的绩效评价工作未能够充分展开。一个突出的问题就是，虽然绩效评价方法众多，但是缺乏一套有指导性标准的评价体系。因此，如何实施财政支出绩效评价工作，使其规范化和制度化，是目前财政支出绩效研究工作需要关注的问题。就现阶段具体研究状况来看，国内的研究主要集中在对具体区域或具体投入项目的绩效评价方面，但因为项目繁多，绩效评价思想单薄，应用层面受到限制，不能够得出一致的结论，绩效评价工作的开展并不是很顺利。

（2）从制度背景和现状分析可知，广东作为全国先进城市，最早开展了政府资金绩效评价，并尝试引进第三方机构委托评价机制，但是由于相关工作开展较晚，尚未形成完善的制度体系，信息不对称给第三方机构开展相关工作也带来了一定的阻碍。因此还需进一步完善相关制度建设，进一步完善绩效考核指标体系，提高绩效考核结果的信息透明度，加强公众监督。设计并构建一套针对财政科技专项资金的绩效评价指标体系，对于顺利开展项目实施过程及实施后的效果评价工作、提高资源利用的效率和效益、增强科技财政管理与决策水平、促进与激励优秀科技人才以及提升社会和经济的可持续发展等都具有重要意义。

（3）通过对企业的问卷调查和分析，我们研究发现：第一，相对于立项单位，未立项单位更有可能对当前绩效评价方式感到不满意；相对于项目申报服务管理、项目中期跟踪管理、项目完成验收管理，立项单位更可能对项目单独财务核算管理有更高的要求。第二，在相应的管理指导小组，尤其是相关考核工作的宣传方面需要加强，很多单位对这些工作的进行并不了解。另外，为了中期跟踪管理的有效实施，中期检查工作也需要进一步加强。第三，财政科技专项资金项目的实施可以为单位的整体发展、研发能力、人才培养、行业技术水平和销售收入创造效益，但是对项目管理能力的提升较弱；立项单位与未立项单位都认为财政科技项目的实施可以推动产业结构优化。第四，关于财政科技专项资金绩效评价的影响因素，立项单位认为财政科技专项资金使用分配的合理性影响最大，其次是资金到位的及时性；但未立项单位认为资金到位的及时性影响最大，资金管理办法次之。第五，立项单位和未立项单位都认为财政科技专项资金会对项目的成功产生重要影响，未立项单位可能是由于自身资金不足，立项单位虽然资金状况相对较好，但是也需要等待政府拨款和借助银行贷款。

（4）围绕财政科技专项资金绩效评价的现实问题，提出了财政科技专项资金绩效评价的四个目标，即公平性、经济性、效率性和效益性，并且要遵循重要性、经济性、可比性、定量定性相结合、导向性及客观性的原则，主要从定量和定性两个维度，从通用指标和个性指标两个层次出发，细化出若干个子指标，然后基于通货膨胀、地区经济发展水平等宏观因素进行调整，对相关指标进行修正，最后根据获得的数据运用加权平均计算出综合得分的思想建立了相对完整的广东省财政科技专项资金绩效评价指标体系。

（5）通过熵技术法灰色分析和综合因子排序，客观评价广东省财政科技资金的绩效情况，找出影响其绩效水平的原因，并提出相应的对策建议，为提高广东省财政科技资金绩效水平提供理论和实践支持。结合前面的评价模型，以企业为研究样本，对评价结果进行最终的考察和检验。研究发现：在使用不同的测度方法时，其评价结果会有所差异。总之，使用熵权法测度权重情况下所得到的评价普遍会比使用主成分分析方法测度权重情况下所得到的评价要更好。但经过检验发现，不同的测度方法得到了同样的评价结果。

（6）在已有研究成果的基础上，通过深入考察高等院校财政科技专项资金管理存在的问题，结合广东省各高校的共性和个性，构建了基于我国制度环境的高等院校财政科技专项资金绩效评价体系。我们发现绩效评价的结果是：综合类的大学得分最高，因为这类高等院校的综合实力较强，经济基础也较为牢固。因此，在高等院校财政科技专项资金绩效评价实施与执行过程中，要通过定性和定量指标相结合的方式，从不同层面来考察我国高等院校财政科技专项资金执行的效果。另外，在高等院校财政科技专项资金中广泛推行绩效考评机制，可以促使高等院校以绩效为目标导向，进一步加强财政科技专项资金管理，提升整体管理水平。

9.2 政策建议与保障措施

9.2.1 政策与建议

从实践发展上看，广东省财政绩效管理模式历经了“预算申报—专家评价—问责—预算公开”四个阶段，由事前开展绩效预算、事后评价的闭环绩效管理模式，发展到专家绩效问责，主要解决“该不该安排资金、该安排多少资金、该不该优先安排、总盘子钱不够怎么办”这四大问题。因此，在具体操作中，广东省采用双转移资金竞争性分配方式，具体分为：制定竞争流程、评审办法和程序，组建评审专家库，召开专家座谈会，竞标工作布置会、评审预备会和专家评审会，强化社会监督和实施全过程绩效管理等环节，对竞争性分配资金实行全过程绩效监控，涵盖申报、评审、使用（执行），评价运用各环节，真正把跟踪问效、绩效问责制度的执行落到实处。双转移资金竞争性分配的实质是以专家参与决策保证分配科学性前提下的竞争性方式实现财政资金的绩效管理。为此，针对财政科技专项资金管理存在的问题，结合广东省的具体实践，我们提出了如下政策与建议：

(1) 通过制度创新打破传统财政分配方式下的各种弊端，通过强化财政绩效管理，让预算单位恢复成为财政资金使用责任的主体，使其成为自我约束、自我激励的责任人。通过管理制度创新，建立起有效的让资金使用主体实现“负责任的结果导致利益增进，不负责任的结果必然带来利益扣减”的绩效管理制度“围堰”。从机制上引导政府各部门单位兼顾眼前利益和长远利益，通过让责任归位的外部压力体系，增强预算单位的自我责任感，勇于承担自身责任，并且根据工作的不足自我改进提高，最终形成自我约束机制和自我激励提高的管理理念和管理意识，进而不断解决资金分配和资金使用当中存在的各种问题，促进政府服务能力和服务水平的不断提高，从而实现对财政困局的破解。

（2）不断完善科研项目绩效评价机制。财政及科技部门应积极探索制定科技专项资金绩效考评办法和工作规范，加强对专项资金的使用结果和支出效益的统计分析与绩效评价，建立起一套具有普适意义的、较为可行的、定性与定量指标相结合的科技绩效评价指标体系。要注重相关科技数据的收集与整理，建立一个包括科技项目、科技成果、科研机构和科技人员等定量数据，也包括科技政策、科技规划、科技计划和科技发展领域等有关定性数据的科技绩效评估数据库。要把绩效评价的结果作为项目单位以后年度申报项目资格和资金安排的重要依据。要重视积极培育专业科技评价中介机构，充分发挥其对科技专项进行绩效评价的作用。

（3）根据财政科技专项资金评价的现状，引入第三方评价机制。由财政科技专项资金部门负责组织专家组对应相应的专项资金类别开展评审。主要分为两级评审：技术专家评审和政策专家评审。技术专家评审主要是对单位申报的预算报告内容，尤其是对“依据”、“实施方案”、详细的“预算”进行评估，一是依据是否充分“成立”、理由是否正当、是否与部门单位职责一致。二是单位在项目实施前是否准备充分：任务标的与工作量究竟有多大？完成工作任务的计划和实施方法是否恰当？单位实施计划的管理方法和制度是否匹配？三是根据任务标的、工作量、实施项目方法的一致性来核定出应该给予的预算资金量建议。专家组可对项目提出否决性意见，并须提出充足的理据。专家组的意见还包括对每一个项目提出改进单位管理工作的建议。政策专家评审主要是根据“大师有限、民生优先、绩效优先”原则设计的评价指标体系与单位申报的目标进行比对评审打分，目的是对申报项目进行轻重缓急的优先秩序进行排序。

（4）为了保障绩效预算的顺利试行，科学的流程管理设计非常重要。首先是财政部门、科研所、专家、职能部门之间形成委托代理关系。其次是注意多部门联合推动，人大财经委、监察部门、审计部门、人事部门等在专家集中评审阶段进行现场监督，并在评价结束后听取专家小组对评审过程情况和单位存在问题及改进意见的汇报。再次是从程序上确保专家评审公正、客观，运用信息化手段，由专家在异地进行评审。评价过程分为独立评价和集中评价两个阶段。

9.2.2 保障措施

另外，为了保证财政科技专项资金评价的顺利实施，相关部门还要提供以下的保障措施：

（1）领导的高度重视。广东省级竞争性分配财政专项资金和珠三角各地开展的财政绩效管理的实践证明，领导的高度重视是财政绩效管理能够得以成功推进的关键。作为一项要触及相当多数人既得利益的创新性改革，如果没有主要领导的支持，改革很难推行下去，这就决定了财政绩效管理一定是一个“首长工程”。

（2）财政部门超前的改革创新意识。财政绩效管理的推行首先是财政部门的自我改革过程，财政部门首先放弃了资金分配上的“自由裁量权”，将这种权利交给专家，并且严格按照流程规则办事。权利的主动放弃，对财政部门本身是一种挑战，没有一定勇气和胆识是很难做到的。面对财政困局，财政部门的领导以自我改革的精神，摒弃了过去依靠个人喜好、凭关系分配财政资金的方式，以不破不立的精神推动财政绩效管理改革不断前行，以“舍小我”的勇气换来了财政资金分配的程序正义和规则化、科学化、制度化的分配方式。

（3）财政科研部门的理论指导和精细化的过程管理。在广东财政绩效管理改革与推进的过程中，广东财政科研所充分发挥了“导航仪”的作用，参与设计了绩效管理的整套流程和具体的实施方案。同时也发挥了“避雷针”的作用，在开展绩效评价具体工作时，财政科研机构作为第三方，设计专家评价方式、确定专家名单，从而在各职能部门与财政部门之间架起了“防火墙”，提高了过程控制的科学性，有效地规避了改革风险。在策略上，财政部门不好说的话，可以由财政科研所来说，如对个别单位的批评意见等，大力协助财政部门加强评价结果的运用，减少风险和阻力，最大限度地保障此项改革能够顺利推进。

(4) 多部门联合推进，形成了两个“统一战线”。财政绩效管理改革是一项系统工程，是分配方式的改革，涉及部门单位的重大和直接利益调整，财政部门孤军奋战是无法推开这项改革的。在广东绩效管理的实际操作过程中，建立了两条统一战线。一是由财政部门与科研所和专家组成的统一战线，强调和体现了绩效预算的科学性，使绩效预算的推行处于“有理”的地位。二是与相关行政职能部门、人大、审计等形成统一战线，形成财政监督、纪检监察、绩效审计、人大监督、社会舆论监督、社会民众监督一体化，使绩效预算的推行处于“有利”的地位。同时，发挥专家的专业优势，使评审结果更具有权威性，让绩效预算的推行处于“有节”的位置。另外，还要充分发挥专家在政府绩效管理中的作用。广东绩效管理的推进，专家是重要环节和条件保障。经过筛选聘请的专家均是该领域的精英，评审认定具有高度的权威性。

(5) 财政科技绩效评价的对象是政府（部门)，对专项资金而言，资金只是评价的载体，并非评价对象。从现实出发，绩效导向的目标评价定位强化了绩效目标实现，与体制内自上而下的管理属性和要求相一致，关注资金的经济、效率与效果性，为评价注入体制性动力，突出“结果导向”和“公众满意导向”，为评价注入民间动力。基于我国财政专项资金绩效评价现实状况，我们建议：一是完善资金管理办法，明确责任主体。资金管理办法作为法律规范与指南，核心在于约束专项资金关联责任主体的权责关系，以及资金分配、使用的程序及要求，对专项资金绩效发挥起导向性作用，也是宏观评价的指向。为此，应规范办法制定流程，强化专家论证。二是扩大公众参与，推进绩效评价主体多元化。明确第三方评价的地位，建立相应的保障机制。通过政府购买服务方式，扩大与中介组织的合作广度与深度；建设财政资金绩效评价专家库。三是建立通用模型，强化结果应用。构建体现结果导向，共性与个性、定量与定性、业务与财务指标相结合的绩效评价通用指标体系；扩大评价结果的公开范围，包括向社会公开，接受社会监督，完善结果激励问责机制。四是构建由人大主导的第三方实施的评价模式。财政专项资金绩效评价的资金过程控制与结果导向、使用绩效与管理绩效的关系指向财政体制及部门利益。为增强权威性及评价组织的协调性，现实条件下，由人大主导、财政及主管部门协同、第三方实施评价模式具有理论与现实的可行性。

(6) 讲究策略，稳步扎实推进。首先，在财政绩效评价方案及流程设计上强调稳妥推进，以时间换空间，稳步推进，步步为营，不冒进，不迟疑。其次，因地制宜发挥理论的指导作用，紧紧抓住绩效管理是“以企业精神再造政府”这个核心内涵，不机械的强调评价指标，把握“从理念—思想—理论体系—方法”的逻辑层次，在方法论上强调“在实践中边干—边摸索—边总结—形成理论体系”，走出一条有特色的绩效管理道路。最后，强调规范和程序正义，注重公开、透明和公正，减少了制度创新的阻力。

9.3 机遇与挑战

科学技术是第一生产力，是经济社会发展的重要动力和源泉。党和国家历来高度重视科技工作。改革开放 40 多年来，我国科技事业快速发展，取得历史性成就。特别是党的十八大以来，中央作出增强自主创新能力、建设创新型国家的重大战略决策，制定实施科技规划纲要，科技投入持续快速增长，激励创新的政策法律不断完善，国家创新体系建设积极推进，取得一批重大科技创新成果，形成一支高素质科技人才队伍，我国整体科技实力和科技竞争力明显提升，在促进经济社会发展和保障国家安全中发挥了重要支撑和引领作用。当前，我国正处在全面建设小康社会的关键时期和深化改革开放、加快转变经济发展方式的攻坚时期。国际金融危机深层次影响仍在持续，科技在经济社会发展中的作用日益凸显，国际科技竞争与合作不断加强，新科技革命和全球产业变革步伐加快，我国科技发展既面临重要战略机遇，也面临严峻挑战。

面对新形势新要求，我国自主创新能力还不够强，科技体制机制与经济社会发展和国际竞争的要求不相适应，突出表现为：企业技术创新主体地位没有真正确立，产学研结合不够紧密，科技与经济结合问题没有从根本上解决，原创性科技成果较少，关键技术自给率较低；一些科技资源配置过度行政化，分散重复封闭低效等问题突出，科技项目及经费管理不尽合理，研发和成果转移、转化效率不高；科技评价导向不够合理，科研诚信和创新文化建设薄弱，科技人员的积极性、创造性还没有得到充分发挥。这些问题已成为制约科技创新的重要因素，影响我国综合实力和国际竞争力的提升。因此，抓住机遇大幅提升自主创新能力，激发全社会创造活力，真正实现创新驱动发展，迫切需要进一步深化科技体制改革，加快国家创新体系建设。

2019年7月，广东省发布《关于贯彻落实〈粤港澳大湾区发展规划纲要〉的实施意见》（以下简称《实施意见》）、《广东省推进粤港澳大湾区建设三年行动计划（2018—2020年）》（以下简称《三年行动计划》），明确提出分“三步走”推进粤港澳大湾区建设，到2035年，形成以创新为主要支撑的经济体系和发展模式。《实施意见》提出，要培育壮大战略性新兴产业。依托香港特区、澳门特区、广州、深圳等中心城市的科研资源优势和高新技术产业基础，聚焦新一代信息技术、高端装备制造、绿色低碳、生物医药、数字经济、新材料、海洋经济等战略性新兴产业，实施一批战略性新兴产业重大工程，形成若干产值超万亿元的新支柱产业。《三年行动计划》提出，在深港科技创新合作区及深港双方毗邻区域、珠海横琴粤澳合作中医药科技产业园及周边适宜开发区域、广州南沙粤港深度合作区及庆盛科技创新产业基地等区域，建设三大科技创新合作区。各项创新预期指标包括：到2020年，大湾区内地新型研发机构力争达到200家；到2020年，力争大湾区内地实现R&D占GDP比重达到2.8%；到2020年，大湾区内地每万人发明专利拥有量达到2.6件。同时，构建重点创新平台建设，具体包括：加快集聚国际创新资源。推动设立全球领先的科学实验室和研发中心，共建粤港澳大湾区大数据中心和国际化创新平台。加快中新广州知识城、深圳光明科学城、东莞中子科学城、佛山三龙湾高端创新集聚区等重点创新平台建设。打造科技成果对接转化平台。争取国家支持开展科研成果转化创新特别合作区试点。支持设立粤港澳产学研界创新联盟。建设科技创新金融支持平台。鼓励符合条件的创新创业企业在银行间市场发行超短期融资券、中期票据、项目收益债等进行直接融资。

这将是广东历史上难得的机遇与挑战，因此，我们要突破创新体制障碍。制定向港澳有序开放国家在广东建设布局的重大科研基础设施和大型科研仪器的相关措施。推动实施香港特区、澳门特区在广东设立的研发机构按照与内地研发机构同等享受国家和广东省各项支持创新的政策。开展外籍创新人才创办科技型企业享受国民待遇试点。出台支持港澳高等院校、科研机构参与广东省财政科技计划的政策措施。争取国家支持大湾区内地财政科技经费过境港澳使用。创新科研用品与数据流动的体制机制。争取国家允许粤港澳科研合作项目需要的医疗数据和血液等生物样品，在大湾区内限定的高校、科研机构和实验室跨境使用。研究允许科研、医疗仪器设备及药品在港澳和大湾区内地异地购置使用政策。另外，我们还应建立健全科技项目决策、执行、评价相对分开、互相监督的运行机制。完善科技项目管理组织流程，按照经济社会发展需求确定应用型重大科技任务，拓宽科技项目需求征集渠道，建立科学合理的项目形成机制和储备制度。建立健全科技项目公平竞争和信息公开公示制度，探索完善网络申报和视频评审办法，保证科技项目管理的公开、公平、公正。完善国家科技项目管理的法人责任制，加强实施督导、过程管理和项目验收，建立健全对科技项目和科研基础设施建设的第三方评估机制。完善科技项目评审评价机制，避免频繁考核，保证科研人员的科研时间。完善相关管理制度，避免科技项目和经费过度集中于少数科研人员。只有这样，才能根据广东省财政专项资金绩效评价指标体系的现状，以及其中科技专项资金评价存在的问题，基于科技专项资金特殊性与科研活动的规律及特点，研究财政专项资金共性指标和科技专项资金个性指标、科技专项资金绩效各阶段（实施过程中及完成后）评价指标体系，从而为建立符合科研实际的广东省财政科技专项资金绩效评价指标体系、完善绩效评价组织工作机制、提升绩效评价工作科学性提供依据。

附　录

附录1

广东省科学技术厅关于省财政科技支出绩效评价的实施细则（试行）

第一章　总　则

第一条　为规范和加强对省级科技计划项目的管理，提高资金的使用效益，逐步探索和建立我省财政科技支出绩效评价制度，按照国家财政部《财政支出绩效评价管理暂行办法》、《广东省财政支出绩效评价试行方案》、《广东省省级财政专项资金管理办法》、《广东省科学技术厅关于省级科技计划项目管理的暂行办法》等有关规定，结合我省科技计划项目实施管理的实际情况，制定本实施细则。

第二条　本办法所称省财政科技支出绩效评价（以下简称绩效评价），是广东省科学技术厅（以下简称省科技厅）按有关规定，对归口管理的财政科技专项资金既定目标实现程度、科技项目的完成结果、投入产出效益、资金投入与使用情况等组织开展综合绩效自评。

第三条　根据我省财政科技专项资金管理实际情况，绩效评价分为专项、专题、项目3个层面。其中，专项为省财政设立的科技专项；专题为省科技厅根据全省科技发展需要在专项下设置的子专项。

第四条　绩效评价应遵循以下原则：

（一）以经济性、效率性、效果性和公平性为评价重点；

（二）定量分析与定性分析相结合；

（三）评价过程客观、公正、科学、规范；

（四）统一组织、分层次，分类别评价；

（五）实施奖优罚劣制度。

第五条 绩效评价的主要依据：

（一）国家相关法律、法规和规章制度；

（二）广东省相关的科技、经济与社会发展规划和方针政策；

（三）预算管理制度、资金及财务管理办法、财务会计资料；

（四）评价对象的职能职责、工作任务、绩效目标及其他绩效评价基础材料；

（五）相关行业政策、行业标准及专业技术规范；

（六）其他相关资料。

第二章 绩效评价主体及职责

第六条 绩效评价工作由省科技厅组织实施或将部分业务委托有关科技中介机构组织实施。

省科技厅监督审计处是绩效评价组织工作的责任主体，负责统一组织实施，设计评价指标体系，确定评价项目，对各专项绩效评价工作进行指导、监督和质量控制，组织专家或委托科技中介机构实施绩效评价，审核、确定各专项绩效评价报告，推进绩效评价结果应用。

业务管理处室作为专项组织实施和管理的责任主体，既是被评价对象，也是评价工作的主要协管部门，主要职责包括：一是应按规定申报所涉及专项资金预期绩效目标；二是保障专项目标的实现和达标；三是督促项目承担单位依法合规、按时保质完成项目工作和提交项目绩效评价相关材料；四是在项目开展过程中加强监督检查，及时提供相关监督检查报告，提交专项绩效自评估报告。

专家组或中介组织机构是部分绩效评价工作的被委托者，按服务合同约定，负责独立、客观开展绩效评价工作，编制绩效评价工作方案，审核项目承担单位绩效评价材料，出具绩效评价报告。

项目承担单位作为项目绩效被评价对象的职责包括：保障绩效目标的实现，积极配合绩效评价工作的开展，按要求如实提交绩效自评报告以及绩效评估基础材料，按照绩效评价报告提出的整改措施组织整改。其中，绩效评估基础材料包括：项目立项合同书（任务书）、项目资金审计报告及其他财务会计资料、项目验收报告；项目承担单位有关项目管理的具体规定；项目取得知识产权、项目成果登记和论文发表情况的相关材料、社会经济效益证明以及与绩效评价指标要求相关的其他资料数据等。

项目承担单位主管部门要积极支持和配合绩效评价工作的开展；督促项目承担单位按要求接受绩效评价，报送相关材料；督促落实绩效报告提出的各项整改措施。

第三章　绩效评价内容与指标体系

第七条　绩效评价以项目支出为重点，重点评价一定金额以上、与专项目标密切相关、具有明显社会影响和经济影响的项目。绩效评价项目为上一年度 12 月 31 日前到期应结题验收的项目，因工作需要需开展绩效评价的项目，以及按省财政厅规定列入年度评价范围的其他项目，对跨年度的重大（重点）项目可根据项目完成情况或支出情况实施阶段性（半年度、年度）评价。

第八条　绩效评价的基本内容：

（一）绩效目标评价，主要包括项目立项目标的合理性、项目目标完成程度等；

（二）项目资金评价，主要包括项目资金落实情况、项目资金支出情况、项目资金使用的合规性等；

（三）项目管理评价，主要包括项目管理制度的健全和有效性、采取的措施等；

（四）项目效益评价，主要包括项目完成后所产生的经济效益、社会效益和生态效益及可持续发展等；

（五）绩效评价的其他内容。

第九条 绩效评价的指标：

绩效评价体系包括共性指标和个性指标，应根据不同科技计划专项（专题）的目标与特点，分类设置，分类组织评价。共性指标设有绩效影响和绩效表现2个一级指标，其中绩效影响下设前期准备、资金管理和事项管理3个二级指标，绩效表现下设经济性、效率性、效果性和公平性4个二级指标。另设三级、四级若干指标。一级、二级、三级指标为共性指标，四级指标为个性指标。具体指标将按照省财政厅相关绩效指标体系的调整进行动态调整。

绩效评价采取百分制的计分方式，绩效评价结果分为优、良、中、低、差5个等级，其中90分及以上为优，80~90分为良（含80分），70~80分为中（含70分），60~70分为低（含60分），60分以下为差。

第四章 绩效评价标准和绩效评价方法

第十条 绩效评价标准是衡量财政支出绩效目标完成程度的尺度。绩效评价标准具体包括：

（一）计划标准。是指以预先制定的目标、计划、预算、定额等数据作为评价的标准。

（二）行业标准。是指参照国家公布的行业指标数据制定的评价标准。

（三）历史标准。是指参照同类指标的历史数据制定的评价标准。

（四）其他标准。

第十一条 绩效评价采取定量和定性相结合的方式，坚持定量优先、简便有效的原则。根据评价对象的具体情况，可采用一种或多种方法进行绩效评价。主要方法为：

（一）比较法。是指通过对绩效目标与绩效结果、历史情况和实际执行情况、不同部门和地区同类支出的比较，综合分析绩效目标实现程度。比较法是绩效评价中最常用的方法。

（二）因素分析法。是指通过综合分析影响收益及成本的内外因素，评价绩效目标实现程度。

（三）成本效益分析法。是指将一定时期内的支出与效益进行对比分析，从而评价绩效目标实现程度。

（四）最低成本法。是指对效益确定却不易计量的多个同类对象的实施成本进行比较，评价绩效目标实现程度。

（五）公众评价法。是指通过专家评估、公众问卷及抽样调查等对财政支出效果进行评判，评价绩效目标实现程度。

（六）其他评价方法。

第五章　绩效评价程序

第十二条　绩效评价工作实施全过程的绩效跟踪评价，相关单位按规定提交有关绩效基础信息表。在实施阶段，通过中期检查评估、项目监理等方式，对项目绩效进行跟踪评价。在验收阶段，验收工作组对申请验收项目实施期内既定目标实现程度、科技项目的完成结果、投入产出效益、资金投入与使用情况等进行综合性评价。

第十三条　绩效评价工作主要程序包括：

（一）评价准备。

省科技厅选定纳入绩效评价范围的专项、专题和重大（重点）项目，自行组织或委托科技中介机构组织，成立由技术专家、财务专家、专业评估人员组成的绩效评价工作组，制定评价工作方案，确定评价指标和评价方法，编制评价工作手册，下达项目绩效评价通知书。

（二）单位自评。

项目承担单位根据绩效评价工作要求开展项目实施期自评工作，报送项目绩效自评报告。专题承担处室开展自评时，重点对过程管理进行自评，包括项目专家论证情况、项目检查监督情况、项目管理绩效（验收率、超期情况）等并提供佐证材料。

（三）专家评价。

专家评价的主要内容：一是专项资金支出完整性、安全性及规范性；二是项目实施与管理情况；三是专项资金使用效果情况。评价专家组在接受委托任务时，须收集评价项目的有关信息资料文档，明确评价的目标、要求等。

专家组根据评价项目的特点拟定具体评价方案，选择评价形式和方法，编制评价工作手册。

专家评价一般采取现场评价为主，非现场评价为辅的形式。

现场评价是专家根据评价需要在现场进行勘察、问询、复核等，并对所掌握的有关信息资料做分类、整理、分析和记录。现场评价的主要方法有实地考察、询问答辩和材料核实。现场评价的主要任务是通过对单位自评报告及佐证材料的完整性与真实性进行查验与质询，依据指标体系对所有指标进行量化评分，逐项指出扣分的原因（存在的问题），形成对现场评价对象的评价报告。

非现场评价是专家根据项目单位提交的资料进行整理和分析，根据评价指标对项目进行全面评审，并独立出具书面评价意见。

（四）综合评价。

绩效评价工作组根据重大（重点）项目自评和专家评价结果进行分析评价，确定评价结果，形成重大（重点）项目绩效评价报告。

绩效评价工作组对基础资料和数据进行分析和评价，确定专题评价结果，针对评价中发现的问题，提出改进措施，完善管理办法，提高项目管理水平，形成专题绩效评价报告报省科技厅审定。同时将评价工作资料整理归档备查。

绩效评价工作组根据各专题的绩效评价情况，通过汇总分析、综合评价等方法，对专项整体目标的实现程度、实施效果进行全面评价，形成专项整体绩效评价结论，撰写专项绩效评价报告。

第六章　应用与考核

第十四条　绩效评价结果分别作为项目承担单位和项目负责人今后申请立项的重要依据，以及省科技厅内设处室以及相关责任人年终考核的重要依据。

第十五条　省科技厅根据专项绩效评价结果，调整完善相关专项经费安排，改进项目实施管理，提高项目管理水平和经费使用效益。对绩效优良的专项或专题计划进行通报表扬，并在下一年度的专项经费安排上给予适度倾斜；对绩效差劣的专项或专题计划进行通报批评，对同类项目下一预算年度减少经费安排甚至取消经费安排。

第十六条 专项绩效评价结果与专项管理业务处室以及相关责任人的年度考核挂钩。

第十七条 省科技厅对项目绩效优良的承担单位采取通报表扬、优先支持等方式给予鼓励；对项目绩效差劣的承担单位采取通报批评、停止拨款、撤销资助、限制申报。绩效评价的结果作为项目承担单位科技主管部门、承担单位和项目负责人科研信用评价的重要参考依据，列入科研信用档案。

第十八条 项目承担单位及其科技主管部门根据绩效评价结果，总结分析项目组织实施经验，根据绩效评价意见，加强项目组织落实整改和实施工作，提高项目组织工作质量。

第十九条 绩效评价结果在一定范围内公布，接受社会监督。

第七章 相关责任

第二十条 参与绩效评价活动的有关各方和人员必须严格遵守法律、法规和其他相关规定，保证绩效评价的公正性和客观性。

第二十一条 项目承担单位在评价过程中有提供虚假资料信息、不配合或干扰评价工作正常开展的，视同为不诚信行为，省科技厅将按有关规定进行处理。凡逾期不提供相关绩效评价基础信息的项目，项目绩效考核为差。

第二十二条 评价专家或中介机构有违规行为的，省科技厅视其情节轻重，可以终止委托关系，并予以通报；对情节特别严重的列入科技计划信用“黑名单”，省科技厅以后不再委托相关人员及中介机构从事与绩效评价相关的业务，并追究其相关责任。

第二十三条 省科技厅工作人员在评价工作中如有徇私舞弊、滥用职权、玩忽职守或者干扰评价工作导致评价不公正的，省科技厅视情节给予纪律处分。

第二十四条 各方人员需要保守与项目有关的商业秘密和技术秘密。未经评价工作组织单位批准同意，不得擅自对外透露评价结果；对滥用职权、徇私舞弊、玩忽职守或者泄露所知悉的国家秘密、商业秘密的，由有关部门依法给予行政处分；情节严重涉嫌犯罪的，依法移送司法机关追究其刑事责任。

第八章 附 则

第二十五条 本办法由省科技厅负责解释。

第二十六条 本细则自 2014 年 10 月 1 日起试行，有效期 3 年。

附录 2

广东省财政科技专项资金绩效评价调查问卷

（立项单位）

您好！

为了更好地做好广东省财政科技专项资金绩效评价的研究工作，我们设计了此项调查问卷，这是一份学术性的研究课题，主要目的在于了解广东省财政科技专项资金绩效评价的情况。感谢您抽出宝贵时间参与问卷调查。您的答案将是匿名和被信赖的，请根据实际情况填写（本调查结果仅作为统计数据用于学术研究，不涉及个人隐私，我们将严格予以保密）。非常感谢您的支持与配合。最后，祝您身体健康，工作顺利！

《广东省财政科技专项资金绩效评价体系研究》课题组

2018 年 1 月

一、单位基本信息

1. 贵单位性质（　　）

A. 企业　B. 高等院校　C. 科研院所

D. 政府机关　E. 其他

2. 贵单位规模（　　）

A. 3000 人及以上　B. 1000~3000 人　C. 500~1000 人

D. 100~500 人　E. 100 人及以下

3. 贵单位所属的行业是（　　）

A. 软件和服务外包　B. 物联网和新一代信息技术

C. 高端装备制造　D. 生物技术和新医药

E. 新材料　F. 节能环保

G. 新能源　H. 其他

二、项目基本情况

4. 贵单位获得的财政科技专项资金类别（　　）

A. 应用基础研究计划　B. 科技支撑计划（工业）

C. 科技支撑计划（农业）　D. 科技支撑计划（社会发展）

E. 科技成果转化及产业化计划　F. 科技基础设施建设计划

G. 科技服务体系建设计划　H. 国际科技合作计划

I. 知识产权计划　J. 软科学研究计划

5. 项目的技术先进程度（　　）

A. 国际领先　B. 国际先进　C. 国内领先

D. 国内先进　E. 省内领先　F. 省内先进

G. 一般水平

6. 项目的技术成熟度（　　）

A. 研发阶段　B. 小试阶段　C. 中试阶段

D. 小批量生产　E. 规模化生产

7. 项目实施获得了哪些成果（　　）（可多选）

A. 专利　B. 论文　C. 技术标准

D. 软件著作权　E. 其他

8. 项目新增就业岗位（　　）

A. 无　B. 1～100 人　C. 100～300 人

D. 300～500 人　E. 500～1000 人　F. 1000 人以上

9. 项目的社会效益主要体现在（可多选）（　　）

A. 推动区域产业技术进步　B. 促进产业结构优化

C. 提高资源的利用效率　D. 降低环境污染

E. 其他________

10. 项目过去一年新增销售收入（　　）

A. 100 万元以下　B. 100 万～500 万元

C. 500 万~1000 万元　　D. 1000 万~3000 万元

E. 3000 万~5000 万元　　F. 5000 万元以上

11. 您认为财政科技专项资金对项目成功的作用（　　）

A. 非常大　　B. 较大　　C. 一般

D. 不太大　　E. 没有作用

三、财政科技专项资金绩效评价问题

1. 您的职业与财政科技专项资金有关吗？（　　）

A. 是　　B. 否

2. 您了解财政科技专项资金绩效评价工作吗？（　　）

A. 很清楚　　B. 比较清楚　　C. 听说过　　D. 不知道

3. 您是否对财政科技专项资金的相关事项进行过宣传？（　　）

A. 是　　B. 否　　C. 不清楚

4. 您是否知晓有关财政科技专项资金项目的规划？（　　）

A. 知道一些　　B. 工作与专项资金的使用有关，很了解

C. 听说过，不是很了解　　D. 不知道

5. 您是否知晓有关财政科技专项资金管理的相关文件？（　　）

A. 听说过，不是很了解　　B. 工作与专项资金的使用有关，很了解

C. 知道一些　　D. 不知道

6. 您是否知晓财政科技专项资金的使用是否进行公示？（　　）

A. 是　　B. 否

7. 是否出现过不按管理制度使用财政科技专项资金的情况？（　　）

A. 出现过多次　　B. 较少出现　　C. 从未出现

8. 您认为财政科技专项资金管理办法的实施效果如何？（　　）

A. 效果完美　　B. 效果良好，但仍有提升空间

C. 效果较差

9. 您认为财政专科技项资金的社会影响如何？（　　）

A. 普通群众很多人知道，社会影响大

B. 有关人员知悉，社会影响不够大

C. 普通群众很少有人知道，社会影响小

10. 您认为财政科技专项资金的项目是否按照预算管理程序及时发放？（　　）

A. 资金下达能够完全按照程序下达

B. 资金下达能够基本按照程序下达

C. 资金下达不能够按照程序下达

11. 您认为财政科技专项资金能否及时到位对项目运行有无影响？（　　）

A. 有影响，影响较大　　B. 有影响，影响较小

C. 无影响　　D. 不清楚

12. 您认为财政科技专项资金使用情况是否与预算保持一致？（　　）

A. 一致　　B. 较为一致，存在后期调整

C. 不一致　　D. 不清楚

13. 您认为财政科技专项资金有关的项目能否按期完成？（　　）

A. 提前或按期完成　　B. 勉强能够按期完成

C. 不能按期完成　　D. 项目开展严重滞后

14. 您认为财政科技专项资金绩效评价项目是否设置了明确的绩效目标？（　　）

A. 设置了　　B. 未设置　　C. 不清楚

15. 您认为财政科技专项资金项目是否有相应的管理指导小组负责进行绩效评价？（　　）

A. 有　　B. 没有　　C. 不清楚

16. 您认为财政科技专项资金是否有项目完成情况的中期检查？（　　）

A. 有　　B. 没有　　C. 不清楚

17. 您认为财政科技专项资金对项目的最终完成情况是否有相应的验收考核制度？（　　）

A. 有　　B. 没有　　C. 不清楚

18. 您认为财政科技专项资金项目是否都通过了相关考核？（　　）

A. 有　　B. 没有　　C. 不清楚

19. 您认为财政科技专项资金项目是否有经济效益或社会效益？（ ）

A. 有 B. 没有 C. 不清楚

20. 您认为财政科技专项资金的绩效评价是否受到了重视？（ ）

A. 非常重视 B. 重视 C. 不受到重视

21. 您认为财政科技专项资金是否完全达到了为群众提供优质的公共服务并促进社会科学发展的目的？（ ）

A. 已达到 B. 未达到，尚有改进空间

C. 距离该目标较远

22. 您认为当前财政科技专项资金绩效评价情况可以得多少分？（ ）

A. 0~59 分 B. 60~69 分 C. 70~79 分

D. 80~89 分 E. 90~100 分

23. 您认为下面哪些因素对财政科技专项资金绩效的影响较大？（ ）

A. 财政科技专项资金使用分配的合理性

B. 财政科技专项资金管理办法

C. 财政科技专项资金到位的及时性

D. 其他

四、满意度问题

1. 您对项目申报服务管理的评价是（ ）

A. 非常满意 B. 满意 C. 一般

D. 不满意 E. 非常不满意

2. 您对项目中期跟踪管理的评价是（ ）

A. 非常满意 B. 满意 C. 一般

D. 不满意 E. 非常不满意

3. 您对项目完成验收管理的评价是（ ）

A. 非常满意 B. 满意 C. 一般

D. 不满意 E. 非常不满意

4. 您对项目实行财务单独核算管理的评价是（ ）

A. 非常满意 B. 满意 C. 一般

D. 不满意　　　　E. 非常不满意

5. 您对财政资金到位情况的评价是（　　）

A. 非常满意　　　B. 满意　　　　C. 一般

D. 不满意　　　　E. 非常不满意

6. 您对项目实施后对本企业整体发展贡献的评价是（　　）

A. 非常满意　　　B. 满意　　　　C. 一般

D. 不满意　　　　E. 非常不满意

7. 您对项目实施后对本企业项目管理能力的提升的评价是（　　）

A. 非常满意　　　B. 满意　　　　C. 一般

D. 不满意　　　　E. 非常不满意

8. 您对项目实施后对本企业研发能力的提升的评价是（　　）

A. 非常满意　　　B. 满意　　　　C. 一般

D. 不满意　　　　E. 非常不满意

9. 您对项目实施后对本单位人才培养的评价是（　　）

A. 非常满意　　　B. 满意　　　　C. 一般

D. 不满意　　　　E. 非常不满意

10. 您对项目实施后对行业技术水平提升的评价是（　　）

A. 非常满意　　　B. 满意　　　　C. 一般

D. 不满意　　　　E. 非常不满意

11. 您对项目实施后对本单位销售收入贡献的评价是（　　）

A. 非常满意　　　B. 满意　　　　C. 一般

D. 不满意　　　　E. 非常不满意

12. 您对当前财政科技专项资金绩效的评价方式是（　　）

A. 非常满意　　　B. 满意　　　　C. 一般

D. 不满意　　　　E. 非常不满意

五、其他

1. 项目进展如何？目前面临哪些问题和困难？

___

2. 您对财政科技专项资金项目协调管理有什么意见和建议？

3. 您对财政科技专项资金绩效评价有什么意见和建议？

六、个人基本信息

1. 您的性别是？（　　）

A. 男　　B. 女

2. 您的年龄是？（　　）

A. 18~28 岁　　B. 29~40 岁　　C. 41~48 岁

D. 49~55 岁　　E. 56~65 岁　　F. 65 岁以上

3. 您的教育程度是？（　　）

A. 初中及以下　　B. 高中/专科　　C. 本科

D. 研究生　　E. 博士生　　F. 博士后

4. 您在单位的职位层级是（　　）

A. 高层管理者　　B. 中层管理者　　C. 基层管理者

D. 科研人员　　E. 其他

本问卷到此结束，谢谢合作！

广东省财政科技专项资金绩效评价调查问卷

（未立项单位）

您好！

为了更好地做好广东省财政科技专项资金绩效评价的研究工作，我们设计了此项调查问卷，这是一份学术性的研究课题，主要目的在于了解广东省财政科技专项资金绩效评价的情况。感谢您抽出宝贵时间参与问卷调查。您的答案将是匿名和被信赖的，请根据实际情况填写（本调查结果仅作为统计数据用于学术研究，不涉及个人隐私，我们将严格予以保密）。非常感谢您的支持与配合。最后，祝您身体健康，工作顺利！

《广东省财政科技专项资金绩效评价体系研究》课题组

2018 年 1 月

一、单位基本信息

1. 贵单位性质（　　）

A. 企业　　B. 高等院校　　C. 科研院所

D. 政府机关　　E. 其他

2. 贵单位规模（　　）

A. 3000 人及以上　　B. 1000~3000 人　　C. 500~1000 人

D. 100~500 人　　E. 100 人及以下

3. 贵单位所属的行业是（　　）

A. 软件和服务外包　　B. 物联网和新一代信息技术

C. 高端装备制造　　D. 生物技术和新医药

E. 新材料　　F. 节能环保

G. 新能源　　H. 其他

二、曾经申报项目基本情况

4. 请选择贵单位曾经申报的财政科技专项资金类别（　　）

A. 应用基础研究计划　　B. 科技支撑计划（工业）

C. 科技支撑计划（农业）　　D. 科技支撑计划（社会发展）

E. 科技成果转化及产业化计划　　F. 科技基础设施建设计划

G. 科技服务体系建设计划　　H. 国际科技合作计划

I. 知识产权计划　　J. 软科学研究计划

5. 目前项目实施情况（　　）（选择 D、E 请填写第 6 题，选择 A、B、C 的请依次填写 7~12 题）

A. 已经完成　　B. 进度超前　　C. 按计划进行

D. 进度滞后　　E. 项目停顿

6. 项目实施不正常的原因（　　）

A. 资金不足　　B. 项目主要研发人员变动或流失

C. 项目管理不善　　D. 市场需求变化

E. 单位内部项目立项评估不严谨　　F. 宏观经济形势影响

G. 其他

7. 项目目前筹集资金来源（　　）

A. 自有资金　　B. 贷款　　C. 政府拨款

D. 其他

8. 项目的技术先进程度（　　）

A. 国际领先　　B. 国际先进　　C. 国内领先

D. 国内先进　　E. 省内领先　　F. 省内先进

G. 一般水平

9. 项目的技术成熟度（　　）

A. 研发阶段　　B. 小试阶段　　C. 中试阶段

D. 小批量生产　　E. 规模化生产

10. 项目的社会效益主要体现在（可多选）（　　）

A. 推动区域产业技术进步　　B. 促进产业结构优化

C. 提高资源的利用效率　　D. 降低环境污染

E. 其他________

11. 项目过去一年新增销售收入（　　）

A. 100万元以下　　B. 100万~500万元

C. 500万~1000万元　　D. 1000万~3000万元

E. 3000万~5000万元　　F. 5000万元以上

12. 项目目前资金筹集到位程度（　　）

A. 按计划到位　B. 不能按计划到位

13. 如未能获得财政科技专项资金支持，您单位是否还会将此项目推进下去（　　）

A. 会　　B. 不会　　C. 不一定

14. 您认为财政科技专项资金对项目成功的作用（　　）

A. 非常大　　B. 较大　　C. 一般

D. 不太大　　E. 无所谓

三、财政科技专项资金绩效评价问题

1. 您的职业与财政科技专项资金有关吗？（　　）

A. 是　　B. 否

2. 您了解财政科技专项资金绩效评价工作吗？（　　）

A. 很清楚　　B. 比较清楚　　C. 听说过

D. 不知道

3. 您是否对财政科技专项资金的相关事项进行过宣传？（　　）

A. 是　　B. 否　　C. 不清楚

4. 您是否知晓有关财政科技专项资金项目的规划？（　　）

A. 知道一些

B. 工作与专项资金的使用有关，很了解

C. 听说过，不是很了解

D. 不知道

5. 您是否知晓有关财政科技专项资金管理的相关文件？（　）

A. 听说过，不是很了解

B. 工作与专项资金的使用有关，很了解

C. 知道一些

D. 不知道

6. 您是否知晓财政科技专项资金的使用是否进行公示？（　）

A. 是　　B. 否

7. 是否出现过不按管理制度使用财政科技专项资金的情况？（　）

A. 出现过多次　　B. 较少出现　　C. 从未出现

8. 您认为财政科技专项资金管理办法的实施效果如何？（　）

A. 效果完美　　B. 效果良好，但仍有提升空间

C. 效果较差

9. 您认为财政专科技项资金的社会影响如何？（　）

A. 普通群众很多人知道，社会影响大

B. 有关人员知悉，社会影响不够大

C. 普通群众很少有人知道，社会影响小

10. 您认为财政科技专项资金的项目是否按照预算管理程序及时发放？（　）

A. 资金下达能够完全按照程序下达

B. 资金下达能够基本按照程序下达

C. 资金下达不能够按照程序下达

11. 您认为财政科技专项资金能否及时到位对项目运行有无影响？（　）

A. 有影响，影响较大　　B. 有影响，影响较小

C. 无影响　　D. 不清楚

12. 您认为财政科技专项资金使用情况是否与预算保持一致？（　）

A. 一致　　B. 较为一致，存在后期调整

C. 不一致　　D. 不清楚

13. 您认为财政科技专项资金有关的项目能否按期完成？（　　）

A. 提前或按期完成　　B. 勉强能够按期完成

C. 不能按期完成　　D. 项目开展严重滞后

14. 您认为财政科技专项资金绩效评价项目是否设置了明确的绩效目标？（　　）

A. 设置了　　B. 未设置　　C. 不清楚

15. 您认为财政科技专项资金项目是否有相应的管理指导小组负责进行绩效评价？（　　）

A. 有　　B. 没有　　C. 不清楚

16. 您认为财政科技专项资金是否有项目完成情况的中期检查？（　　）

A. 有　　B. 没有　　C. 不清楚

17. 您认为财政科技专项资金对项目的最终完成情况是否有相应的验收考核制度？（　　）

A. 有　　B. 没有　　C. 不清楚

18. 您认为财政科技专项资金项目是否都通过了相关考核？（　　）

A. 有　　B. 没有　　C. 不清楚

19. 您认为财政科技专项资金项目是否有经济效益或社会效益？（　　）

A. 有　　B. 没有　　C. 不清楚

20. 您认为财政科技专项资金的绩效评价是否受到了重视？（　　）

A. 非常重视　　B. 重视　　C. 不受到重视

21. 您认为财政科技专项资金是否完全达到了为群众提供优质的公共服务并促进社会科学发展的目的？（　　）

A. 已达到　　B. 未达到，尚有改进空间

C. 距离该目标较远

22. 您认为当前财政科技专项资金绩效评价情况可以得多少分？（　　）

A. 0～59 分　　B. 60～69 分　　C. 70～79 分

D. 80～89 分　　E. 90～100 分

23. 您认为下面哪些因素对财政科技专项资金绩效的影响较大？（　　）

A. 财政科技专项资金使用分配的合理性

B. 财政科技专项资金管理办法

C. 财政科技专项资金到位的及时性

D. 其他

四、满意度问题

1. 您对项目申报服务管理的评价是（　　）

A. 非常满意　　B. 满意　　C. 一般

D. 不满意　　E. 非常不满意

2. 您对项目实施后对本单位整体发展贡献的评价是（　　）

A. 非常满意　　B. 满意　　C. 一般

D. 不满意　　E. 非常不满意

3. 您对项目实施后对本单位项目管理能力的提升的评价是（　　）

A. 非常满意　　B. 满意　　C. 一般

D. 不满意　　E. 非常不满意

4. 您对项目实施后对本单位研发能力的提升的评价是（　　）

A. 非常满意　　B. 满意　　C. 一般

D. 不满意　　E. 非常不满意

5. 您对项目实施后对本单位人才培养的评价是（　　）

A. 非常满意　　B. 满意　　C. 一般

D. 不满意　　E. 非常不满意

6. 您对项目实施后对行业技术水平提升的评价是（　　）

A. 非常满意　　B. 满意　　C. 一般

D. 不满意　　E. 非常不满意

7. 您对项目实施后对本单位销售收入贡献的评价是（　　）

A. 非常满意　　B. 满意　　C. 一般

D. 不满意　　E. 非常不满意

8. 您对当前财政科技专项资金绩效的评价方式是（　　）

A. 非常满意　　B. 满意　　C. 一般

D. 不满意　　　　E. 非常不满意

五、其他

1. 项目进展如何？目前面临哪些问题和困难？

____

____

____

2. 您对财政科技专项资金项目申报、立项过程有什么意见和建议？

____

____

____

3. 您对财政科技专项资金绩效评价有什么意见和建议？

____

____

____

六、个人基本信息

1. 您的性别是？（　　）

A. 男　　　　B. 女

2. 您的年龄是？（　　）

A. 18~28 岁　　　　B. 29~40 岁　　　　C. 41~48 岁

D. 49~55 岁　　　　E. 56~65 岁　　　　F. 65 岁以上

3. 您的教育程度是？（　　）

A. 初中及以下　　　　B. 高中/专科　　　　C. 本科

D. 研究生　　　　E. 博士生　　　　F. 博士后

4. 您在单位的职位层级是（　　）

A. 高层管理者　　　　B. 中层管理者

C. 基层管理者　　　　D. 科研人员

E. 其他

本问卷到此结束，谢谢合作！

附录 3

广东省财政科技专项资金绩效自评基础信息表

1-1:基本情况

项目名称		项目编码				
项目预算支出 功能科目名称		项目预算支出 功能名称编码				
项目资金安排文号		项目资金安排年度		项目评价年度	年	
项目评价类型	实施过程评价 □　完成结果评价 □	评价项目 实施时间段	年　月　日至　年　月　日			
省级项目主管单位		省级项目实施 单位(处室、二级 预算单位)				
省级项目主管 单位负责人		联系电话				
项目类型	1. 基本建设类□ 其中:新建 □ 扩建 □ 改建 □ 2. 行政事业类□ 其中:采购 □ 修缮 □ 奖励/补贴 □ 3. 其他项目类 □	项目开始时间	计划:　年　月 实际:　年　月	项目完成时间	计划:　年　月 实际:　年　月	
项目(用款)单位个数	合计:　个;　其中:省级:　个,地市:　个,县(区):　个。					

1-2:前期工作情况			佐证材料编号
论证决策	资金设立依据(文件)		
	立项方式	1. 发展改革部门批准立项的项目:　□个　2. 部门审核立项的项目:　□个 3. 专家评审立项的项目:　□个　4. 公开招标立项的项目:　□个 5. 其他方式立项的项目(注明具体方式):　□个＿＿	

续表

1-2：前期工作情况			佐证材料编号
目标设置	公共产品数量		
	预期效果		
	绩效指标		
保障机制（机构）	省级组织实施机构		
	市、县组织实施机构（选填）		
	市县具体实施机构（选填）		
保障机制（制度）	省级有关制度		
	市、县有关制度		

1-3：实施过程情况（单位：万元）													佐证材料编号
资金管理	资金到位支付情况	资金来源	以前资金情况		本次评价资金情况						—		
			至本次评价前累计支出金额	结余金额	预算（计划）安排	实际到位（到达项目单位）			实际支出（项目单位支出）		结余金额	备注	—
						到位金额	到位率（%）	到位时间	支出金额	支出率（%）			
		合计											
		中央财政资金											
		省财政资金											

续表

<table>
<tr><td rowspan="13">资金管理</td><td rowspan="8">资金到位
支付情况</td><td rowspan="3">资金
来源</td><td colspan="2">以前资金情况</td><td colspan="6">本次评价资金情况</td><td colspan="3">—</td></tr>
<tr><td rowspan="2">至本次评价
前累计支出
金额</td><td rowspan="2">结余
金额</td><td rowspan="2">预算
（计划）
安排</td><td colspan="3">实际到位
（到达项目单位）</td><td colspan="2">实际支出
（项目单位
支出）</td><td rowspan="2">结余金额</td><td rowspan="2">备注</td><td rowspan="2">—</td></tr>
<tr><td>到位
金额</td><td>到位率
（%）</td><td>到位
时间</td><td>支出
金额</td><td>支出率
（%）</td></tr>
<tr><td>县区财
政资金</td><td></td><td></td><td></td><td></td><td></td><td></td><td></td><td></td><td></td><td></td><td></td></tr>
<tr><td>其他资
金小计</td><td></td><td></td><td></td><td></td><td></td><td></td><td></td><td></td><td></td><td></td><td></td></tr>
<tr><td>①银行
贷款</td><td></td><td></td><td></td><td></td><td></td><td></td><td></td><td></td><td></td><td></td><td></td></tr>
<tr><td>②单位
自筹</td><td></td><td></td><td></td><td></td><td></td><td></td><td></td><td></td><td></td><td></td><td></td></tr>
<tr><td>③其他</td><td></td><td></td><td></td><td></td><td></td><td></td><td></td><td></td><td></td><td></td><td></td></tr>
<tr><td rowspan="5">财务合规性</td><td colspan="3">资金是否全部用于本项目：
是□ 否□</td><td colspan="3">资金是否专账核算：
是□ 否□</td><td colspan="3">资金核算是否规范：
是□ 否□</td><td></td><td></td><td></td></tr>
<tr><td colspan="3">资金实际支出明细内容
（至主要末级经济科目）</td><td>同类项
目资金
实际
支出</td><td>项目
预算
支出</td><td>项目资
金实际
支出</td><td colspan="5">资金支出依据
（相关的资金管理办法、批复文件、流水账号等）</td><td>—</td></tr>
<tr><td colspan="3">合计</td><td></td><td></td><td></td><td colspan="5"></td><td></td></tr>
<tr><td colspan="3">1</td><td></td><td></td><td></td><td colspan="5"></td><td></td></tr>
<tr><td colspan="3">2</td><td></td><td></td><td></td><td colspan="5"></td><td></td></tr>
</table>

续表

<table>
<tr><td rowspan="5">资金管理</td><td rowspan="5">财务合规</td><td colspan="3">资金实际支出明细内容
（至主要末级经济科目）</td><td>同类项目资金实际支出</td><td>项目预算支出</td><td>项目资金实际支出</td><td colspan="4">资金支出依据
（相关的资金管理办法、批复文件、流水账号等）</td><td>—</td></tr>
<tr><td colspan="3">3</td><td></td><td></td><td></td><td colspan="4"></td><td></td></tr>
<tr><td colspan="3">4</td><td></td><td></td><td></td><td colspan="4"></td><td></td></tr>
<tr><td colspan="3">5</td><td></td><td></td><td></td><td colspan="4"></td><td></td></tr>
<tr><td colspan="3">……</td><td></td><td></td><td></td><td colspan="4"></td><td></td></tr>
<tr><td rowspan="7">项目管理</td><td rowspan="7">实施程序</td><td rowspan="5">组织实施情况统计</td><td>内容</td><td>是否要求</td><td>实际执行的项目数</td><td>未执行原因</td><td></td><td>内容</td><td>是否要求</td><td>实际执行项目数</td><td>未执行原因</td><td></td></tr>
<tr><td>政府采购</td><td>是□ 否□</td><td>（ ）个</td><td></td><td></td><td>招投标</td><td>是□ 否□</td><td>（ ）个</td><td></td><td></td></tr>
<tr><td>国库集中支付</td><td>是□ 否□</td><td>（ ）个</td><td></td><td></td><td>资金报账制</td><td>是□ 否□</td><td>（ ）个</td><td></td><td></td></tr>
<tr><td>法人负责制</td><td>是□ 否□</td><td>（ ）个</td><td></td><td></td><td>设监理制</td><td>是□ 否□</td><td>（ ）个</td><td></td><td></td></tr>
<tr><td>合同管理制</td><td>是□ 否□</td><td>（ ）个</td><td></td><td></td><td>其他</td><td>是□ 否□</td><td>（ ）个</td><td></td><td></td></tr>
<tr><td rowspan="2">调整情况</td><td colspan="3">1. 预算变动（增减变化）</td><td colspan="2">2. 支出内容调整（包括设计变动而来的调整</td><td colspan="5">3. 设计方案调整：</td></tr>
<tr><td colspan="2">有调整的项目（用款）单位数量（ ）个</td><td>—</td><td>其中按要求应办理报批手续的项目（用款）单位数量（ ）个</td><td>—</td><td colspan="3">实际办理的项目数（ ）个</td><td>—</td><td></td></tr>
</table>

续表

项目管理	实施程序		内容	是否要求	实际执行的项目数	未执行原因		内容	是否要求	实际执行项目数	未执行原因	
		调整情况	调整内容									
			调整原因及批复文件									
			未办理批复的项目及原因									
		项目管理机构	验收时间		验收单位		办理验收手续项目数	( )个	验收程序			
		项目已完成未办理验收的说明										
	监管情况	项目管理机构						管理组成员				
		检查方式及频次						其他管理机构(如监理机构)				

续表

<table>
<tr><td colspan="11">1-4:项目绩效情况</td><td>佐证材料编号</td></tr>
<tr><td rowspan="2">经济性</td><td rowspan="2">预算(成本)控制</td><td>具体情况</td><td colspan="8">项目预算(　　)万元,实际按进度支付(　　)万元,截止评价期,实际(结余/超支)(　　)万元,
项目未按预算支付造成结余 □
采取措施形成的节约资金 □
其他原因造成的结余或超支 □</td><td></td></tr>
<tr><td>控制措施</td><td colspan="8">在项目过程中,采取了的措施或制度等对项目支出进行有效的监管制约:</td><td></td></tr>
<tr><td rowspan="3">效率性</td><td rowspan="2">完工进度</td><td>按照计划应当完工的项目数量</td><td>(　)个</td><td>实际按计划完工的项目数量</td><td>(　)个</td><td>尚未完工项目数量</td><td>(　)个</td><td>按计划应完成,实际未完成数</td><td>(　)个</td><td></td><td></td></tr>
<tr><td>未按计划进度完工的原因</td><td colspan="8"></td><td></td></tr>
<tr><td>完工质量</td><td>验收结论</td><td>优良(　)个</td><td>合格(　)个</td><td>不合格(　)个</td><td>—</td><td colspan="2">达到何种质量标准</td><td>—</td><td>有无发生质量、安全事故:有□ 无□</td><td></td></tr>
<tr><td rowspan="4">效果性</td><td rowspan="2">社会经济效益</td><td colspan="9">与预期产出的公共产品和效果比较</td><td></td></tr>
<tr><td>社会效益</td><td colspan="8"></td><td></td></tr>
<tr><td rowspan="2">可持续发展</td><td>经济效益</td><td colspan="8"></td><td></td></tr>
<tr><td>环境效益</td><td colspan="8"></td><td></td></tr>
<tr><td>公平性</td><td>公共属性</td><td colspan="9"></td><td></td></tr>
</table>

附录 4

广东省财政科技专项资金绩效评价指标体系信息表

2-1：基本情况						备注
项目名称		项目编码				
项目预算支出功能科目名称		项目预算支出 功能名称编码				
项目资金安排文号		项目资金安排年度		项目评价年度	年	
项目评价类型	实施过程评价 □ 完成结果评价 □	评价项目实施时间段	年 月 日至 年 月 日			
省级项目主管单位		省级项目实施单位 （处室、二级预算单位）				
省级项目主管单位负责人		联系电话				
项目类型	1. 基本建设类□ 其中：新建 □ 扩建 □ 改建 □ 2. 行政事业类□ 其中：采购 □ 修缮 □ 奖励/补贴 □ 3. 其他项目类□	项目开始时间	计划： 年 月 实际： 年 月	项目完成时间	计划： 年 月 实际： 年 月	
项目（用款）单位个数	合计： 个； 其中：省级： 个，地市： 个，县（区）： 个。					

续表

2-2:绩效评价指标体系			佐证材料编号
二级指标	三级指标	评价指标体系结果	
基本(通用)指标	资金到位率		
	资金使用率		
	支出效果率	A. 优(　) B. 良(　) C. 中(　) D. 低(　) E. 差(　)	
投入资金分析	财政投入乘数	A. 优(　) B. 良(　) C. 中(　) D. 低(　) E. 差(　)	
	人均利润率		
	科技人员人均科研费用		
	研究开发费用占销售比率		
财政资金产出效益	财政供养万人当中科技人员数		
	科技人员人均发表课题、成果数		
	科技人员人均获科研成果奖数		
	科技人员科研成果应用转化率		
财政资金利用效率	投入产出率		
	高科技投入成功率		
	项目成功率		

续表

二级指标	三级指标	评价指标体系结果
发展潜力	科研支出和财政支出增长率的比率	
	连续三年科研经费投入平均增长率	
	科研人员队伍稳定率	
	应用研究在国际国内的先进性	A. 优（　）　B. 良（　）　C. 中（　）　D. 低（　）　E. 差（　）
其他评价指标	科技投入新增加产值	
	科技投入新增加销售额	
	科技投入新增加利税额	
	科技投入新增加社会就业人数	
	科技投入新增加出口创汇及出口贸易总额	
	成果转让项次	
修正指标	通货膨胀率影响因素	A. 优（　）　B. 良（　）　C. 中（　）　D. 低（　）　E. 差（　）
	地区经济发展水平影响因素	A. 优（　）　B. 良（　）　C. 中（　）　D. 低（　）　E. 差（　）
	所处行业特殊性因素	A. 优（　）　B. 良（　）　C. 中（　）　D. 低（　）　E. 差（　）
	对环境影响因素	A. 优（　）　B. 良（　）　C. 中（　）　D. 低（　）　E. 差（　）
	对社会发展影响因素	A. 优（　）　B. 良（　）　C. 中（　）　D. 低（　）　E. 差（　）
	长期效益影响因素	A. 优（　）　B. 良（　）　C. 中（　）　D. 低（　）　E. 差（　）
	其他修正指标	A. 优（　）　B. 良（　）　C. 中（　）　D. 低（　）　E. 差（　）

续表

二级指标	三级指标	评价指标体系结果	
定性指标	项目预定目标规划、执行情况	A. 优（　） B. 良（　） C. 中（　） D. 低（　） E. 差（　）	
	公务员（在岗职工）素质	A. 优（　） B. 良（　） C. 中（　） D. 低（　） E. 差（　）	
	项目管理水平	A. 优（　） B. 良（　） C. 中（　） D. 低（　） E. 差（　）	
	发展创新能力与战略	A. 优（　） B. 良（　） C. 中（　） D. 低（　） E. 差（　）	
	服务硬环境与服务满意度	A. 优（　） B. 良（　） C. 中（　） D. 低（　） E. 差（　）	
	综合社会贡献	A. 优（　） B. 良（　） C. 中（　） D. 低（　） E. 差（　）	

附录 5

广东省人民政府印发《关于进一步促进科技创新若干政策措施》的通知

粤府〔2019〕1 号

各地级以上市人民政府，各县（市、区）人民政府，省政府各部门、各直属机构：

现将《关于进一步促进科技创新的若干政策措施》印发给你们，请认真组织实施。实施过程中遇到的问题，请径向省科技厅反映。

创新是引领发展的第一动力，是推动高质量发展的战略支撑。各地、各部门要深入贯彻落实习近平总书记视察广东重要讲话精神，继续发扬改革创新的优良传统，解放思想、真抓实干、锐意进取，全面深化科技体制机制改革，建立健全容错免责机制，强化协调联动和宣传引导，有效激发全社会创新创业活力，为奋力实现“四个走在全国前列”、当好“两个重要窗口”提供重要支撑。

附件：关于进一步促进科技创新的若干政策措施

广东省人民政府

2018 年 12 月 24 日

附件

关于进一步促进科技创新的若干政策措施

为深入贯彻习近平新时代中国特色社会主义思想和党的十九大精神，深入贯彻习近平总书记视察广东重要讲话精神，深入实施创新驱动发展战略，大力推进以科技创新为核心的全面创新，不断提升我省自主创新能力，充分发挥科技创新对经济社会发展的支撑引领作用，特制定以下政策措施。

一、推进粤港澳大湾区国际科技创新中心建设。构建更加灵活高效的粤港澳科技合作机制，启动实施粤港澳大湾区科技创新行动计划，共建重大创新平台和成果转化基地，共同开展基础研究和关键核心技术攻关；围绕创建综合性国家科学中心，完善重大科技基础设施共建机制，协同落实国家战略布局和支持政策，建设世界一流重大科技基础设施集群，省市在建设规划、用地审批、资金安排、人才政策等方面给予重点支持。推动重大科技基础设施、国家重点实验室、省实验室开放共享，建设面向港澳开放的散裂中子源谱仪，保障对港澳的专用机时和服务。支持港澳及世界知名高校、科研机构、企业来粤设立分支机构并享受相关优惠政策，促使重大科技成果落地转化。支持我省高校、科研机构、企业在国际创新人才密集区和“一带一路”沿线国家设立离岸科技孵化基地或研发机构，集聚全球高端创新资源。试行高校、科研机构和企业科技人员按需办理往来港澳有效期3年的多次商务签注，企业商务签注备案不受纳税额限制；允许持优粤卡A卡的港澳和外籍高层次人才，申办1副港澳入出内地商务车辆牌证。支持各市至少建设1家港澳青年创新创业基地，基地可直接认定为省级科技企业孵化器并享受相关优惠政策。减轻在粤工作的港澳人才和外籍高层次人才内地工资薪金所得税税负，珠三角九市可按内地与境外个人所得税税负差额给予补贴。

二、鼓励港澳高校和科研机构承担省科技计划项目。省科技计划项目向港澳开放，支持港澳高校、科研机构牵头或独立申报省科技计划项目。建立省财政科研资金跨境使用机制，允许项目资金直接拨付至港澳两地牵头或参与单位。完善符合港澳实际的财政科研资金管理机制，保障资金高效、规范使用。建立资金拨付绿色通道，省科技行政部门凭立项文件、立项合同到税务部门进行对外支付税务备案，即时办结后到相关银行办理拨款手续。港澳项目承担单位应提供人民币银行账户，港澳银行收取的管理费可从科研资金中列支。港澳项目承担单位获得的科技成果与知识产权原则上归其所有，依合同约定使用管理，并优先在我省产业化。鼓励有条件的地级以上市向港澳开放科技计划项目。

三、推进创新人才高地建设。调整优化省重大人才工程，加强省重大人才工程与重大科技计划、各级人才计划衔接协同；对于引进人才与本土人才，一视同仁。率先实施更优人才永久居留政策，在珠三角九市先行先试技术移民制度，缩短外籍人才申请永久居留的审批期限。优化人才签证制度，外籍高层次人才、急需紧缺人才可凭科技（外专）部门签发的确认函，直接向我国驻外签证机关申请办理有效期最高 10 年、每次停留时间最高 180 日的 R 字签证，上述人才的配偶及未成年子女亦可办理有效期相同、多次入境的相应种类签证；简化外籍人才短期（90 日以内）来粤工作的签证办理程序，外籍人才凭科技（外专）部门签发的邀请函，可直接向我国驻外签证机关申请 F 字签证，入境后免办工作许可和居留许可；对需紧急入境但未能在我国驻外签证机关办理 R 字或 F 字签证的外籍人才，可凭科技（外专）部门签发的确认函或邀请函，直接在我省口岸签证机关申请 R 字或 F 字临时签证入境（30 日以内），入境后如需延长停留时间按规定办理。对已获得来华工作许可和居留许可的外籍高层次人才，其外籍团队成员及科研助手可办理相应期限的工作许可和居留许可。试行港澳人才享受我省企业职工基本养老保险延缴政策，对达到法定退休年龄、累计缴费不足 15 年的可以延缴，对男性满 65 周岁、女性满 60 周岁时缴费年限仍不足 15 年的可予趸缴。对在粤工作、不能享受社会保险待遇的外籍人才，允许用人单位使用财政资金为其购买任期内商业养老保险和商业医疗保险。强化企业家在科技创新中的重要作用，实施企业家职称评审直通车制度，科技型企业家可直接申报高级（含正高级）专业技术职称。支持各地级以上市按照职住平衡、就近建设、定向供应的原则，在高校、科研机构、高新技术产业开发区（以下简称高新区）等人才密集区建设产权型或租赁型人才住房。

四、加快建设省实验室和新型研发机构。对标国家实验室，在重点领域建设10个左右省实验室。支持省实验室实行新型管理体制和运营机制，赋予其人财物自主权，可自主评审正高级职称，自主决策孵化企业投资，自主设立的科技项目视同省科技计划项目，重点引进的人才团队纳入省重大人才工程。支持省实验室与高校联合共建博士点、硕士点，培养高水平创新人才。支持国内外知名高校、科研机构、世界500强企业、中央企业等来粤设立研发总部或区域研发中心，在新一代通信与网络、量子科学、脑科学、人工智能等前沿科学领域布局建设高水平研究院，并直接认定为省新型研发机构，评估优秀的省财政最高给予1000万元奖补。符合条件的省实验室及所属科研机构、高水平研究院，经批准可作为省或市登记设立的事业单位，不纳入机构编制管理。对省市参与建设的事业单位性质新型研发机构，省或市可授予其自主审批下属创投公司最高3000万元的投资决策权。试点实施事业单位性质的新型研发机构运营管理机制改革，允许新型研发机构设立多元投资的混合制运营公司，其管理层和核心骨干可以货币出资方式持有50%以上股份，并经理事会批准授权，由运营公司负责新型研发机构经营管理；在实现国有资产保值增值的前提下，盈余的国有资产增值部分可按不低于50%的比例留归运营公司。稳步推进省属公益类科研机构改革，开展中长期绩效综合评价，对评价优秀的实行基本科研业务费制度。

五、加快高新区改革创新发展。推进国家级高新区地市全覆盖，并在三年内布局新建40个以上省级高新区。设立高新区和高新技术企业发展资金，提升高新区产业集聚和公共服务能力，培育一批高新技术企业和高成长性科技型中小企业。支持国家级高新区和发展水平高的省级高新区整合或托管区位相邻、产业相近、分布零散的产业园区。向国家和省级高新区下放更多的省级和市级经济管理权限。各地级以上市根据精简、效能原则，设立专业化、专职化的高新区管理机构，高新区内设机构可在核定的数额内根据需要动态调整并按程序报批。深化高新区干部人事制度改革，高新区管理机构主要领导由所在地党政领导成员兼任，所在地科技行政部门负责同志兼任高新区管理机构的领导班子成员，赋予高新区核定编制内选人用人自主权。理顺高新区财政管理体制，赋予国家级高新区和具备条件的省级高新区一级财政管理权限。鼓励各地级以上市按高新区上缴的财政贡献和土地出让收入，对高新区给予一定奖补。

六、加大企业创新普惠性支持。进一步降低企业研发成本，在全面执行国家研发费用税前加计扣除75%政策基础上，鼓励有条件的地级以上市对评价入库的科技型中小企业增按25%研发费用税前加计扣除标准给予奖补。调整优化企业研发财政补助政策，持续激励企业加大研发投入，并适当向粤东西北地区企业倾斜。鼓励有条件的地级以上市对设立时间不超过5年、经评价入库的科技型中小企业，按其形成的财政贡献给予一定奖励。对当年通过高新技术企业认定、入库培育、新建研发机构的企业，省市财政给予一定奖励。鼓励各地级以上市建立高成长性科技型企业种子库，提供分类施策和一企一策靶向服务，支持企业在境内外上市。改革省科技创新券使用管理，扩大创新券规模和适用范围，实现全国使用、广东兑付，重点支持科技型中小企业和创业者购买创新创业服务。支持企业联合高校、科研机构创建国家级和省级技术创新中心、产业创新中心和制造业创新中心。探索建立符合国际规则的创新产品政府首购制度，加大对首次投放国内市场、具有核心知识产权但暂不具备市场竞争力的重大创新产品采购力度。政府机关、事业单位和团体组织使用财政性资金采购同类型产品时，应合理设置首创性、先进性等评审因素和权重，不得对创新产品提出市场占有率、使用业绩等要求。国有企业利用国有资金采购创新产品的，应参照上述规定执行。实施重大创新产品示范应用工程，为重点领域研发计划等形成的重大创新产品提供应用场景。

七、打通科技成果转化“最后一公里”。构建国家重大科技项目接续支持机制，吸引一批国家项目在粤开展延展性研究和产业化应用，促使更多已结题、未转化的国家项目落地。提高科技成果转化积极性，高校独资设立的资产管理公司可将高校委托或划拨的科技成果自主作价投资，对科技人员实施股权激励，所持企业国有股份收益分配及退出由高校自主审批，收益可部分留归公司使用。高校资产管理公司开展科技成果作价投资，经履行勤勉尽责义务仍发生投资亏损的，由高校及其主管部门审核后，不纳入国有资产对外投资保值增值考核范围，免责办理亏损资产核销手续。高校、科研机构开展技术开发、技术咨询、技术服务等活动取得的净收入视同科技成果转化收入，可留归自主使用。试点开展科技成果权属改革，高校、科研机构以市场委托方式取得的横向项目，可约定其成果权属归科技人员所有；对利用财政资金形成的新增职务科技成果，按照有利于提高成果转化效率的原则，高校、科研机构可与科技人员共同申请知识产权，赋予科技人员成果所有权。支持专业化技术转移服务机构建设，省财政按其上年度促成高校、科研机构与企业签订的、除关联交易之外的登记技术合同交易额，以及引进境外技术交易额的一定比例给予奖补，重点用于引进培育技术经纪人或奖励机构人员绩效支出。

八、促进科技金融深度融合。建立企业创新融资需求与金融机构、创投机构信息对接机制，向金融机构、创投机构开放高新技术企业、科技型中小企业和承担省重点领域研发计划项目企业融资需求相关信息。鼓励银行开展科技信贷特色服务，创新外部投贷联动服务模式，加大对科技型中小企业的信贷支持力度，省财政按其实际投放金额予以一定奖补。省财政与有条件的地级以上市联动设立当地科技风险准备金池，对金融机构开展科技型中小企业贷款和知识产权质押投融资业务发生的损失，给予一定比例的风险补偿，促进解决民营科技型中小企业融资难、融资贵问题。鼓励有条件的地级以上市对新注册登记的私募股权和创业投资管理企业，从其形成财政贡献之日起，给予最多5年适当奖补；对新注册成立的创业投资企业、创业投资管理企业分别按实缴注册资金额、实际管理资金额的一定比例给予奖补，重点用于奖励其高管及骨干人员。发挥省创新创业基金引导作用，重点投向初创科技型企业，引导更多社会资金助推创新创业。改革省政策性引导基金的出资方式和管理模式，鼓励加大让利幅度，允许基金归属财政出资部分的收益全部让渡给社会资本出资方。对投资初创科技型企业的省内创业投资企业，省财政按其累计投资额的一定比例给予奖补。支持符合条件的创业投资企业及其股东、有限合伙人发行创投债，扩大创业投资企业资本规模。鼓励有条件的地级以上市大力发展金融科技产业，吸引金融科技企业和人才落户，对云计算、大数据、区块链、人工智能等新技术在金融领域的应用予以支持。

九、加强科研用地保障。优先保障重大科技项目用地，新增的非营利性科技项目用地计划指标由省统筹解决。国家下达的年度林地定额，优先用于重大科技基础设施、省实验室、省新型研发机构等重点科技创新项目建设，该类项目使用林地申请优先受理审核。对将“三旧”改造用地用于科技创新类项目的县（区），省按相关规定奖励新增建设用地计划指标。通过“三旧”改造建设重大科技基础设施、省实验室、高新技术企业，以及各市新型研发机构、科技企业孵化器和众创空间，在满足基础设施承载能力前提下，依法适当放宽地块容积率限制，缩短规划审批时间。对国家级、省级科技企业孵化器（含国家级科技企业孵化器培育单位）、大学科技园（含国家级大学科技园培育单位）和国家备案众创空间自用及提供给在孵对象使用的房产、土地，免征房产税和城镇土地使用税。在符合规划、不改变用途的前提下，国家级科技企业孵化器利用原有科研用地提高建筑密度和增加容积率的，可按一定优惠幅度征收土地价款差额。支持高校、科研机构围绕优势专业领域，利用自有物业、闲置楼宇建设众创空间、科技企业孵化器和加速器，选择若干高校、科研机构试点自主招租或授权运营机构公开招租，其租金收入财政全额返还，主要用于孵化器建设与运营、科技服务人员奖励等；其孵化服务收入全部归属为科技成果转化收入，留归高校、科研机构自主使用。支持广深科技创新走廊十大核心平台建设，简化“三旧”改造项目地块建设规划审批流程，按控制性详细规划法定程序编制并经所在市批准的“三旧”改造单元规划，可作为改造地块的控制性详细规划；符合产业准入条件的创新主体，在结构安全、外观良好、不影响周边建筑使用、不改变主体结构、不增加容积率的前提下，改变现有建筑使用功能用于创新活动的，无须进行规划报建。

十、提高区域创新发展平衡性协调性。着力构建以广州和深圳为主引擎、珠三角地区为核心、沿海经济带和北部生态区协调发展的区域创新格局，加强分类指导，实施差异化政策支持。在粤东西北地区采取省市共建等方式建设省实验室、省重点实验室，对创建国家级和新建省级高新区给予倾斜支持，布局新建一批农业高新技术产业示范区。对在粤东西北地区建设的高水平新型研发机构，省财政给予启动经费支持，经认定为省新型研发机构且评估优秀的，最高给予2000万元奖补。对在粤东西北地区设立分校、分院或分支机构的高校、科研机构、高水平医院、国家重点实验室，在规划用地、建设资金等方面优先予以保障。对整体搬迁至粤东西北地区的高新技术企业，执行国家税收优惠政策。实施乡村振兴科技计划，加快建设现代农业产业园，支持国家现代农业产业科技创新中心开展体制机制创新，先行先试创新政策；开展农村科技特派员行动，强化结果导向，重点考核派驻单位实现科技致富、农民增收目标情况，农村科技特派员承担重点派驻任务视同承担省级科技计划项目，纳入职称评价、职务晋升考核体系。鼓励省创新创业基金、农业供给侧结构性改革基金设立子基金，重点支持粤东西北地区科技型企业发展和现代农业产业科技创新中心建设。加大力度实施扬帆计划，加强粤东西北地区人才队伍建设。

十一、加强科研诚信和科研伦理建设。建立健全职责明确、高效协同的科研诚信管理体系，倡导良好学风，弘扬科学家精神，加强对科研人员的科研诚信和科研伦理教育。科研人员应当树立正确的学术价值观，克服浮躁、潜心科研、淡泊名利，恪守科研道德准则，不得挑战科研诚信与科研伦理底线。支持开展科研伦理和道德研究，不断完善相关规章制度，进一步强化科研伦理和道德的专家评估、审查、监督、调查处理和应急处置等工作。生命科学、医学、人工智能等前沿领域和对社会、环境具有潜在威胁的科研活动，应当在立项前实行科研伦理承诺制，对不签订科研伦理承诺书的项目不予立项。涉及人的生物医学科研和从事实验动物生产、使用的单位，应当按国家相关规定设立伦理委员会，增强科研伦理意识，履行管理主体责任，严格执行有关法律法规，遵循国际公认的科研伦理规范和生命伦理准则。加强科研诚信信息跨部门跨区域共享共用，对严重违背科研诚信和科研伦理要求的行为零容忍，实行终身追责、联合惩戒，涉嫌违法犯罪的及时移送司法机关依法处理。

十二、持续加大科技领域“放管服”改革力度。改革科研组织管理和项目形成机制，采用定向组织、并行支持、悬赏揭榜等新型科研组织模式，率先面向全国开放申报，常年受理、集中入库，吸引大机构、大团队落户。试行部分财政科研资金委托地市、高校、科研机构自主立项、自主管理。简化科研项目过程管理，减少项目实施周期内的各类评估、检查、抽查、审计等活动，对同一项目同一年度的监督、检查、评估等结果互通互认，避免重复多头检查。完善省财政科研项目资金管理办法，人力资源成本费不受比例限制，直接费用调剂权全部下放给项目承担单位。项目承担单位应当提高服务意识和水平，减少繁文缛节，便于科研人员按照规定报销科研经费；科研人员应当强化责任和诚信意识，严格按照资金开支范围和标准使用科研经费。高校、科研机构自主制订的横向项目经费管理办法，可作为评估、检查、审计等依据，实行有别于财政科研经费的分类管理方式；横向项目结余经费可全部奖励项目组成员，横向项目给予科技人员的报酬和奖励支出在核定的单位绩效工资总量外单列。高校、科研机构通过招投标或购买服务获取的财政性规划类、专题调研类、科技服务与管理类项目，可按横向项目管理。将更多省级科技创新行政管理职权事项下放或委托广州、深圳市，已经下放或委托给广州、深圳市的事项，逐步下放至其他具备条件的地市。

省有关部门及各地级以上市应于本通知下发之日起 3 个月内制定相关配套措施。鼓励驻粤中直高校、科研机构、央企及所属单位全面适用本政策。我省现有政策与本文件规定不一致的，按照本文件执行。

附件

重点工作任务分工表

政策措施	序号	具体工作任务	责任单位
一、推进粤港澳大湾区国际科技创新中心建设	1	构建更加灵活高效的粤港澳科技合作机制，启动实施粤港澳大湾区科技创新行动计划，共建重大创新平台和成果转化基地，共同开展基础研究和关键核心技术攻关	省科技厅
	2	围绕创建综合性国家科学中心，完善重大科技基础设施共建机制，协同落实国家战略布局和支持政策，建设世界一流重大科技基础设施集群，省市在建设规划、用地审批、资金安排、人才政策等方面给予重点支持。推动重大科技基础设施、国家重点实验室、省实验室开放共享，建设面向港澳开放的散裂中子源谱仪，保障对港澳的专用机时和服务	省发展改革委、科技厅、自然资源厅、财政厅，有关地级以上市人民政府
	3	支持港澳及世界知名高校、科研机构、企业来粤设立分支机构并享受相关优惠政策，促使重大科技成果落地转化。支持我省高校、科研机构、企业在国际创新人才密集区和“一带一路”沿线国家设立离岸科技孵化基地或研发机构，集聚全球高端创新资源	省科技厅、工业和信息化厅、教育厅、商务厅，各地级以上市人民政府
	4	试行高校、科研机构和企业科技人员按需办理往来港澳有效期3年的多次商务签注，企业商务签注备案不受纳税额限制；允许持优粤卡A卡的港澳和外籍高层次人才，申办1副港澳入出内地商务车辆牌证	省公安厅、人力资源社会保障厅
	5	支持各市至少建设1家港澳青年创新创业基地，基地可直接认定为省级科技企业孵化器并享受相关优惠政策	省科技厅，各地级以上市人民政府
	6	减轻在粤工作的港澳人才和外籍高层次人才内地工资薪金所得税税负，珠三角九市可按内地与境外个人所得税税负差额给予补贴	珠三角九市人民政府

续表

政策措施	序号	具体工作任务	责任单位
二、鼓励港澳高校和科研机构承担省科技计划项目	7	省科技计划项目向港澳开放，支持港澳高校、科研机构牵头或独立申报省科技计划项目。建立省财政科研资金跨境使用机制，允许项目资金直接拨付至港澳两地牵头或参与单位。完善符合港澳实际的财政科研资金管理机制，保障资金高效、规范使用	省科技厅、财政厅、税务局，人民银行广州分行
	8	建立资金拨付绿色通道，省科技行政部门凭立项文件、立项合同到税务部门进行对外支付税务备案，即时办结后到相关银行办理拨款手续。港澳项目承担单位应提供人民币银行帐户，港澳银行收取的管理费可从科研资金中列支	
	9	港澳项目承担单位获得的科技成果与知识产权原则上归其所有，依合同约定使用管理，并优先在我省产业化	
	10	鼓励有条件的地级以上市向港澳开放科技计划项目	各地级以上市人民政府
三、推进创新人才高地建设	11	调整优化省重大人才工程，加强省重大人才工程与重大科技计划、各级人才计划衔接协同；对于引进人才与本土人才，一视同仁	省委组织部，省科技厅、人力资源社会保障厅、教育厅
	12	率先实施更优人才永久居留政策，在珠三角九市先行先试技术移民制度，缩短外籍人才申请永久居留的审批期限	省公安厅、科技厅，珠三角九市人民政府
	13	优化人才签证制度，外籍高层次人才、急需紧缺人才可凭科技（外专）部门签发的确认函，直接向我国驻外签证机关申请办理有效期最高 10 年、每次停留时间最高 180 日的 R 字签证，上述人才的配偶及未成年子女亦可办理有效期相同、多次入境的相应种类签证；简化外籍人才短期（90 日以内）来粤工作的签证办理程序，外籍人才凭科技（外专）部门签发的邀请函，可直接向我国驻外签证机关申请 F 字签证，入境后免办工作许可和居留许可；对需紧急入境但未能在我国驻外签证机关办理 R 字或 F 字签证的外籍人才，可凭科技（外专）部门签发的确认函或邀请函，直接在我省口岸签证机关申请 R 字或 F 字临时签	省科技厅、公安厅

续表

政策措施	序号	具体工作任务	责任单位
三、推进创新人才高地建设	13	证入境（30日以内），入境后如需延长停留时间按规定办理。对已获得来华工作许可和居留许可的外籍高层次人才，其外籍团队成员及科研助手可办理相应期限的工作许可和居留许可	省科技厅、公安厅
	14	试行港澳人才享受我省企业职工基本养老保险延缴政策，对达到法定退休年龄、累计缴费不足15年的可以延缴，对男性满65周岁、女性满60周岁时缴费年限仍不足15年的可予趸缴。对在粤工作、不能享受社会保险待遇的外籍人才，允许用人单位使用财政资金为其购买任期内商业养老保险和商业医疗保险	省人力资源社会保障厅、财政厅，各地级以上市人民政府
	15	强化企业家在科技创新中的重要作用，实施企业家职称评审直通车制度，科技型企业家可直接申报高级（含正高级）专业技术职称	省人力资源社会保障厅、科技厅
	16	支持各地级以上市按照职住平衡、就近建设、定向供应的原则，在高校、科研机构、高新技术产业开发区（以下简称高新区）等人才密集区建设产权型或租赁型人才住房	各地级以上市人民政府
四、加快建设省实验室和新型研发机构	17	对标国家实验室，在重点领域建设10个左右省实验室。支持省实验室实行新型管理体制和运营机制，赋予其人财物自主权，可自主评审正高级职称，自主决策孵化企业投资，自主设立的科技项目视同省科技计划项目，重点引进的人才团队纳入省重大人才工程。支持省实验室与高校联合共建博士点、硕士点，培养高水平创新人才	省科技厅，省委组织部，省人力资源社会保障厅、财政厅、教育厅，有关地级以上市人民政府
	18	支持国内外知名高校、科研机构、世界500强企业、中央企业等来粤设立研发总部或区域研发中心，在新一代通信与网络、量子科学、脑科学、人工智能等前沿科学领域布局建设高水平研究院，并直接认定为省新型研发机构，评估优秀的省财政最高给予1000万元奖补	省科技厅

续表

政策措施	序号	具体工作任务	责任单位
四、加快建设省实验室和新型研发机构	19	符合条件的省实验室及所属科研机构、高水平研究院，经批准可作为省或市登记设立的事业单位，不纳入机构编制管理	省委编办，省科技厅，各地级以上市人民政府
	20	对省市参与建设的事业单位性质新型研发机构，省或市可授予其自主审批下属创投公司最高3000万元的投资决策权	省财政厅、科技厅，各地级以上市人民政府
	21	试点实施事业单位性质的新型研发机构运营管理机制改革，允许新型研发机构设立多元投资的混合制运营公司，其管理层和核心骨干可以货币出资方式持有50%以上股份，并经理事会批准授权，由运营公司负责新型研发机构经营管理；在实现国有资产保值增值的前提下，盈余的国有资产增值部分可按不低于50%的比例留归运营公司	省科技厅、财政厅，各地级以上市人民政府
	22	稳步推进省属公益类科研机构改革，开展中长期绩效综合评价，对评价优秀的实行基本科研业务费制度	省科技厅，省委编办
五、加快高新区改革创新发展	23	推进国家级高新区地市全覆盖，并在三年内布局新建40个以上省级高新区	省科技厅，各地级以上市人民政府
	24	设立高新区和高新技术企业发展资金，提升高新区产业集聚和公共服务能力，培育一批高新技术企业和高成长性科技型中小企业。支持国家级高新区和发展水平高的省级高新区整合或托管区位相邻、产业相近、分布零散的产业园区	省科技厅、财政厅，各地级以上市人民政府
	25	向国家和省级高新区下放更多的省级和市级经济管理权限	省政府办公厅，各地级以上市人民政府
	26	各地级以上市根据精简、效能原则，设立专业化、专职化的高新区管理机构，高新区内设机构可在核定的数额内根据需要动态调整并按程序报批	各地级以上市人民政府
	27	深化高新区干部人事制度改革，高新区管理机构主要领导由所在地党政领导成员兼任，所在地科技行政部门负责同志兼任高新区管理机构的领导班子成员，赋予高新区核定编制内选人用人自主权	各地级以上市人民政府

续表

政策措施	序号	具体工作任务	责任单位
五、加快高新区改革创新发展	28	理顺高新区财政管理体制，赋予国家级高新区和具备条件的省级高新区一级财政管理权限。鼓励各地级以上市按高新区上缴的财政贡献和土地出让收入，对高新区给予一定奖补	各地级以上市人民政府
六、加大企业创新普惠性支持	29	进一步降低企业研发成本，在全面执行国家研发费用税前加计扣除75%政策基础上，鼓励有条件的地级以上市对评价入库的科技型中小企业增按25%研发费用税前加计扣除标准给予奖补	各地级以上市人民政府
	30	调整优化企业研发财政补助政策，持续激励企业加大研发投入，并适当向粤东西北地区企业倾斜	省科技厅、财政厅
	31	鼓励有条件的地级以上市对设立时间不超过5年、经评价入库的科技型中小企业，按其形成的财政贡献给予一定奖励	各地级以上市人民政府
	32	对当年通过高新技术企业认定、入库培育、新建研发机构的企业，省市财政给予一定奖励	各地级以上市人民政府，省科技厅、财政厅
	33	鼓励各地级以上市建立高成长性科技型企业种子库，提供分类施策和一企一策靶向服务，支持企业在境内外上市	各地级以上市人民政府，广东证监局，深圳证监局
	34	改革省科技创新券使用管理，扩大创新券规模和适用范围，实现全国使用、广东兑付，重点支持科技型中小企业和创业者购买创新创业服务	省科技厅、财政厅
	35	支持企业联合高校、科研机构创建国家级和省级技术创新中心、产业创新中心和制造业创新中心	省科技厅、发展改革委、工业和信息化厅
	36	探索建立符合国际规则的创新产品政府首购制度，加大对首次投放国内市场、具有核心知识产权但暂不具备市场竞争力的重大创新产品采购力度。政府机关、事业单位和团体组织使用财政性资金采购同类型产品时，应合理设置首创性、先进性等评审因素和权重，不得对创新产品提出市场占有率、使用业绩等要求。国有企业利用	

续表

政策措施	序号	具体工作任务	责任单位
六、加大企业创新普惠性支持	36	国有资金采购创新产品的，应参照上述规定执行。实施重大创新产品示范应用工程，为重点领域研发计划等形成的重大创新产品提供应用场景	省财政厅、发展改革委、工业和信息化厅、科技厅
七、打通科技成果转化“最后一公里”	37	构建国家重大科技项目接续支持机制，吸引一批国家项目在粤开展延展性研究和产业化应用，促使更多已结题、未转化的国家项目落地	省科技厅
	38	提高科技成果转化积极性，高校独资设立的资产管理公司可将高校委托或划拨的科技成果自主作价投资，对科技人员实施股权激励，所持企业国有股份收益分配及退出由高校自主审批，收益可部分留归公司使用。高校资产管理公司开展科技成果作价投资，经履行勤勉尽责义务仍发生投资亏损的，由高校及其主管部门审核后，不纳入国有资产对外投资保值增值考核范围，免责办理亏损资产核销手续	省财政厅、教育厅、国资委、科技厅
	39	高校、科研机构开展技术开发、技术咨询、技术服务等活动取得的净收入视同科技成果转化收入，可留归自主使用	省科技厅、教育厅
	40	试点开展科技成果权属改革，高校、科研机构以市场委托方式取得的横向项目，可约定其成果权属归科技人员所有；对利用财政资金形成的新增职务科技成果，按照有利于提高成果转化效率的原则，高校、科研机构可与科技人员共同申请知识产权，赋予科技人员成果所有权	省科技厅、财政厅、市场监管局
	41	支持专业化技术转移服务机构建设，省财政按其上年度促成高校、科研机构与企业签订的、除关联交易之外的登记技术合同交易额，以及引进境外技术交易额的一定比例给予奖补，重点用于引进培育技术经纪人或奖励机构人员绩效支出	省科技厅

续表

政策措施	序号	具体工作任务	责任单位
八、促进科技金融深度融合	42	建立企业创新融资需求与金融机构、创投机构信息对接机制，向金融机构、创投机构开放高新技术企业、科技型中小企业和承担省重点领域研发计划项目企业融资需求相关信息	省科技厅
	43	鼓励银行开展科技信贷特色服务，创新外部投贷联动服务模式，加大对科技型中小企业的信贷支持力度，省财政按其实际投放金额予以一定奖补	省科技厅，广东银保监局
	44	省财政与有条件的地级以上市联动设立当地科技风险准备金池，对金融机构开展科技型中小企业贷款和知识产权质押投融资业务发生的损失，给予一定比例的风险补偿，促进解决民营科技型中小企业融资难、融资贵问题	省科技厅、市场监管局，各地级以上市人民政府
	45	鼓励有条件的地级以上市对新注册登记的私募股权和创业投资管理企业，从其形成财政贡献之日起，给予最多5年适当奖补；对新注册成立的创业投资企业、创业投资管理企业分别按实缴注册资金额、实际管理资金额的一定比例给予奖补，重点用于奖励其高管及骨干人员	各地级以上市人民政府
	46	发挥省创新创业基金引导作用，重点投向初创科技型企业，引导更多社会资金助推创新创业。改革省政策性引导基金的出资方式和管理模式，鼓励加大让利幅度，允许基金归属财政出资部分的收益全部让渡给社会资本出资方	省科技厅、发展改革委
	47	对投资初创科技型企业的省内创业投资企业，省财政按其累计投资额的一定比例给予奖补	省科技厅、发展改革委
	48	支持符合条件的创业投资企业及其股东、有限合伙人发行创投债，扩大创业投资企业资本规模	省发展改革委，广东银保监局
	49	鼓励有条件的地级以上市大力发展金融科技产业，吸引金融科技企业和人才落户，对云计算、大数据、区块链、人工智能等新技术在金融领域的应用予以支持	各地级以上市人民政府

续表

政策措施	序号	具体工作任务	责任单位
九、加强科研用地保障	50	优先保障重大科技项目用地，新增的非营利性科技项目用地计划指标由省统筹解决。国家下达的年度林地定额，优先用于重大科技基础设施、省实验室、省新型研发机构等重点科技创新项目建设，该类项目使用林地申请优先受理审核。对将“三旧”改造用地用于科技创新类项目的县（区），省按相关规定奖励新增建设用地计划指标	省自然资源厅，各地级以上市人民政府
	51	通过“三旧”改造建设重大科技基础设施、省实验室、高新技术企业，以及各市新型研发机构、科技企业孵化器和众创空间，在满足基础设施承载能力前提下，依法适当放宽地块容积率限制，缩短规划审批时间	各地级以上市人民政府
	52	对国家级、省级科技企业孵化器（含国家级科技企业孵化器培育单位）、大学科技园（含国家级大学科技园培育单位）和国家备案众创空间自用及提供给在孵对象使用的房产、土地，免征房产税和城镇土地使用税	省税务局、科技厅
	53	在符合规划、不改变用途的前提下，国家级科技企业孵化器利用原有科研用地提高建筑密度和增加容积率的，可按一定优惠幅度征收土地价款差额	各地级以上市人民政府
	54	支持高校、科研机构围绕优势专业领域，利用自有物业、闲置楼宇建设众创空间、科技企业孵化器和加速器，选择若干高校、科研机构试点自主招租或授权运营机构公开招租，其租金收入财政全额返还，主要用于孵化器建设与运营、科技服务人员奖励等；其孵化服务收入全部归属为科技成果转化收入，留归高校、科研机构自主使用	省财政厅、科技厅、教育厅
	55	支持广深科技创新走廊十大核心平台建设，简化“三旧”改造项目地块建设规划审批流程，按控制性详细规划法定程序编制并经所在市批准的“三旧”改造单元规划，可作为改造地块的控制性详细规划；符合产业准入条件的创新主体，在结构安全、	

续表

政策措施	序号	具体工作任务	责任单位
九、加强科研用地保障	55	外观良好、不影响周边建筑使用、不改变主体结构、不增加容积率的前提下，改变现有建筑使用功能用于创新活动的，无须进行规划报建	广州、深圳、东莞市人民政府
十、提高区域创新发展平衡性协调性	56	着力构建以广州和深圳为主引擎、珠三角地区为核心、沿海经济带和北部生态区协调发展的区域创新格局，加强分类指导，实施差异化政策支持。在粤东西北地区采取省市共建等方式建设省实验室、省重点实验室，对创建国家级和新建省级高新区给予倾斜支持，布局新建一批农业高新技术产业示范区	省科技厅、发展改革委，各地级以上市人民政府
	57	对在粤东西北地区建设的高水平新型研发机构，省财政给予启动经费支持，经认定为省新型研发机构且评估优秀的，最高给予2000万元奖补	省科技厅，有关地级以上市人民政府
	58	对在粤东西北地区设立分校、分院或分支机构的高校、科研机构、高水平医院、国家重点实验室，在规划用地、建设资金等方面优先予以保障。对整体搬迁至粤东西北地区的高新技术企业，执行国家税收优惠政策	各地级以上市人民政府
	59	实施乡村振兴科技计划，加快建设现代农业产业园，支持国家现代农业产业科技创新中心开展体制机制创新，先行先试创新政策；开展农村科技特派员行动，强化结果导向，重点考核派驻单位实现科技致富、农民增收目标情况，农村科技特派员承担重点派驻任务视同承担省级科技计划项目，纳入职称评价、职务晋升考核体系	省科技厅、农业农村厅
	60	鼓励省创新创业基金、农业供给侧结构性改革基金设立子基金，重点支持粤东西北地区科技型企业发展和现代农业产业科技创新中心建设	省科技厅、农业农村厅
	61	加大力度实施扬帆计划，加强粤东西北地区人才队伍建设	省委组织部，省科技厅、人力资源社会保障厅、农业农村厅，有关地级以上市人民政府

续表

政策措施	序号	具体工作任务	责任单位
十一、加强科研诚信和科研伦理建设	62	建立健全职责明确、高效协同的科研诚信管理体系，倡导良好学风，弘扬科学家精神，加强对科研人员的科研诚信和科研伦理教育。科研人员应当树立正确的学术价值观，克服浮躁、潜心科研、淡泊名利，恪守科研道德准则，不得挑战科研诚信与科研伦理底线	省科技厅、卫生健康委、教育厅、发展改革委等
	63	支持开展科研伦理和道德研究，不断完善相关规章制度，进一步强化科研伦理和道德的专家评估、审查、监督、调查处理和应急处置等工作	
	64	生命科学、医学、人工智能等前沿领域和对社会、环境具有潜在威胁的科研活动，应当在立项前实行科研伦理承诺制，对不签订科研伦理承诺书的项目不予立项	
	65	涉及人的生物医学科研和从事实验动物生产、使用的单位，应当按国家有关规定设立伦理委员会，增强科研伦理意识，履行管理主体责任，严格执行有关法律法规，遵循国际公认的科研伦理规范和生命伦理准则	
	66	加强科研诚信信息跨部门、跨区域共享共用，对严重违背科研诚信和科研伦理要求的行为零容忍，实行终身追责、联合惩戒，涉嫌违法犯罪的及时移送司法机关依法处理	
十二、持续加大科技领域“放管服”改革力度	67	改革科研组织管理和项目形成机制，采用定向组织、并行支持、悬赏揭榜等新型科研组织模式，率先面向全国开放申报，常年受理、集中入库，吸引大机构、大团队落户。试行部分财政科研资金委托地市、高校、科研机构自主立项、自主管理	省科技厅
	68	简化科研项目过程管理，减少项目实施周期内的各类评估、检查、抽查、审计等活动，对同一项目同一年度的监督、检查、评议等结果互通互认，避免重复多头检查	省科技厅、财政厅、审计厅

续表

政策措施	序号	具体工作任务	责任单位
十二、持续加大科技领域“放管服”改革力度	69	完善省财政科研项目资金管理办法，人力资源成本费不受比例限制，直接费用调剂权全部下放给项目承担单位。项目承担单位应当提高服务意识和水平，减少繁文缛节，便于科研人员按照规定报销科研经费；科研人员应当强化责任和诚信意识，严格按照资金开支范围和标准使用科研经费	省财政厅、科技厅、审计厅
	70	高校、科研机构自主制订的横向项目经费管理办法，可作为评估、检查、审计等依据，实行有别于财政科研经费的分类管理方式；横向项目结余经费可全部奖励项目组成员，横向项目给予科技人员的报酬和奖励支出在核定的单位绩效工资总量外单列。高校、科研机构通过招投标或购买服务获取的财政性规划类、专题调研类、科技服务与管理类项目，可按横向项目管理	省财政厅、科技厅、审计厅、人力资源社会保障厅
	71	将更多省级科技创新行政管理职权事项下放或委托广州、深圳市，已经下放或委托给广州、深圳市的事项，逐步下放至其他具备条件的地市	省政府办公厅

附录 6

科技部办公厅关于印发《国家重点研发计划项目综合绩效评价工作规范（试行）》的通知

国科办资〔2018〕107 号

各有关单位：

为贯彻落实《国务院关于优化科研管理提升科研绩效若干措施的通知》（国发〔2018〕25 号）、《关于深化项目评审、人才评价、机构评估改革的意见》《关于进一步加强科研诚信建设的若干意见》等文件精神，组织做好国家重点研发计划项目综合绩效评价工作，我们制定了《国家重点研发计划项目综合绩效评价工作规范（试行）》。现印发给你们，请遵照执行。

本通知自发布之日起施行，《国家重点研发计划项目验收工作规范（试行）》（国科资函〔2018〕5 号）同时废止。

附件：国家重点研发计划项目综合绩效评价工作规范（试行）

科技部办公厅

2018 年 12 月 14 日

附件

国家重点研发计划项目综合绩效评价工作规范（试行）

国家重点研发计划项目实施期满后，项目管理专业机构（以下简称专业机构）应立即启动综合绩效评价工作。项目因故不能按期完成须申请延期的，项目牵头单位应于项目执行期结束前6个月提出延期申请，经专业机构提出意见报科技部审核后，由专业机构批复。项目延期原则上只能申请1次，延期时间原则上不超过1年。

综合绩效评价重点包括项目（课题）任务完成情况和经费管理使用情况等方面。有关工作分为课题绩效评价和项目综合绩效评价两个阶段，在完成课题绩效评价的基础上开展项目综合绩效评价。

一、总体要求

1. 课题承担单位和参与单位，对本单位科研成果管理负主体责任，要组织对本单位科研人员的成果进行真实性审查，并按照分类分级管理的原则，对科研档案的完整性、准确性、系统性进行审查；项目牵头单位和项目负责人、课题承担单位和课题负责人，要对本项目或课题的相关成果进行审核把关，检查科技报告完成情况和科技成果填报情况，不得把项目承担单位之外的成果，或项目任务之外成果，纳入综合绩效评价材料。

2. 综合绩效评价工作中，任务完成方面主要考核项目目标和考核指标的完成情况、成果效益、人才培养和组织管理等；经费管理使用方面主要考核承担单位项目资金拨付及到位、预算执行、科研经费管理制度执行情况和经费开支合规性等。项目牵头单位负责组织课题绩效评价并对绩效评价结论负责；专业机构负责组织项目综合绩效评价。

3. 突出代表性成果和项目实施效果评价，不将“人才项目”“头衔”“帽子”“论文数量”“获得奖励”等作为评价指标。基础研究与应用基础研究类项目重点评价新发现、新原理、新方法、新规律的重大原创性和科学价值、解决经济社会发展和国家安全重大需求中关键科学问题的效能、支撑技术和产品开发的效果、代表性论文等科研成果的质量和水平，以国际国内同行评议为主。技术和产品开发类项目重点评价新技术、新方法、新产品、关键部件等的创新性、成熟度、稳定性、可靠性，突出成果转化应用情况及其在解决经济社会发展关键问题、支撑引领行业产业发展中发挥的作用。应用示范类项目绩效评价以规模化应用、行业内推广为导向，重点评价集成性、先进性、经济适用性、辐射带动作用及产生的经济社会效益，更多采取应用推广相关方评价和市场评价方式。

对于关键核心技术攻关重大项目，进一步发挥需求方、用户、产业界等的重要作用，需求方、用户、产业界代表应直接参与综合绩效评价工作，充分发表意见，并将需求方和用户对项目完成情况的评价意见，以及对项目成果的推广应用意见，作为评价的核心指标。

4. 专业机构应提前部署综合绩效评价工作，通知项目牵头单位做好准备，同时制定重点专项项目年度综合绩效评价工作方案，并报科技部备案。

二、课题绩效评价

项目下设各课题实施期满后，项目牵头单位组织对课题任务完成情况进行绩效评价，课题承担单位和负责人应认真编制课题绩效自评价报告（格式见附1）；同时，课题承担单位从国家科技管理信息系统选取具备国家科技计划（专项、基金等）资金审计资格的会计师事务所开展课题结题审计。课题承担单位应与会计师事务所签订审计协议，审计费用可从课题资金列支，应在双方协商、公允透明、经济合理的原则下确定。

（一）课题绩效评价。

1. 项目牵头单位组建课题绩效评价专家组。专家组实行回避制度和诚信承诺，人数一般不少于7人，其中可包括重点专项专家委员会专家和专业机构聘请的项目责任专家。

2. 专家组在审阅资料、听取汇报、实地考察等基础上，根据科研项目绩效分类评价的要求，按照任务书约定，对课题目标和考核指标完成情况、研究成果的水平及创新性、成果示范推广及应用前景、课题对项目总体目标的贡献、人才培养和组织管理等情况进行评价（专家个人意见表格式见附2，专家组意见表格式见附3）。评价时，既要总结成绩，又要分析存在的主要问题，并严格审核课题成果的真实性。课题绩效评价结论分为通过、未通过和结题三类。

（1）按期保质完成课题任务书确定的目标和任务，为通过。

（2）因非不可抗拒因素未完成课题任务书确定的主要目标和任务，为未通过。

（3）因不可抗拒因素未完成课题任务书确定的主要目标和任务的，按结题处理。

（4）未按期提交材料的，提供的文件、资料、数据存在弄虚作假的，未按相关要求报批重大调整事项的，课题承担单位、参与单位或个人存在严重失信行为并造成重大影响的，拒不配合绩效评价工作的，均按未通过处理。

对于项目下不设课题或仅设置一个课题的情况，可不组织课题绩效评价。

（二）课题结题审计。

1. 课题结题审计主要是对课题资金的管理使用情况进行审计。会计师事务所应严格按照《中央财政科技计划项目（课题）结题审计指引》要求，如实、准确、全面的开展结题审计，并向课题承担单位出具审计报告。项目的汇总审计报告由审计项目牵头单位的会计师事务所出具。课题承担单位如能提供本课题已接受有关政府审计、纪检等方面出具的报告，应当对相关结论予以采信。

2. 结题审计后，课题承担单位应将审计报告和相关补充说明材料等统一交至项目牵头单位。对于项目下不设课题或仅设置一个课题的情况，直接出具项目审计报告。

完成上述工作后，项目牵头单位在国家科技管理信息系统中填报并提交项目综合绩效自评价报告（格式见附4）。

三、项目综合绩效评价

项目牵头单位和项目负责人应在项目执行期结束后3个月内完成项目综合绩效评价材料准备工作，并通过国家科技管理信息系统向专业机构提交如下材料。

（1）项目综合绩效自评价报告。

（2）项目所有下设课题相关绩效评价材料及绩效评价意见。

（3）项目实施过程中形成的知识产权和技术标准情况，包括专利、商标、著作权等知识产权的取得、使用、管理、保护等情况，国际标准、国家标准、行业标准等研制完成情况。

（4）与项目任务相关的第三方检测报告或用户使用报告。

（5）成果管理和保密情况，说明研究过程中公开发表论文和宣传报道、对外合作交流、接受外方资助等情况；保密项目和拟对成果定密的非保密项目还需说明成果定密的密级和保密期限建议、研究过程中保密规定执行情况等。

（6）任务书中约定应呈交的科技报告。

（7）科技资源汇交方案，根据《国务院办公厅关于印发科学数据管理办法的通知》的要求和指南规定需要汇交的数据，应提交由有关方面认可的科学数据中心出具的汇交凭证；对于项目实施过程中形成的科技文献、科学数据、具有宣传与保存价值的影视资料、照片图表、购置使用的大型科学仪器、设备、实验生物等各类科技资源，应提出明确的处置、归属、保存、开放共享等方案。

（8）审计报告和相关补充说明材料等（审计报告由会计师事务所上传）。

专业机构应在收到项目综合绩效评价材料后6个月内完成项目综合绩效评价。

（一）评前审查。

收到综合绩效评价材料后，专业机构应组织开展评前审查。审查工作可委托第三方评估机构（以下简称评估机构）开展。评估机构应具备国家科技计划项目（课题）资金审核工作经验，熟悉国家科技计划和资金管理政策，建立了相关领域的科技专家队伍，拥有专业的人才队伍等。

审查内容包括：

（1）资料的完整性、合规性。

（2）审计报告反映的问题是否准确、客观、全面，并填写《审计报告质量评价表》。

（3）对资金管理存在的问题组织进行整改，要求项目牵头单位组织各课题承担单位于15个工作日内提交整改材料，如未按时提交整改材料，且无正当理由的，按相关支出不合理认定。

（4）对整改后各课题专项资金的收支及结余情况进行调整并出具审查意见。

审查工作应在收到综合绩效评价资料后25个工作日内完成。

（二）专家评议。

1. 专业机构应按照科研项目绩效分类评价要求，根据不同项目类型，组织项目综合绩效评价专家组，采用同行评议、第三方评估和测试、用户评价等方式开展综合绩效评价工作，如有需要可现场核查。对于具有创新链上下游关系或关联性较强的相关项目，应有整体设计，强化对一体化实施绩效的考核。

为便于有关部门及时掌握专项实施成效、推动后续成果的转化应用，项目综合绩效评价时一般应邀请科技部计划管理司局、业务司局等相关司局和有关部门、地方参加。

2. 项目综合绩效评价专家组实行回避制度和诚信承诺。专家组包含技术专家和财务专家等，组长由技术专家担任，副组长由财务专家担任，总人数一般不少于10人（财务专家不少于3人），原则上从国家科技专家库中选取。其中：技术专家应包括重点专项专家委员会专家和专业机构聘请的项目责任专家，其构成应体现科研项目绩效分类评价要求，并充分听取专项参与部门意见；财务专家可特邀不超过3人。

3. 开展项目综合绩效评价时，专家组在审阅资料、听取汇报和质询等基础上，结合项目年度、中期执行情况等信息，进行审核评议。

——在项目任务方面，根据科研项目绩效分类评价的要求，重点对项目目标和考核指标完成情况、研究成果的水平及创新性、成果示范推广及应用前景、项目组织管理和内部协作配合、人才培养等情况进行评价。

——在资金方面，重点对资金到位与拨付情况、会计核算与资金使用情况、预算执行与调整等情况进行评议，在此基础上确定课题专项资金结余，并由财务专家填写专家个人、专家组课题资金评议打分表（格式见附5、6）。

4. 技术专家填写项目综合绩效评价专家个人意见表（格式见附7），专家组出具项目综合绩效评价专家组意见表（格式见附8）。项目综合绩效评价结论分为通过、未通过和结题三类。对于通过综合绩效评价的项目，绩效等级分为优秀、合格两档。

（1）按期保质完成项目任务书确定的目标和任务，为通过。

（2）因非不可抗拒因素未完成项目任务书确定的主要目标和任务，为未通过。

（3）因不可抗拒因素未完成项目任务书确定的主要目标和任务的，按结题处理。

（4）未按任务书约定提交科技报告或未按期提交材料的，提供的文件、资料、数据存在弄虚作假的，未按相关要求报批重大调整事项的，项目牵头单位、课题承担单位、参与单位或个人存在严重失信行为并造成重大影响的，拒不配合综合绩效评价工作或逾期不开展课题绩效评价的，均按未通过处理。

对于通过综合绩效评价的项目，平均得分90分及以下的，绩效等级为合格；由专业机构根据综合绩效评价情况，在平均得分90分以上的项目中，确定绩效等级为优秀的项目，且每个重点专项中，绩效等级为优秀的项目比例不超过15%。

四、综合绩效评价结论下达及其他事宜

1. 专业机构根据项目综合绩效评价情况，形成项目综合绩效评价结论。综合绩效评价工作结束后3个月内，专业机构应将项目综合绩效评价结论（附9）通知项目牵头单位，抄报科技部和项目牵头单位的主管部门。

2. 存在下列情况之一的，课题结余资金由专业机构收回：

（1）课题绩效评价结论为结题或未通过的。

（2）课题资金评议得分为80分及以下的。

（3）课题承担单位信用评价差的。

（4）项目综合绩效评价结论为结题或未通过的，项目下所有课题结余由专业机构收回。

3. 对于需上交的课题专项资金结余，项目牵头单位应及时收缴课题承担单位的结余，并汇总后上交专业机构。结余资金上交应在项目牵头单位收到综合绩效评价结论后1个月内完成。

4. 留用的结余由课题承担单位和参与单位在2年内（自综合绩效评价结论下达后次年的1月1日起计算）统筹用于本单位科研活动的直接支出。2年后结余未使用完的，应及时上交专业机构，统筹用于重点专项后续支出。

5. 专业机构应督促项目牵头单位在收到项目综合绩效评价结论后1个月内，将项目综合绩效评价材料和相关技术文件归档管理。涉及科技报告、数据汇交、技术标准、成果管理、档案管理等事宜，按照有关管理规定执行。

6. 项目综合绩效评价结论及成果除有保密要求外，应及时向社会公示。

7. 保密项目和拟对成果定密的非保密项目的综合绩效评价，参照此办法并严格按照《中华人民共和国保守国家秘密法》和《科学技术保密规定》等相关规定组织实施。保密课题结题审计由专业机构组织以财务检查形式开展。

五、责任与监督

1. 科技部相关司局根据职能分工采取随机抽查等方式对综合绩效评价工作进行督促检查。项目牵头单位和专业机构负责对受其管理或委托的项目相关责任主体的严重失信行为进行记录，并报送科技部进行管理和结果应用。

2. 项目综合绩效评价或课题绩效评价不通过的，或项目牵头单位、课题承担单位和参与单位或个人涉及科研诚信问题的，依照相关规定和程序记入信用记录；课题承担单位和参与单位在科研资金使用中有重大违规行为，或整改不到位，或未及时足额上交结余资金的，视情节轻重，给予通报批评、停拨单位在研课题中央财政资金、取消单位或有关人员课题申报资格等处理，并记入信用记录；涉嫌犯罪的，移送司法机关处理。

3. 科技部对审计报告和第三方评估测试或评价报告进行抽查监督评估，相关结果将作为对相关责任主体进行信用记录的重要依据。

建立对会计师事务所的责任追究制度。会计师事务所无正当理由不按时提交审计报告、或出具的结题审计报告未能按要求如实反映被审课题资金管理和使用情况，或出现协助承担单位弄虚作假、重大稽核失误以及其他虚假陈述或未勤勉尽责行为的，相关部门给予通报批评或取消审计资格等处理，同时按照《中华人民共和国注册会计师法》及国家有关法律法规追究相应责任；涉嫌犯罪的，移送司法机关处理。

4. 专业机构是实施项目综合绩效评价的主体，对综合绩效评价结果负责。在综合绩效评价各环节出现审核疏漏、违反规则，以及滥用职权、玩忽职守、徇私舞弊等违法违纪行为的，一经查实，按照《中华人民共和国监察法》《事业单位工作人员处分暂行规定》《财政违法行为处罚处分条例》等国家有关法律法规追究相应责任；涉嫌犯罪的，移送司法机关处理。

5. 评估机构应当遵守国家法律法规，规范审查业务流程。评估机构存在重大问题的，可视情节采取记录机构不良信用、批评、通报、相关审查结果无效，或取消该单位审查资格等处理措施，并依法追究相关工作人员的责任。

6. 参与综合绩效评价工作的专家应恪尽职业操守，按照独立、客观、公正的原则进行审核评议。建立对专家的责任追究制度，存在明显不合理、不正当、不作为等倾向，或谋取不正当利益等行为的，其出具的相关意见无效，记入专家个人信用记录，情节严重的给予通报批评、取消专家资格等处理；涉嫌犯罪的，移送司法机关处理。

7. 对专业机构以及相关人员、项目承担单位及相关人员、会计师事务所及从业人员、有关专家等的处理结果，以适当方式向社会公布。

附：1. 国家重点研发计划课题绩效自评价报告（参考格式）（略）
2. 国家重点研发计划课题绩效评价专家个人意见表（参考格式）（略）
3. 国家重点研发计划课题绩效评价专家组意见表（参考格式）（略）
4. 国家重点研发计划项目综合绩效自评价报告（参考格式）（略）
5. 专家课题资金评议打分表（参考格式）（略）
6. 专家组课题资金评议打分表（参考格式）（略）
7. 国家重点研发计划项目综合绩效评价专家个人意见表（参考格

式）（略）

8. 国家重点研发计划项目综合绩效评价专家组意见表（参考格式）（略）

9. 关于下达国家重点研发计划××项目综合绩效评价结论的通知（参考格式）（略）

参考文献

[1] [美] 罗伯特．卡普兰、戴维．P. 诺顿著．综合记分卡———一种革命性的评估和管理工具 [M]. 北京：新华出版社，1998.

[2] [美] EriCRedae 著，张泰峰．公共部门绩效管理 [M]. 郑州：郑州大学出版社，2004.

[3] [美] 孙克姆·霍姆斯．公共支出管理手册 [M]. 北京：经济管理出版社，2002.

[4] 安华轩，钟翔，段江涛．简析云南财政科技投入的现状、问题和对策 [J]. 云南科技管理，2018.

[5] 安体富．论我国公共财政的构建 [J]. 财政研究，1999（6）.

[6] 财政部财政科学研究所《绩效预算》课题组．美国政府绩效评价体系 [M]. 北京：经济管理出版社，2004.

[7] 财政部统计评价司．企业绩效评价问答 [M]. 北京：经济科学出版社，1999.

[8] 陈冬生，魏建国，严琼芳．武汉市科技投入与经济增长灰色关联研究 [J]. 科学学与科学技术管理，2003，24（3）：48-50.

[9] 陈共荣，曾峻．企业绩效评价主体的研究及其对绩效评价的影响 [J]. 会计研究，2005（4）.

[10] 陈世宗，赖邦传，陈晓红．基于 DEA 的企业绩效评价方法 [J]. 系统工程，2005（6）.

[11] 仇宏娟．我国财政科技支出的绩效评价研究 [D]. 苏州大学，2017.

[12] 丛树海，周纬，于宁．公共支出绩效评价指标体系的构建 [J]. 财贸经济，2005（3）.

[13] 戴国庆，李丽亚．国外科技项目绩效考评研究与借鉴 [J]. 中国科技论坛，2005（5）：45-48.

[14] 邓茹．基于 AHP 的地方财政科技项目绩效评价研究——以河南省焦作市为例 [J]. 财会通讯，2016，（28）：21-25.

[15] 邓向荣，刘乃辉，周密．转型期我国政府科技投入绩效研究 [J]. 科技管理研究，

2005（10）：38-42.
[16] 樊为刚，侯丽红．层次分析法的改进［J］．图书情报导刊，2005（4）．
[17] 风笑天．社会调查中的问卷设计［M］．中国人民大学出版社，2014.
[18] 谷俊涛．财政科技专项资金绩效评价指标体系探索［J］．学术交流，2011（7）：118-120.
[19] 郭兵，袁菲，谢智敏．基于DEA方法的上海市财政科技投入绩效评价研究［J］．中国管理科学，2012（s1）：32-35.
[20] 国务院国资委．2012年企业绩效评价标准值［M］．北京：经济科学出版社，2012.
[21] 贺小刚，李新春．资源异质性、同质性与企业绩效关系研究［J］．南开管理评论，2004（2）．
[22] 候倩．基于平衡计分卡方法的我国财政科技投入绩效评价研究［D］．北京工商大学，2016.
[23] 胡宁生．中国政府形象战略［M］．北京：中共中央党校出版社，1998.
[24] 胡欣欣．财政科技支出项目绩效评价指标体系设计［D］．长安大学，2013.
[25] 胡志勇．国有资本金效绩评价体系的价值相关性［J］．会计研究，2004（10）．
[26] 黄晓玲，揭建群，吴新文．湖北省财政科技投入绩效评价优化策略探究［J］．科技创业月刊，2015，28（1）：1-4.
[27] 姜洋．科技计划项目绩效评价指标体系构建研究［J］．黑龙江科学，2018，9（10）：148-149.
[28] 解丽梅．我国现代企业新型绩效评价方法应用的分析［J］．工业技术经济，2005（4）．
[29] 俊涛．财政科技专项资金绩效评价指标体系探索［J］．学术交流，2011（7）：112-114.
[30] 李丽亚，宋扬．科技项目绩效考评方法初探［J］．中国科技论坛，2004（6）：110-111.
[31] 李武武．对英美日组织行为与企业绩效测量模型的再研究［J］．管理世界，2004（3）．
[32] 李欣．财政绩效评价的原则和指标体系［J］．岭南学刊，2007（4）：83-86.
[33] 李颖．财政科技支出项目绩效评价研究［D］．山西财经大学，2014.
[34] 梁丽娟，江书军，庞克欣．分类视角下财政科技支出绩效评价个性指标体系研究——以河南省为例［J］．创新科技，2019，19（2）：63-67.
[35] 廖晓东，袁永，李奎．“十三五”时期我国社会民生科技发展战略研究［J］．未来

与发展，2016，40（4）：1-7.

[36] 林华 . 2011 广东省省级节能专项资金绩效评价实证研究［D］. 华南理工大学，2013.

[37] 刘力，宋志毅 . 衡量企业经营业绩的新方法——经济增加值（EVA）与修正的经济增加值指标［J］. 会计研究，1999（10）.

[38] 刘淑莲 . 企业价值评估与价值创造战略研究——两种价值模式与六大驱动因素［J］. 会计研究，2004（9）.

[39] 路征，吕鹏 . 基于 DEA 方法的地区财政支出效率评价——以四川省为例［J］. 重庆交通大学学报（社会科学版），2015，15（1）：42-45.

[40] 罗卫平，陈志坚 . 基于 DEA 的广东省 21 个地市财政科技投入绩效评价［J］. 科技管理研究 . 2007（3）：38-40.

[41] 马乃云，候倩 . 基于平衡记分卡方法的财政科技经费绩效评价体系研究［J］. 中国软科学，2016（10）：184-192.

[42] 茆英娥 . 地方财政应用科技项目专项支出绩效评价指标体系探析［J］. 财政研究，2006（7）：67-69.

[43] 孟建民 . 企业经营业绩评估问题研究：中国企业绩效评价方法研究［M］. 北京：中国财政经济出版社，2002.

[44] 孟建民 . 中国企业绩效评价［M］. 北京：中国财政经济出版社，2002.

[45] 倪一东 . 湖北省财政科技投入绩效评价研究［D］. 华中科技大学，2010.

[46] 聂亚利 . 中国财政科技投入现状与绩效评价指标体系研究［J］. 当代经济，2017（35）：158-159.

[47] 潘康宇 . 企业绩效评价理论与实证研究［M］. 北京：中国物资出版社，2011.

[48] 彭华涛 . 武汉市财政科技投入乘数及触发效应分析［J］. 科技进步与对策，2007，24（11）：191-193.

[49] 普雷母詹德 . 公共支出管理［M］. 北京：中国金融出版社，1995.

[50] 邱茹 . 中央政府科技项目财政支出的绩效评价研究［D］. 北京交通大学，2014.

[51] 申书海 . 财政支出绩效评价体系构成研究［J］. 财政研究，2003（7）：10-12.

[52] 石忆邵，汪伟 . 上海市科技投入和产出绩效分析与对策建议［J］. 同济大学学报（社会科学版），2006，17（2）：105-111.

[53] 宋建勇，冀素兰 . 基于主成分分析的研究与开发活动绩效评价［J］. 河北工程大学学报（自然科学版），2007，24（1）：103-106.

[54] 孙成显，汪照全．财政科技资金绩效审计的理论依据及内容和方法研究［J］．中国科技论坛，2007（8）．
[55] 孙颖，王婷．基于三阶段 DEA 模型的福建省政府科技投入绩效研究［J］．科技和产业，2018．
[56] 孙永风，李垣．企业绩效评价的理论综述及存在的问题分析［J］．预测，2004（2）．
[57] 汤秀丽．社会调查理论与方法［M］．北京：中国水利水电出版社，2014．
[58] 唐朝生．河北省财政科技资金绩效评价研究［D］．燕山大学，2009．
[59] 田甜．广东省人大委托第三方开展财政专项资金绩效评价的实践与探索［D］．兰州大学，2017．
[60] 佟立纯，李四化．调查问卷的设计与应用［M］．北京：体育大学出版社，2011．
[61] 万红波，康明玉．国家科技计划项目绩效评价指标体系研究［J］．社会科学管理与评论，2013（2）：78-82．
[62] 汪雪锋，张硕，刘玉琴，乔亚丽，韩晓彤，黄恒．中国科技评价研究 40 年：历史演进及主题演化［J］．科学学与科学技术管理，2018（12）．
[63] 王桂强，张青．基于“指标靶”概念的地方政府财政科技投入绩效评价模型体系的构建［J］．科学学与科学技术管理，2006（7）．
[64] 王化成，刘俊勇，孙薇．企业业绩评价［M］．北京：中国人民大学出版社，2004．
[65] 王化成，刘俊勇．企业绩效评价模式研究——兼论中国企业业绩评价模式选择［J］．管理世界，2004（4）．
[66] 王俊．政府 R&D 资助与企业 R&D 投入的产出效率比较［J］．数量经济技术经济研究，2011（6）：93-106．
[67] 王磊，李倩倩．山东省十七地市科技绩效的 DEA 模型研究［J］．情报工程，2017（2）．
[67] 王婷．财政支出绩效评价体系研究［D］．南京财经大学，2010．
[69] 王忠．我国企业绩效评价指标体系构成研究［J］．北京工商大学学报（社会科学版），2005（4）．
[70] 文小玲．基于模糊综合评价法的企业绩效评价［J］．武汉理工大学学报，2006（8）．
[71] 吴永林，赵继新．高新技术企业经济管理问题研究［M］．北京：中国经济出版社，2006．
[72] 仵凤清，宋效中，尹凡，等．基于平衡计分卡的地方政府科技管理绩效评估［J］．

科技进步与对策，2008，25（6）：124-127.

[73] 仵凤清，宋玉霞，王盈盈．地方政府科技管理绩效评估方法研究［J］．科研管理，2007，28（s1）．

[74] 仵凤清，唐朝生，礼海波．财政科技资金绩效评价研究综述［J］．科技管理研究，2009，29（8）：188-192.

[75] 仵凤清，唐朝生，宋效中，礼海波．地方政府科技规划模型的构建［J］．中国科技论坛，2008（3）．

[76] 武亚军，吴剑峰．转型经济中的战略规划与企业绩效：基于中国制造企业的实证分析［J］．南开管理评论，2006（2）．

[77] 冼迪曦，姜海玲．地方财政科技投入绩效评价指标体系构建研究［J］．科技风，2018（16）：249-252.

[78] 肖丁丁，朱桂龙，王静．政府科技投入对企业研发支出影响的再审视——基于分位数回归的实证研究［J］．研究与发展管理，2013（3）：25-32.

[79] 肖鹏，国建业，王雄辉．我国财政科技投入现状分析与调整策略［J］．中央财经大学学报，2004（2）：60-64.

[80] 肖鹏．基于层次分析法的科研专项支出绩效考评指标体系研究［J］．中央财经大学学报，2010（11）：5-9.

[81] 谢福泉，任浩，张军果．财政科技投入产出绩效评价体系的构建——科技项目后评价视角［J］．中国科技论坛，2006，24（6）：25-27.

[82] 谢虹．基于层次分析法的科技财政支出绩效评价研究［J］．中央财经大学学报，2007（4）．

[83] 谢洪明，刘常勇，李晓彤．知识管理战略、方法及其绩效研究［J］．管理世界，2002（10）．

[84] 谢俊贵，社会调查理论与实践［M］．北京：清华大学出版社，2014.

[85] 徐荣华．财政专项资金绩效审计研究［J］．审计研究，2014（2）：3-8.

[86] 徐一心，曾俊林，杨冰．财政支出绩效评价实证研究［J］．四川省情，2005（3）：32-33.

[87] 许治，师萍．政府科技投入对企业 R&D 支出影响的实证分析［J］．研究与发展管理，2005（3）．

[88] 杨朝容．财政资金科技项目绩效评价个性指标体系探索与研究［J］．中国管理信息

化，2017，20（2）：80-82.

[89] 杨洵，师萍．中国政府科技投入对企业研发支出的影响［J］．云南社会科学，2006（1）．

[90] 杨宗昌，许波．企业经营绩效评价模式研究——我国电信企业集团经营绩效考评方法初探［J］．会计研究，2003（12）．

[91] 于一洋．政府研发资助对高技术企业研发效率影响研究［J］．中原工学院学报，2017（2）．

[92] 余颖，唐宗明，陈琦伟．能力性经济租金：国有企业绩效评价新体系［J］．会计研究，2004（11）．

[93] 余振乾，余小方，地方财政科技支出绩效评价指标体系构建及其实施［J］．中国软科学，2005（4）：63-69.

[94] 余振乾，余小方．地方财政支出绩效评价指标体系构建及其实施［J］．中国软科学，2005（4）．

[95] 袁方．社会研究方法教程［M］．北京：北京大学出版社，1997.

[96] 袁金星．河南省财政科技投入绩效评价研究——基于 DEA 分析法［J］．金融理论与实践，2013（12）：51-54.

[97] 袁志刚，黄立明．国有企业隐性失业与国有企业绩效［J］．管理世界，2002（5）．

[98] 张斌．论新环境下我国企业业绩的评价［J］．深圳大学学报（人文社会科学版），2003（3）．

[99] 张军果，任浩，谢福泉．项目后评价视角下的财政科技项目绩效评估体系研究［J］．科学学与科学技术管理，2007，28（2）：14-20.

[100] 张青，王桂强．基于灰色关联分析的地方政府财政科技投入绩效评价：以上海市为例［J］．研究与发展管理，2007，19（4）：62-69.

[101] 张蕊．企业战略经营业绩评价指标体系研究［M］．北京：中国财政经济出版社，2002.

[102] 张涛，文新三．企业绩效评价研究［M］．北京：经济科学出版社，2002.

[103] 张馨．公共财政论纲［M］．北京：经济科学出版社，1999.

[104] 张一驰．人力资源管理［M］．北京：北京大学出版社，1999.

[105] 张玉赋，张华．江苏省科技投入的绩效模型分析研究［J］．中国科技论坛，2006（5）．

［106］赵立雨，师萍．政府财政研发投入与经济增长的协整检验——基于 1989-2007 年的数据分析［J］．中国软科学，2010（2）：53-58.

［107］赵全超，赵国杰，王举颖．基于 BP 神经网络模型的企业综合绩效评价方法研究［J］．天津理工学院学报，2004（2）.

［108］赵涛，张爱国．基于因子分析的区域 R&D 绩效评价研究［J］．西北农林科技大学学报（社会科学版），2006，6（3）：65-69.

［109］赵忠良，刘凌雷，王东燕．财政专项资金亟需提高收益［J］．财政研究，2003（11）.

［110］郑保红．地方政府财政支出绩效评价指标体系构建研究［D］．广西大学，2014.

［111］郑方辉，李文彬，卢扬帆．财政专项资金绩效评价：体系与报告［M］．北京：新华出版社，2012.

［112］郑方辉，廖逸儿．财政专项资金绩效评价的基本问题［J］．中国行政管理，2015（6）.

［113］郑方辉．2011 中国地方政府绩效评价红皮书［M］．北京：新华出版社，2011.

［114］郑美群，蔡莉．企业绩效的经济学理论依据［J］．当代经济研究，2003（6）.

［115］仲理峰，时勘．绩效管理的几个基本问题［J］．南开管理评论，2002（3）.

［116］周宏虹，蔡桂兰，邹倩瑜．广东省科技项目经费管理现状及存在问题分析［J］.科技管理研究，2017（9）：93-98.

［117］周玮．商业银行绩效管理与风险管理的协调［J］．经济理论与经济管理，2003（10）.

［118］朱春奎．财政科技投入与经济增长的动态均衡关系研究［J］．科学学与科学技术管理，2004（3）：29-33.

［119］朱翠林．对构建财政专项资金绩效评价指标体系的探析——以广西“特岗计划”财政专项资金绩效评价为例［J］．财政监督，2013（21）：55-57.

［120］朱江．财政科技资金绩效审计研究［D］．财政部财政科学研究所，2011.

［121］祝云．地方财政科技支出项目绩效评价研究［J］．软科学，2008（2）：49-53.

［122］Blank，D. M.，Stigler，G.，The Demand and Supply of Scientific Personae. Working Paper No. 4512，National Bureau of Economic Research，New York，1957：3-5.

［123］Busom，L.，An Empirical Evacuation of the Effects of R&D Subsidies：Working Paper No. B99-05，Universitat Autonomy de Barcelona，1999.

[124] Diamond, A. M. , Does Federal Funding Crowd in Private Funding of Science? Contemporary Economic Policy, 1999, 17 (4): 423-431.

[125] DominiqueGuellec &Bruno Van Pottlesberghe, The Impact of Public R&D Expenditure on Business R&D. OECD Working Paper 2000: 18.

[126] Hamberg, D. , R&D: Essays on the Economics of Research and Development [M], New York: Random House. 1966: 9.

[127] Irwin, D. A. , Klenow, P. J. , High-tech R&D Subsidies: Estimating the Effects of Sematech. Journal of International Economics, 1996, 40: 323-344.

[128] Jay-Hyung Kim. , The quality of public expenditure: Challenges and solutions of results focused management system in the Korean public sector. OECD working report, 2003.

[129] Klette, T. J. , Moen J. , R&D Investment Responses to R&D Subsidies: A Theoretical Analysis and Econometric Evidence. Presentation to the NBER Summer Institute, 1998: 25-27.

[130] Levy, D. M. , Estimating the Impact of Government R&D Economic Letters, 1990, 32: 169-173.

[131] Leyden, D. P. , Link, A. N. , Bowman, B. , The Effects of Governmental Financing on Firms' R&D Activities, A Theoretical and Empirical Investistation. Technovation. 1989: 9: 561-575.

[132] Leyden, D. P. ; Link, A. N, Why are Government and Private R&D Complements? Applied Economics, 1991, 23: 1673-1681.

[133] Lichtenberg. , The Effect of Government Funding on Private Industrial Research and Development: A Reassessment Journal of Industrial Economics, Blackwell Publishing, 1987, 36 (1): 97-104.

[134] Link, A. N. , An Analysis of the Composition of R&D Spending: Southern Journal of Economies, 1982, 49: 342-349.

[135] Mansfield, E. , Switzer, L. , Effects of Federal Support on Company-financed R&D: the Case of Energy. Management Science, 1984, 30: 562-571.

[136] Matth Ias Almus & D Irk Czarn Itzki, The Effects of Public R&D Subsidies on Firms' Innovation Activities: The Case of Eastern Germany . Journal of Business and Economic Statistics, 2003, (2): 226-236.

[137] MeeusenW & JanssensW, Substitution Versus Additionality, Econometric Evaluation by Means of Micro-economic data of the Efficacy and Efficiency of R&D Subsidies to Firms in The Flemish Region , CESIT -paper, 2001: 4-55.

[138] Mowery, D. C. , Rosenberg, N. Technology and the Pursuit of Economic Growth. Cambridge Univ. Press New York. 1989: 57-58.

[139] National Research Council. Funding a Revolution: Government Support for Computing Research, Report of the NRC Computer Science and Telecommunications Board Committee on Innovations in Computing: Lessons from History. National Academy Press, Washington DC, 1999: 10.

[140] Robert S. Kaplan and David P. Norton, The Balanced Scorecard: Measures *that* Drive Performance [J]. Harvard Business Review, 1992. 1: 71-79.

[141] Robson, M. , Federal Funding and The level of Private Expenditure on Basic Research. Southern Economic Journal, 1993, 60 (1): 63-71.

[142] Stalk G , Hout T M . How time-based management measures performance [J]. Strategy and Leadership, 1990, 18 (6): 26-29.

[143] Stewart W E. Balanced score card for *projects* [J]. Project Management 2001, 32 (1): 38-53.

[144] Scott, J. T. , Firm Versus Industry Variability in R&D Intensity. In: Griliches, Z, R&D, Patents and Productivity. Univ. of Chicago Press, Chicago, 1984: 233-245.

[145] Tor JakobKlette, JarleM en & Zvi Griliches. Do Subsidies to Commercial R&D reduce Market Failures? Microeconometric Evaluation Studies. Research Policy, 2000, (29): 471-495.

[146] VonTunzelmann, N. , Martin, B. , Public vs. Private Funding of R&D and Rates of Growth: 1963-1995, Working Paper, Science Policy Research Unit, University of Sussex, 1998: 3-5.

[147] Wallsten, S. J. , Do Government-industry R&D Programs Increase Private R&D? The Case of the Small Business Innovation Research Program. Department of Economics Working Paper; Stanford University 1999: 82-100.

重要术语索引